环境绩效评估与审计系列丛书

环境绩效评估与管理

——中国的探索与创新

董战峰　郝春旭　李红祥　璩爱玉　编著

中国环境出版集团·北京

图书在版编目（CIP）数据

环境绩效评估与管理：中国的探索与创新/董战峰
等编著．—北京：中国环境出版集团，2018.12
（环境绩效评估与审计系列丛书）
ISBN 978-7-5111-2660-3

Ⅰ．①环⋯　Ⅱ．①董⋯　Ⅲ．①环境管理—研究—中国
Ⅳ．①X321.2

中国版本图书馆 CIP 数据核字（2018）第 282337 号

出 版 人	武德凯
责任编辑	李卫民
责任校对	任　丽
封面设计	岳　帅

出版发行	中国环境出版集团
	（100062　北京市东城区广渠门内大街 16 号）
	网　　　址：http：//www.cesp.com.cn
	电子邮箱：bjgl@cesp.com.cn
	联系电话：010-67112765（编辑管理部）
	010-67112735（环评与监察图书出版中心）
	发行热线：010-67125803，010-67113405（传真）
印　　刷	北京中献拓方科技发展有限公司
经　　销	各地新华书店
版　　次	2018 年 12 月第 1 版
印　　次	2018 年 12 月第 1 次印刷
开　　本	787×1092　1/16
印　　张	24.25
字　　数	450 千字
定　　价	70.00 元

序

　　我国的环境管理正面临日趋严峻的挑战，进入"十二五"以来，雾霾天气、地下水污染、饮用水水源污染、土壤污染等环境问题频繁发生，群众反映强烈，社会极其关注，环境保护已经成为我国经济社会发展过程中面临的一个突出矛盾。应该说，党和政府高度重视环境保护：在执政理念方面，将环境保护摆在十分重要的位置，先后提出了可持续发展、科学发展的要求，党的十八大又提出建设生态文明的目标；在管理依据方面，建立了较为完备的环境保护政策、法规和标准体系；在行政管理方面，2008 年中央政府将环境保护主管部门升格为环境保护部，2018 年 3 月，环境保护部改组为生态环境部，进一步加大了对环境保护的统筹协调力度。同时，打好污染防治攻坚战，是党的十九大提出的我国全面建成小康社会决胜阶段的三大战役之一。党的十九大明确提出"加快生态文明体制改革""着力解决突出环境问题"，对大气、水和土壤污染治理，固体废物处理和健全监管体制等内容提出了指导性要求，将环保改革的重要性推上了更高层次。但是，为什么目前的环境形势依然严峻？这里有几个方面的原因：一是当前地方政府绩效考核体系仍然以 GDP 为主；二是地方政府本就有增加本级财政收入的内在需求；三是环境影响本就具有外部性与滞后性的特征。所以，没有自上而下的强有力的调控纠偏措施，难以有效遏制地方政府基于本地利益需求的盲目发展冲动。因此，扭转经济社会发展中"唯 GDP"的错误发展理念，强化各项环境保护政策和措施的实施效果，关键是要建立一套科学的绩效管理制度，全面落实各类主体的环境保护责任。正如习近平总书记所言："只有实行最严格的制度、最严密的法治，才能为生态文明建设提供可靠保障。如果要实行最严格的制度、最严密的法治，就要建立责任追究制度，对那些不顾生态环境盲目决策、造成严重后果的人，必须追究其责任，而且应该终身追究。"

鉴于此，解决环境问题，关键是要通过制度创新，将资源消耗、环境损害和生态效益等纳入目前的经济社会发展评价体系。从国际实践看，发达国家和地区普遍通过建立环境绩效评估和绩效审计制度确保各类责任主体生态环境保护责任的落实。党的十八大提出要将资源消耗、环境损害、生态效益等纳入现行的经济社会发展评价体系，建立体现生态文明要求的目标体系、考核办法、奖惩机制。中共十八届三中全会又进一步提出了建立系统完整的生态文明制度体系，对领导干部实行自然资源资产离任审计，建立生态环境损害责任终身追究制的最新要求。这些要求的根本目的就是通过制度创新，建立一整套反映资源消耗、环境损害和生态效益的绩效考核评价体系，以推动各级政府和党政领导干部发展观念转型，进而推动我国的经济社会发展转型，实现中华民族永续发展。

国际上早在 20 世纪七八十年代就开始了对环境绩效评估和环境审计的探索，迄今为止，二者已经发展成为成熟有效的绩效管理工具并在各个国家得到应用。美国、荷兰、加拿大等发达国家均已建立了环境审计制度，并将其作为监督政府履责成效的重要工具，由具备高度独立性的机构实施，充分发挥了审计监督作用，有力推动了相关国家的可持续发展。我国尽管对上述两项工作的研究开展较早，但两项制度建设仍处于探索和试点阶段，尚未形成一整套操作规范、技术指南和管理规定。从实施层面看，在上述领域我国仍面临下述挑战：

一是立法层面缺乏上位法规范，目前实施的《环境保护法》《审计法》等法律均没有对开展绩效评估和环境审计做出明确要求，两项制度的实施缺乏法律依据。

二是在体制机制层面，环境绩效评估和环境审计两项制度实施均涉及不同的部门，绩效评估和审计首先面临的问题是如何明确各部门责任。目前无论是在立法还是操作上，均没有对各部门责任进行明确划分，造成评估和审计结果无法追责，两项制度的权威性自然无法体现。从环境审计实施来看，审计部门的经济责任审计和环境履责审计没有完全区分，环境责任审计工作目前尚属空白。在实施主体、运行机制尚未明确的情况下开展两项工作显然是"纸上画饼"。

三是在理论和技术层面，目前尚未形成一套能够支撑上述两项制度实施的技术指南和操作规程。目前已经开展的工作大部分局限于某一具体的领域、行业或者区域，缺乏统合，无法对在全国建立这样一套绩效管理制度形成有效支撑。同时，由于绩效评估和环境审计的可操作性强，具体实施中涉及的知识结构复杂，需要跨学科、跨行业和跨部门专家参与，实际操作存在困难。

四是实践层面，尽管我国在绩效评估方面已经开展了一些试点，如2007年我国参加了OECD绩效评估工作，对我国"十一五"期间的环境绩效进行了评估，但该项评估完成后，环境保护部门停止了进一步的试点工作。此后相关的绩效评估均由高校或研究机构开展，试点工作比较分散，难以形成全国经验，无法对管理制度的形成提供强力支撑。

环境规划院自2006年以来一直开展与环境绩效评估有关的工作，先后参加了OECD环境绩效评估、亚洲开发银行大湄公河流域绩效评估、美国耶鲁大学和哥伦比亚大学环境绩效指数研究、亚洲开发银行宜居城市指标体系研究、上市公司环境绩效评估等项目，建立了绩效评估方法体系并将之用于国家级、省级、城市和行业的绩效评估工作，在绩效评估理论方法探索及试点实践方面有一定积累。从环境审计的角度而言，环境规划院依托环境经济核算工作，先后开展了环境会计核算指南编制及试点、环境审计评价指标体系的建立与应用、政府环境审计制度框架研究等。本套丛书以探索建立我国环境绩效管理制度为目标，选取环境绩效评估和环境审计两大领域的研究成果汇集而成。丛书从理论、方法、实践 3 个方面对绩效评估和环境审计相关的知识进行了梳理，希望能够为开展相关研究的同人提供参考。

　　本套丛书的主要结论是研究单位根据相关分析得出，不代表管理部门的意见。丛书编委会会持续开展环境绩效管理和环境审计相关研究，相关成果也会不断以出版物或研究报告方式向社会公布。由于成书仓促，疏漏之处敬请批评指正。

丛书编委会

2018 年 5 月

前　言

环境绩效是指环境管理主体基于环境目标，调控其环境行为所取得的可测量的环境管理系统成效。环境绩效评估则是对环境管理政策实施后所取得的环境绩效进行测量与评价的一种方法或工作机制，是实施环境绩效管理、开展环境绩效研究的核心内容和难点。根据环境绩效评估或者管理对象的不同，环境绩效可分为不同的类型，包括（战略）政策环境绩效、地区（区域）环境绩效、部门环境绩效、行业环境绩效、组织环境绩效、项目环境绩效等，它们共同构成了环境绩效评估体系。我国环境绩效评估与管理探索还处于起步阶段，需要尽快加强关键技术研究，建立方法学体系，积极推进试点，建立评估和管理的数据质量控制体系等，推进我国环境公共管理模式转型。

一、实施环境绩效评估与管理是我国环境治理现代化的根本要求

实施环境绩效评估与管理是我国环境管理转型的重要内容。从公共环境管理模式来看，政府的环保工作需要进行转型，过去主要关注管理政策是否有效果，但对其效率和效能关注远远不够，现代社会治理体系建设要求政府的环境管理思维要进行根本转变，从以前的"问效果"向"问效率"转变。从社会公众环保诉求来看，随着环保意识不断提高，公众不断要求提高政府的环境管理水平，要求政府公开其环境管理的绩效表现，保障公众环境权益，促进公众对环保工作的深度参与。而且，通过这一过程，社会公众以及利益相关方也可以对政府环境管理起到监督、警示作用，督促政府部门尽快解决暴露出的环境问题。

实施环境绩效评估与管理是环境管理转型的重要手段。长期以来，我国环境管理方式粗放，更多地集中在针对环境问题导向的管理效果层次，对环境管理的效率、效能重视不够，导致环境管理成本过高，环境管理决策科学性支撑不足，

也造成环保工作的被动局面。此外，由于环境管理手段不足，环境管理难以应对复杂的环保工作形势，难以对其他经济、资源管理等相关部门的环保相关行为起到引导和规制作用，因此需要通过环境绩效评估制度建设推动营造"大环保"格局；另外，推进环境绩效评估与管理也是我国环境管理工作精细化的内在要求。

实施环境绩效评估与管理是环境管理系统成效的"诊断"工具。就我国目前阶段的环境管理水平而言，过去一直过于重视管理办法的出台和实施，而对成效如何往往缺乏足够的关注，这反映在环境管理链条上，就是环境绩效评估环节的缺失，导致环境管理的方向不明、思路不清、举措不得力、决策不科学、责任难落实，环境管理工作的科学水平难以有效提升。从某种意义上说，环境绩效评估环节的缺失已成为环境管理科学水平提升的短板。环境绩效评估可以作为环境管理系统的一项重要"体检"工具，用以诊断环境管理工作存在的问题与原因。通过环境绩效评估的开展，可为国家或地方政府环境政策的制定和环境管理工作的开展提供针对性建议，避免环境政策的失误。

实施环境绩效评估与管理能增强环境管理决策的科学性。评估针对的是地区、政府管理部门以及行业等不同环境管理主体的环境保护工作成效情况，以往以定性分析较多，而环境问题具有复杂性、非线性、不确定性和不可逆性，因此，亟须定量评估不同管理主体的环境绩效水平，通过建立多元化、多层次的环境绩效评估体系，可为今后环境发展趋势预测、政策有效性评估及环保经费分配等提供管理支撑。特别是通过实施环境绩效评估，可以建立评估对象的环境管理效能清单，推进环境绩效评估，促使管理对象对其环境管理决策进行调整和控制，以做出最优决策，从而有利于环境保护工作的开展和可持续发展。

实施环境绩效评估与管理有助于强化环保督政。环境绩效评估是环保绩效考核的基础，也是建立新型政府绩效考核体系的重要内容。环境绩效评估强调对地方政府或者政府主管部门宏观环境管理绩效的评价，环保绩效考核强调对各级干部环保政绩的评判，环境绩效评估可以为环保实绩考核提供技术基础，并可以将一些管理上成熟的环境绩效评估指标纳入环保实绩考核体系中。如将环境质量不退化或环境质量改善作为党政干部政绩考核的内容之一，使环保绩效与干部任用挂钩，就能够自上而下形成一套有效的激励和约束机制，督促地方政府和有关政府部门的环保工作，将环保工作变为党政领导干部的主动行为，从根本上改变目前环境保护工作的被动局面。也可以构建第三方评估与地方环保实绩考核双体系，更好地监督政府加强环境保护工作，更好地促进领导干部重视环境保护绩效。

二、推进环境绩效评估与管理是国际发展趋势

从国际发展趋势来看，环境绩效评估最初主要是在企业层次进行，企业通过实施环境绩效评估发现环境管理工作中出现的问题，识别需要改进的方向。最为典型的是世界可持续发展工商理事会（WBCSD）提出的全球首套用于评估企业的环境绩效的生态效益评估标准，以及欧盟委员会资助的"工业环境绩效测量项目"（Measuring Environmental Performance of Industry，MEPI）开发的企业环境绩效指标体系；经过 20 多年的发展，环境绩效评估的对象逐渐扩大，已经从企业拓展到了对园区、区域和政府（部门）的评估，环境绩效评估从微观走向了中观、宏观。

从国际上的实践进展来看，环境绩效评估作为一种有效的环境管理工具，被认为是环境战略与政策制定的关键环节。在国际上环境绩效评估已经形成了较为完善的评估方法和程序，环境绩效评估的内容越加丰富，并被广泛接受与应用。环境绩效评估已经被认为与其他方面的绩效评估（如经济绩效等）同等重要。国际上的环境绩效评估研究与实践主要集中在区域和国别层面。如亚洲发展银行推进湄公河次区域环境绩效评估，用以提高区域内国家（省）实施环境绩效评估的能力，增进大湄公河区域的可持续发展能力。最为典型的是 OECD 针对其成员国开展的环境绩效评估，其已经成为一种完善的、制度化的评估机制。OECD 从 1991 年启动对其成员国的第一轮环境绩效评估，目前已经开展了三轮评估工作，以第三方为评估主体开展了系统的、独立的环境绩效评估工作。评估包括准备阶段、评估阶段、报告编撰阶段、互动评估阶段以及评估报告散发和宣传阶段5 个阶段。评估的内容包括环境状况、环境政策实施、可持续发展的关键问题、环境与其他部门政策的一体化以及国际合作等方面。区域环境绩效评估旨在为各国和各地区环境政策和环保目标的制定和改善提供依据，有利于受评国相互间的学习和提高各地区的环境管理水平。OECD 也对一些非成员国进行了评估，如保

加利亚、俄罗斯和巴西等。我国在 OECD 的支持下，于 2004 年启动了国家环境绩效评估工作，并于 2006 年完成，中华人民共和国环境保护部环境规划院作为技术支持单位承担了该评估工作。

许多国家都在推进环境绩效评估。从国别来看，美国、日本等一些国家均在国家层面开展了一些环境绩效评估工作。美国自 2000 年 6 月开始实施国家环境绩效跟踪计划，制定了《绩效跟踪计划指南》，迄今进行了 6 次评估。但主要集中在产业部门，绩效追踪计划成员几乎涵盖了整个制造业，以及联邦、州和地方各级的公共机构，该计划于 2004 年添设"领袖企业"称号以表彰对环境管理和持续改进做出卓越承诺的企业。美国国家环境保护局（US EPA）认为该计划成效显著，自实施该计划以来，据绩效追踪计划成员汇报减少了 3.5 亿 gal（1 gal = 4.546 L）用水量，保护了超过 14 000 英亩（1 英亩 = 0.404 856 hm^2）的土地，增加了 135 000 t 循环再生物料的使用，并降低了超过 97 000 t 温室气体排放量。东亚地区一些现代化进程较快的国家也先后开展了环境绩效评估的尝试，其中以韩国政府的改革最具借鉴意义。为适应全球化、信息化和知识经济给政府管理带来的挑战，韩国政府于 20 世纪 90 年代启动了新一轮的行政改革，目标是创建一个廉洁、高效和服务型的政府。为了推动行政改革、达到行政改革的最终目标，韩国完善和强化了政府绩效评估和管理机制，环境绩效也被考虑在内。

从国际上对环境绩效评估的研究来看，耶鲁大学环境法律与政策中心、哥伦比亚大学国际地球科学信息网络中心联合世界经济论坛、欧盟委员会联合研究中心共同开发的环境可持续指数（environmental sustainability index，ESI）和环境绩效指数（environmental performance index，EPI）影响最大。从 1999 年开始，耶鲁大学和哥伦比亚大学联合开展了 ESI 的研究，并于 2000 年发布了第一份全球 ESI 评估报告。该项研究的初衷在于定量地衡量各个经济体（国家、地区）在实现环境更可持续发展方面所做的努力。之后，该联合研究小组在 2001 年、2002 年和 2005 年先后发布了 3 次 ESI 指数。在 ESI 的基础上，联合小组在 2006 年、2008 年、2010 年、2012 年和 2014 年又连续发布了 5 次全球 EPI 报告。该研究每一期都在达沃斯世界经济论坛上发布，在全球反响很大。但是，该研究还存在很多问题，如目前的指标体系过于关注发达国家的特征，对发展中国家的情况考虑不足，在评估结果中对发展中国家以及欠发达国家的环境绩效成效缺乏客观的刻画，对各国环境绩效改进的努力缺少充分的评估等。尽管如此，该研究仍为在不同发展水平上比较国家和地区之间的环境绩效表现提供了一个统一的框架，其工作正在逐步尝试改进。

三、我国的环境绩效评估研究与实践正处于探索阶段

我国环境绩效评估实践起步较晚。近几年虽在推进政府绩效管理试点，但是环境绩效尚未进入绩效管理的试点工作中。2010年7月，中央纪委、监察部正式组建绩效管理监察室，设在监察部，负责组织开展政府绩效管理情况调查研究和监督检查工作。2011年6月，国务院批复建立由监察部牵头的政府绩效管理工作部际联席会议，选择北京市、吉林省、新疆维吾尔自治区等8个省（区、市）和6个部委开展绩效管理试点工作，标志着我国国家层面的政府绩效评估正式启动。试点工作启动后，各试点地区迅速研究制定了试点工作方案，推进试点工作。开展政府绩效评估与管理试点较早的福建省已经形成了富有当地特色的政府绩效管理模式，也初步建立了评估省级政府职能部门以及地方（主要是地级市）政府的绩效管理评估模式，形成了体现评估地区差异性的环境绩效评估体系；北京市、深圳市等也分别正在构建以环境质量改善为核心的环保目标责任考核体系；四川省、广西壮族自治区以及新疆维吾尔自治区试点的政府绩效管理工作进展缓慢，环境绩效还未得到重视。而一些非试点地区，如河北省、辽宁省、黑龙江省、江苏省、湖北省、山西省、广东省等，都在相继推进政府绩效管理工作，并不同程度地将环境相关指标纳入政府绩效管理中。福建省、深圳市等一些地方正在推进生态文明建设考核，考核对环境绩效给予了重点关注，这也是环境绩效评估管理深入探索的具体表现。

我国开展的一些生态创建、环境考核等工作也具有环境绩效评估的内涵。生态省、生态市、生态县、生态文明示范区、国家优美乡镇、环保模范城市、绿色城市创建或示范工作，也带有环境绩效评估的含义，虽然本质上是通过自上而下、评优创先发挥示范带头作用，促进不同层面的生态环境建设由点到面铺开，但在一定程度上，也是促进实施创建的地区改善其环境绩效、达到规定的创建目标的一种做法。国家环境保护总局自2000年开始启动生态示范区（具体分为生态市、生态县、生态乡镇、生态村）建设以来，目前已有海南省、吉林省、黑龙

江省、福建省、浙江省、山东省、安徽省、江苏省、河北省、广西壮族自治区、四川省、辽宁省、天津市、山西省、河南省15个省（区、市）开展了生态省建设，超过1 000个县（市、区）开展了生态县的建设，并有38个县（市、区）建成了国家级生态县，1 559个乡镇建成了国家级生态乡镇。2008年和2009年环境保护部先后批准了两批18个生态文明建设试点，截至2012年年底，环境保护部共批准了4批、53个全国生态文明建设试点。此外，城市环境综合治理考核、重点流域水质目标考核均体现了环境绩效评估、考核的理念。我国已有江苏省、辽宁省、江西省、福建省等10多个省（区）开展了省内流域跨界断面水质目标考核工作，很多是结合流域水污染防治规划开展的。

环境绩效评估与管理探索正处于历史机遇期。盲目追求GDP的快速增长、单一地以经济发展考核政府工作能力和工作状况与生态文明建设和实现可持续发展目标无法适应。因此，针对环境保护的绩效评估就更加显现出其独特的地位。以大气污染防治为例，国家、各省（区、市）纷纷出台相应评估机制，明确环境目标责任制，确立了以空气质量改善为核心的评估考核思路，由此，我国最严格的大气环境管理责任与考核制度得以确立。此外，针对水体污染、固体废物、土壤污染以及噪声等环境问题的追责制、评价体系也在不断完善发展过程中。当前针对环境保护的绩效考评机制在政府绩效管理中已初具雏形并在快速发展，环境目标责任的考评与党政领导的政绩挂钩，在党政领导的政绩评定中有着不容忽视的影响。

环境绩效评估与管理还面临多方面的挑战。一是目前环保因素在政府绩效管理中地位和比重相对较低。虽然目前政府部门的绩效管理工作已经逐步体现环境绩效管理理念，但是总体来看，全国各地的生态环境保护在政府绩效管理中的地位和比重还是相对较低，尚不能充分发挥以环保考核促进地方政府强化环保工作的作用，也没有很好地体现生态文明建设的基本导向。二是环保目标考核的压力过于集中在环保部门。由于目前实践的环境绩效评估主要还是地方政府环保目标责任考核，实质上是针对环保系统的环境管理行为的评估考核，无法对其他相关政府部门的环保相关工作发挥引导、约束和激励作用。而环保系统内部开展的、形式各样的环保考核工作的责任主体也主要是环保部门，在当前环保部门权责不匹配、责大于权的管理体制现状下，这些考核工作给环保部门带来很大压力。面向行政地区的环境绩效评估与管理制度建设还比较缓慢。三是多元化的环境绩效评估机制尚未完全形成。地方环保责任考核以环保系统内部考核为主，政府绩效评估（或考核）体系中针对环保职能部门的评估（或考核）主要体现在对部门绩效管理工作的评估（或考核），采取的是上级部门对下级政府的评估（或考核）方式。这种模式有助于提高考核效率，节省考核成本，但是这种评估考核的结果容易与公众的感受不一致，影响考核评估结果的客观性和透明度。社会公众对环境质量的满意度尚未体现在考核体系中。社会第三方力量还基本未介入评估工作中，这在一定程度上使地方政府评估结果的合理性和可接受性受到影响。四是环境绩效评估的关键技术问题尚需突破。虽然各地区除了开展环保系统内部环保考核外，也在政府绩效考核背景下陆续开展了环境绩效考核工作，但是起步较晚，工作缺乏理论指导、技术方法体系，而且对该领域在基本概念、绩效目标、评估指标、评估方法、工作程序、实施原则以及推进实施思路等方面都缺乏清晰的认识。环境绩效评估数据的获得及可靠性目前还不能完全保证，评估指标体系的科学性不够，最终影响了评估结果的可信度。

总体来看，我国的环境绩效评估与管理制度还在探索，完善的制度远未建立。目前地方开展的主要是以环境目标责任考核为主的环境绩效评估与管理，绩效考核是主要模式，绩效评估则较少，且往往也是政府主导、带有考核性质，以社会第三方为评估主体的环境绩效评估基本上还未开展起来。尽管如此，我国的地方环境绩效评估与管理试点探索仍在逐步深化，对实施基于绩效方式的环境管理越来越重视，特别是随着环境保护工作形势的发展以及生态文明建设的深入推进，地方环境绩效评估与管理试点探索正在加速前进，实施环境绩效评估与管理不仅提升了试点地区的环境管理效能，还通过结合环境管理实践需求不断完善自身。

四、加快推进我国环境绩效评估与管理研究与创新

推进环境绩效评估与管理的制度化和法制化建设。在全面推行环境绩效管理的初级阶段，可由中央制定法律、法规、政策，自上而下为各级政府提供指导意见、技术指南或者管理办法等，逐步建立并完善环境绩效评估的法律法规体系。首先，在制定与政府绩效管理相应的法律法规时，应涵盖环境绩效评估和管理的

内容；其次，根据特定情形，在政府绩效评估与管理工作中，需提高环境相关指标的比重，突出环境绩效的分量；再次，为环境绩效管理制定专门的法规标准、技术导则或指南、办法、意见等，为在地方上顺利推进环境绩效评估与管理提供引导和支撑；最后，要推进将环境绩效评估、管理与现有的"问责"制度、目标管理和绩效考核体系结合起来，使政策导向明晰，解除环境绩效评估结果在干部任用等方面运用的限制，减小涉及多部门结果运用的实施难度，使政府绩效评估结果的运用有法可依、运用充分、公开透明。

探索建立国家—省—市三级环境绩效评估与管理动态评价系统。探索建立行政区层次环境绩效评估与管理动态评价体系，对不同空间层次的环境绩效表现与环境质量水平和演变进行动态监控与跟踪。这个体系应包括3个部分：首先是综合评估指标体系，其将环境质量、节能减排、环保投入等系列指标纳入其中，实现对区域性的环境状况进行综合性的科学评价；其次是数据收集和分析系统，其能动态输入和展示有关指标信息，形成综合评价结果，并及时展示不同区域的环境状态与排序；最后是动态监控系统，其对重要指标的演化过程进行追踪，并当情况持续恶化或进入警戒线时进行实时预警。

尽快建立统一协调的环境绩效评估与管理体系。目前我国环保部门运行着许多具有环境绩效评价或者考核性质的考评工作，如城市环境综合整治定量考核、年度污染减排评估考核、环境保护目标责任制考核，同时还有环保模范城市、生态市等创建型的评价考核体系。这些考评头绪多、工作分散、缺乏沟通与协调，导致效能不高，管理内耗大，建议尽快整合现有分散在各部门、各系统的考核办法，在生态环境部内明确一个综合管理部门统一协调负责环境绩效评估，建立一个统一、规范的环境目标责任考核体系。

加快研究构建多层次的环境绩效评估体系。总体上看，研究层面对环境绩效评估工具的重视程度正在不断加强，从开展层面看，涉及不同空间尺度的地域（全球、国家、省级、城市、县区、乡镇）、行业（火电、化工、造纸）、部门（工业、农业、交通、能源）、不同环节和领域（生产、消费和流通领域）、项目、企业、工业园区，以及规划和政策等各个方面。其中，针对企业微观主体的环境绩效评估研究是目前主要关注点，对政府环境公共服务领域的绩效评估研究与实践还未得到重视，对区域的环境绩效评估以及对环境政策的后评估才刚刚起步。由于我国多样的地理环境及地方政府广泛的环境政策制定范围，在区域层面，特别是省、市、县层面开展环境绩效评估研究将更有意义，有利于时机成熟时将环境绩效纳入政府绩效管理范围。同时也要重视开展政策的影响评估工作，为政策的科学合理制定和有效实施提供量化信息支撑，改进政策效率。这是以往的环境政策制定过程中还没有予以足够关注的问题。其他类型的环境绩效评估研究，也应逐步予以重视。

加快推进环境绩效评估的研究与试点。总体上看，环境绩效评估与管理在我国环境管理领域的研究和应用均处于起步阶段。还没有相应的法律、法规作为制度保障，也缺乏较具体的、可操作的政策性指导，试点工作还未动起来。为了充分发挥绩效管理工具在环境管理中的作用，有必要系统构建我国环境绩效的理论技术方法体系，推进试点研究，探索我国环境绩效管理体系。在环境绩效评估的理论、方法、评估框架、评估指标等关键问题上进行深入探索，并逐步由点到面、多领域推开试点研究具有重要意义。

不断完善环境绩效评估内容及配套支撑能力。我国目前环境绩效过于关注污染物总量控制和污染减排，对生态保护、环境风险和环境质量关注还不够。随着"十三五"及以后环境管理工作逐步由总量控制向环境质量以及环境风险防控转变，环境绩效评估的内容和重点也将发生变化，需要调整评价指标、丰富评价内容。目前对环境质量和环境风险（健康风险、生态风险）的评价考核很少。环境质量评价体系存在污染物指标选择、环境质量标准、质量评价方法、环境质量监测布点等方面的科学合理性问题；现有的监测和评价体系不支持环境风险评价，基于公众健康的环境风险管理以及相应的支持能力几乎空白。要加快完善环境质量、环境风险监测点位布局，实现完成重点流域和重点城市区域的监测点位调整。环境绩效评估需要有公信力的数据、监测能力等作为支撑，这要求政府部门的环境监管能力必须跟上，数据质量控制可以实现。从目前来看，我国推行环境绩效评估制度建设的最大难点在于数据质量控制。环境规划院和耶鲁大学、香港城市大学合作开展了中国省级环境绩效评估研究，在工作过程中，中外专家争议最大的就是数据质量控制问题。

推进体现公众期待的第三方评估机制。环境绩效评估可以是以环境保护部门为主组织开展，也可以是部门联合、第三方评估，评价范围和对象、评价方法和标准、评价报告发布等可以采取更加开放的形式。建议推进形成多元化的环境绩效评估主体，建立内外结合的环境绩效评估体系，适时、有序引入专业性第三方机构进行评估，努力探索公众参与环境评估的渠道和方式，适度吸纳公众代表进入评估团队，及时向全社会公布评估过程和结果。从国内外开展环境绩效评估的经验来看，第三方评估占据主导地位。对于我国现实国情来讲，在开展环境绩效评估时，建议采取内部评估为主、外部评估与内部评估相结合的方式。

加强环境绩效评估的理论与关键技术方法研究。我国的环境绩效评估与管理尚处于起步阶段，为了充分发挥环境绩效评估的积极作用，我国政府应构建具有中国特色的环境绩效评估指标体系与评估方法，明确评估目标、评估对象、评估主体以及评估结果的运用。由于数据采集具有时效性，当前不少地方的环境绩效评估试点实践工作存在一定的时间滞后性，对管理支撑的作用不够，需要加强数据采集机制建设，严格控制数据质量，实现当年实时评估、评估结果应用的时效性，实现即时为环境管理工作提供支撑，更好地发挥环境绩效评估作用。

在本书编写的过程中，得到了原环境保护部人事司李庆瑞司长，政策法规司王凤理巡视员，现生态环境部综合司张华平处长、陈默调研员、王振刚副处长以及环境保护部环境规划院冯燕副书记等的大力支持和指导，并得到了福建省环境保护厅与机关效能建设领导小组办公室（以下简称能效办）、江苏省环境保护厅、广东省环境保护厅、甘肃省环境保护厅、辽宁省环境保护厅、四川省环境保护厅、宁夏回族自治区环境保护厅、新疆维吾尔自治区环境保护厅、深圳市人居环境委员会与绩效办公室、重庆市环境保护局、成都市环境保护局等单位的大力支持。也得到了南开大学环境科学与工程学院朱坦教授、徐鹤教授，北京大学环境科学与工程学院王奇副院长，南京大学环境学院袁增伟教授，中国科学院科技政策与管理科学研究所陈劭锋研究员，中国人民大学环境学院靳敏教授，北京师范大学经济与资源管理研究院林永生副院长、刘一萌副教授，耶鲁大学徐安琪博士，深圳市人居环境委员会张亚立处长，香港城市大学公共政策学系李万新教授，香港中文大学能源、环境与可持续研究中心徐袁副教授，华南理工大学郑方辉教授，兰州大学公共管理学院保海旭副教授等专家的支持，在此表示衷心的感谢！

感谢环境保护部环境规划院郝春旭博士、璩爱玉博士、李红祥博士等对本书出版的重要贡献，本书的出版离不开他们辛勤而又卓有成效的工作。感谢南京大学环境学院盛虎博士、张欣硕士研究生、高晶蕾硕士研究生，中国矿业大学裘浪博士，中国环境科学研究院王慧杰硕士研究生，长江大学严小东硕士研究生，南开大学翁俊豪硕士研究生，中国人民大学环境学院赵艺柯硕士研究生、吴语晗硕士研究生等为本书的数据收集整理作出的贡献。特别感谢中国环境出版集团的李卫民编辑对本书出版工作的大力支持，她高效的编辑工作为本书的顺利出版提供了保障。最后，请允许我代表各位作者向所有为本书出版作出贡献和提供帮助的朋友和同人一并表示衷心的感谢！

本书是我国第一本系统跟踪和研究分析地方环境绩效评估与管理实践的著作，在编著过程中，开展了大量的实地调研和访谈。由于我国的环境绩效评估与管理实践还处于探索阶段，在概念内涵、范围界定、技术方法、政策机制、实施模式、路径、方向等方面还一直在探索争鸣，也限于编写人员资料占有的局限性，一些研究结论可能会存在争议，我想这也是科研工作中正常的现象，学科的发展和进步就是在不断地发现问题、不断讨论过程中逐步实现的。

希望本书的出版能为国内科研院校（所）从事环境管理研究的专家学者、政府环保部门的管理人员，以及公共管理、环境科学、可持续发展等有关专业的学生提供参考。此外，要说明的是，由于编著者水平有限，难免存在不足之处，恳请广大读者批评指正。

董战峰

2018 年 5 月 4 日

目　录

第1章

背景与意义

1.1　内涵

所谓"绩效"，即"成绩"和"效益"，在经济管理活动中是指社会经济管理活动的结果和成效，在人力资源管理中是指主体行为或者结果中的投入产出比，从管理学角度看，绩效是组织期望的结果，是组织为实现其目标而展现在不同层面上的有效输出。作为一种先进的管理思想和方法，绩效的理念越来越多地被引入政府管理当中。政府绩效针对的是狭义政府（行政机关）在管理和服务过程中所取得的业绩（成就）和影响等，它是指政府在社会经济管理活动中的效率、效果、效益和效能及其管理工作的效率和效能，是政府在行使其功能、实施其意志的过程中体现出的管理能力。

政府绩效管理是把提高绩效作为管理的核心，以公共服务取向、社会取向、市场取向作为基本的价值取向，通过政府职能转变、体制机制创新和现代绩效管理方法技术，把党和政府的战略、目标和任务分解，建立起科学合理的绩效评估指标体系和评估机制，对各级政府、工作部门及其公务员履行行政职能、完成工作任务、实现管理目标的过程、实绩和效果进行整体性、综合性的考核评价，并根据评估结果改进政府工作、优化管理流程、降低行政成本、提高行政效能的一种管理理念、方法和制度安排。

环境绩效是指特定管理对象或者区域环境管理活动所产生的环境成绩、效果和水平，不单是指环境管理活动所产生的环境效果，更包含为环境状况改善所投入的成本因素，是体现环保效率的一个概念，其实质是环境目标的实现程度。环境绩效管理是绩效管理理念在环境管理当中的应用，强调将绩效管理的理论渗透到政府环境管理职能当中，贯穿于从战略规划、计划、绩效目标设定，到具体实施、绩效评估、绩效激励、绩效改进等的整个管理循环过程。作为一种新型的管理模式，环境绩效管理以综合运用法律、经济以及行政等手段促进环境绩效的持续改进，是由战略管理、项目管理、个人绩效管理等管理模块组成的有机系统。

环境绩效管理是一个完整的管理过程，一般来讲，环境绩效管理主要包括环境绩效评估与考核、绩效审计以及绩效改进与提升等若干个纵向依次相连的管理要素。

环境绩效评估是对各级政府环境政策实施后所取得的环境效果进行测量与评价的一种系统程序，包括选择指标、收集和分析数据、依据环境绩效准则进行信息评价、报告和交流，并针对过程本身进行定期评审和改进。既要对当前的生态环境状况进行定性与定量的系统分析，作为当前政府管理下的生态环境指标变化的参考依据；也要制定政府管理的绩效指标，作为当前政府对环境管理贡献的标尺，力求实现度量国家或地区环境政策优劣、提示环境政策变化整体形势、提高公众环境意识、激发公众的主动参与和讨论、引导环境政策的良性发展。

环保绩效考核是对政府履行环保职责、提供环保公共产品与服务的考核。政府环保绩效考核基本上是把环保指标纳入政府政绩考核中，通过上级政府对下级政府的考核，给领导干部施加压力和动力，引导各级政府及主要领导人树立科学的发展观和政绩观，进一步明确环保责任，履行环保职责，促进地区环境与发展综合决策机制的落实。绩效考核与绩效评估两者关系密切，绩效考核为绩效评估工作提供原始资料，是绩效评估的重要基础，得出的考核结果只是评估的前提条件与首要环节；绩效评估为绩效考核提供进一步的价值分析与判断，从而提出改进建议，增强针对性，最终帮助组织获得理想的绩效水平。

环境绩效审计是环境绩效管理的有力工具，它通过检查被审计单位和项目的环境经济活动，依照一定标准，评价资源开发利用、环境保护、生态循环状况和发展潜力的合理性、有效性，并对其效果与效率表达意见。绩效评估的客观需要推动了绩效审计的产生和发展，绩效审计又是改革和完善绩效评估的重要力量。环境绩效评估的结果直接决定了环境绩效审计的结论，在环境绩效评估之后，要充分运用评估的结果，采取有力措施，进行环境绩效的改进和提升。

1.2 背景

政府绩效管理是当代公共行政改革和发展的热点之一。自 2008 年党的十七届二中全会通过《关于深化行政管理体制改革的意见》，第一次在中央层面提出"推行政府绩效管理"以来，政府绩效管理在我国得到长足发展，获得了广泛认可和支持。2011 年 6 月 10 日，经国务院同意，监察部印发了《关于开展政府绩效管理试点工作的意见》，6 月 28 日国务院确定在北京市、吉林省、福建省、广西壮族自治区、四川省、新疆维吾尔自治区、杭州市、深圳市 8 个地区进行地方政府及其部门绩效管理试点，在国土资源部、农业部、质检总局进行国务院机构绩效管理试点，在国家发改委、环境保护部进行节能减排专项工作绩效管理试点，在财政部进行财政预算资金绩效管理试点。2012 年，党的十八大报告再次提出"创新行政管理方式，提高政府公信力和执行力，推进政府绩效管理"。2013 年发布的《国务院工作规则》明确要求"国务院及各部门要推行绩效管理制度和行政问责制度"。深化政府绩效管理已成为当前及今后一个时期推进行政管理体制改革、推动和保障科学发展的一个重要举措。中央政府对该项工作非常重视，特别是在环境保护领域。新形势下，环境绩效管理作为政府绩效管理的重要组成部分和支撑体系应该得到相应的强调和突出。

一个时期以来，理论界和实践工作者对政府绩效评估和绩效管理进行了积极的研究和探索。四川省、杭州市、深圳市、重庆市、福建省、辽宁省、江苏省、广西壮族自治区等 20 多个省（区、市）从各自实际出发，开展了不同形式的政府绩效管理探索与实践，积累了宝贵经验，取得了良好的成果。从国际社会实践来看，绩效管理已经在西方国家包括环境保护部门在内的许多公共部门中广泛使用，提高了政府效率和公民的满意度。从国内实践来看，绩效管理也是党中央和国务院提出的深化行政管理体制改革的方向。

目前，我国整体上还处于工业化中期阶段，这一时期经济发展与资源环境保护之间的矛盾仍然十分突出。在一些地方政府，长期以来不健全的政绩考核和管理体系导致的错误的"政绩观"仍然根深蒂固，资源环境在很大程度上还扮演着经济发展的牺牲品的角色。在传统实践中，政府环境行政职能存在管理不力、低效率的问题，以及过分注重经济业绩而造成环境保护与经济增长的失衡，迫切需要转变政府职能，转变片面追求经济增长的错误的发展观，引导各级政府树立科学的发展观和政绩观。

随着生态文明战略地位的确立，我国的环境保护战略亟须发生重大转变，环境管理工作亟须加快转型，逐步从过去"效果优先"转变到"效能优先"，从过去只问环保效果、不问环保成本和效能，向既问效果又重视环保管理工作的效能和管理效率转变。新形势下，推进环境保护的历史性转变、探索有中国特色的环保新道路具有长期性，并非一朝一夕能够完成，在这个过程中，需要不断探索新的环境保护理念和管理工具。环境绩效管理作为一种新的管理模式，具有其先进性，因此必须将环境绩效纳入政府绩效评价系统中。建立和健全政府环境绩效管理体系不仅能为全面客观地衡量政府环境保护工作的实际效率、效果和经济性提供平台，更能为促进环境管理水平的持续提升提供保障和动力，从而促进社会经济资源的合理和永续利用，实现社会经济的可持续发展。

1.3 意义

环境保护工作是落实科学发展观和正确政绩观的重要内容，实施政府环境绩效管理不仅有助于在体制机制上引导和促进地方政府积极转变发展理念，也有助于促使政府从多层面、多角度发挥环境行政的职能和作用，不断地改进和完善政府的环境管理系统，提高政府环境绩效。同时，环境绩效管理也是新时期环保部门落实科学发展观、推进生态文明建设的"关键着力点"和"重要抓手"，对新形势下我国环境保护工作具有重要的现实意义。

1.3.1 实施环境绩效管理是政府落实科学发展观、推进生态文明建设的内在要求

党的十八大报告首次单篇论述生态文明，首次把"美丽中国"作为未来生态文明建设的宏伟目标，指出要"大力推进生态文明建设""努力建设美丽中国""要把资源消耗、环境损害、生态效益纳入经济社会发展评价体系，建立体现生态文明要求的目标体系、考核办法、奖惩机制"。因此，需要通过改革政府政绩考核制度，把环保指标纳入政府绩效评价的指标体系，通过建立一套科学、有效的政府环境绩效评价指标，促使政府从多层面、多角度发挥环境行政的职能，完善其在推动实施国家环境保护战略、改善总体环境质量、推进环保科技成果产业化和完善市场运行机制等方面的积极作用。把环境绩效管理作为新时期环保部门落实科学发展观、推进生态文明建设的"关键着力点"，督促各级政府推进生态文明建设。

1.3.2 实施环境绩效管理是维护生态环保质量、转变地方政府党政领导政绩观的"重要抓手"

尽管我国已经通过推行环保模范城市、环保目标责任制等，推进相关各级政府以及企业领导人的环境责任制，但是，由于基于生态环境要素的绩效还不能够以制度化和可靠的方式纳入一个综合绩效评估的指标体系中，从国家层次上的国民经济核算体系，到省区市和地方的政绩指标，再到企业的核算制度和会计制度，都没有把环境作为规范化的内容并以规范化的方式内置到这些指标以及指标值的核算中。由于以国民生产总值以及总产值为主导的单一经济指标依然是政绩考核和成就的主要表征，当经济增长与环境保护出现矛盾的时候，不可避免地出现环境保护让位于经济优先的现象。因此，应把环境绩效纳入政府绩效管理中，改变过去以 GDP 的增长作为衡量政府政绩的唯一考核指标的做法。通过实施环境绩效评价，激励、促进和规范政府向公众和社会提供优质高效的环境服务，并在更高层次上对政府部门履行环境管理责任的情况进行监督和评价，从而保证经济的可持续发展，以更好地监督政府加强环境保护工作，进而有助于在体制上引导和促进地方政府积极转变发展理念。

1.3.3 实施环境绩效管理是提高地方政府环保工作效率、提升环境治理水平的迫切需求

我国政府环境管理职能的发挥在推动实施国家环境保护战略、改善总体环境质量、推进环保科技成果产业化和完善市场运行机制等方面发挥了积极的作用。然而，在传统实践中，政府环境行政职能存在管理不力、低效率的问题，如环境信息掌握不及时、不灵敏，环境决策滞后，管理部门应对环境问题不够及时，管理行为被动，措施不力。环境保护是一项系统工程，需要积极有效的政府开发、监督和全面协调，在很大程度上考验着政府的治理及管理能力。因此，通过建立科学合理的环境绩效考核体系，对政府环境绩效管理进行评估，可以发现环境现状、趋势与影响，各个地区环保管理工作中的优势和存在的问题，为各级政府部门环境、经济政策决策提供科学依据，推进各地区对其相关指标的调整和控制，以作出最优决策，有利于区域环境保护工作。同时，对政府环境管理系统的监督和评价，能够促使政府改进其执行质量，发现管理系统中所存在的问题，评价环境管理系统的有效性和充分性。应不断地改进和完善政府的环境管理系统，促使政府从多层面、多角度发挥环境行政的职能和作用，提高政府环境绩效。

1.3.4 实施环境绩效管理是提高公众环保意识、落实环保社会责任的重要举措

随着环境问题日益突出，公众对于环境健康、生态保护的呼声也越来越高，对环保工作的监督也越来越多，说明环境问题受到公众关注，环境保护得到了社会和公众重视。真正有效的环境保护除了有强有力的政府行为之外，还需要广泛的社会参与。近年来，我国在发展经济的同时，还通过各种途径和手段提高公众的环境意识，公众环境意识有了明显的提高，但仍处于较低水平，主要原因有：一是环境信息公开不充分，环境信息过于专业化，缺乏透明性。环境信息公开是公众参与环境保护的前提。如果没有相应的环境信息，公众参与环境保护就无法进行，公众即使参与也是盲目地参与。二是公众参与形式单一，作用有限。目前，我国公众参与的方式主要有网上公示、张贴公告公示、座谈会、问卷调查等，少数项目还会召开听证会。即使是听证会或座谈会，与会人员的人数会受到限制，并不是所有的公众都有发言的权利。公众参与座谈会或听证会大多数是被

动的，而且大多是末端参与，使公众自身权益受到很大的影响，最后意见是否被采纳取决于决策者，座谈会、听证会最后往往流于形式。因此，迫切要求政府使用定量计量方法来解释自己在污染控制范围和自然资源管理方面的绩效表现。政府环境绩效管理是政府向公众展示环保工作效果的机会，其对政府在环境保护方面的表现情况作出全面、科学的描述并公布于众，通过成果展示，可以树立一个高效政府的形象。同样，通过暴露政府在环保治理领域的不足和失败，有利于就各种环境问题与社会公众建立长期互助、协商、沟通的合作关系，克服公众对政府的偏见。环保需要社会各界的力量积极参与，推进环境绩效管理，让人民群众参与评价政府环保工作，使之切切实实地感受到主人翁的地位，从而有力地促进社会整体环保意识的提升和对环境保护的重视。

第 2 章

我国环境绩效评估与管理现状

2.1 国家层面

政府绩效管理试点工作启动两年内，环境绩效相关政策陆续出台。以下分部门按照其出台环境绩效相关政策的时间顺序进行政策分析（表 2-1）。

2.1.1 国务院

国务院出台的相关政策主要集中在各类计划和实施意见、工作方案等方面，提出要严格绩效目标任务考核以及注重考核结果运用，主要对地方实施政府环境绩效考核提出总体要求和方向。

2011 年 8 月 31 日，国务院印发《"十二五"节能减排综合性工作方案》，明确国务院每年组织开展省级人民政府节能减排目标责任评价考核，考核结果向社会公告。该方案强化考核结果运用，将节能减排目标完成情况和政策措施落实情况作为领导班子和领导干部综合考核评价的重要内容，纳入政府绩效和国有企业业绩管理，实行问责制和"一票否决制"，并对成绩突出的地区、单位和个人给予表彰奖励。

2011 年 10 月 17 日，国务院出台《国务院关于加强环境保护重点工作的意见》，要求制定生态文明建设的目标指标体系，纳入地方各级人民政府绩效考核，考核结果作为领导班子和领导干部综合考核评价的重要内容，并作为干部选拔任用、管理监督的重要依据，实行环境保护"一票否决制"。

2015 年 4 月 2 日，国务院印发《水污染防治行动计划》，提出严格目标任务考核。国务院与各省（区、市）人民政府签订水污染防治目标责任书，分解落实目标任务，切实落实"一岗双责"，将行动计划实施情况作为对领导班子和领导干部综合考核评价的重要依据。

2016 年 5 月 28 日，国务院印发《土壤污染防治行动计划》，明确严格评估考核，实行目标责任制。提出 2016 年年底前国务院与各省（区、市）人民政府签订土壤污染防治目标责任书，分解落实目标任务。分年度对各省（区、市）重点工作进展情况进行评估，2020 年对本行动计划实施情况进行考核，评估和考核结果作为对领导班子和领导干部综合考核评价、自然资源资产离任审计的重要依据。

2016 年 10 月 27 日，国务院印发《"十三五"控制温室气体排放工作方案》，指出强化目标责任考核。要加强对省级人民政府控制温室气体排放目标完成情况的评估、考核，建立责任追究制度。各有关部门要建立年度控制温室气体排放工作任务完成情况的跟踪评估机制。考核评估结果向社会公开，接受舆论监督。

2016 年 11 月 24 日，国务院印发《"十三五"生态环境保护规划》，明确提出要实施一批国家生态环境保护重大工程，强化项目环境绩效管理，强调地方各级人民政府是该规划实施的责任主体，要把生态环境保护目标、任务、措施和重点工程纳入本地区国民经济和社会发展规划。

2.1.2　全国人民代表大会常务委员会

全国人民代表大会主要从国家立法的角度出发，在新的《中华人民共和国环境保护法》《中华人民共和国大气污染防治法》《中华人民共和国节约能源法》中明确提出要对各级政府的环境质量改善完成情况进行考核，为政府环境绩效工作的开展提供法律上的根本依据。

2014 年 4 月 24 日，第十二届全国人民代表大会常务委员会第八次会议修订通过新的《环境保护法》，并于 2015 年 1 月 1 日正式施行。新的《环境保护法》提出了环保目标责任制和考核评价制度，指出制定经济政策时应充分考虑对环境的影响，对未完成环境质量目标的地区实行环评限批，分阶段、有步骤地改善环境质量等。规定国家实行环境保护目标责任制和考核评价制度。县级以上人民政府应当将环境保护目标完成情况纳入对本级人民政府负有环境保护监督管理职责的部门及其负责人和下级人民政府及其负责人的考核内容，作为对其考核评价的重要依据。考核结果应当向社会公开。新《环境保护法》在推进环境治理现代化方面迈出了新步伐。它改变了以往主要依靠政府和部门单打独斗的传统方式，体现了多元共治、社会参与的现代环境治理理念。

2015 年 8 月 29 日，第十二届全国人民代表大会常务委员会第十六次会议修订通过了新的《中华人民共和国大气污染防治法》，明确提出国务院环境保护主管部门会同国务院有关部门、各级人民政府，按照相关规定对管辖区域内大气环境质量改善目标、大气污染防治重点任务完成情况进行考核。

2016 年 7 月 2 日，第十二届全国人民代表大会常务委员会第二十一次会议修订通过了新的《中华人民共和国节约能源法》，明确提出国家实行节能目标责任制和节能考核评价制度，将节能目标完成情况作为对地方人民政府及其负责人考核评价的内容。

2.1.3 中共中央办公厅、国务院办公厅

中共中央办公厅、国务院办公厅在各类文件中推动政府环境绩效考核，对政府绩效考核责任、考核目标、考核结果运用、考核情况、考核公布以及考核实施等方面的内容做出具体的规定。

2013 年 1 月 5 日，国务院办公厅印发《国务院办公厅关于转发环境保护部"十二五"主要污染物总量减排考核办法的通知》，对各省、自治区、直辖市人民政府和新疆生产建设兵团（以下称各地区）"十二五"期间主要污染物（化学需氧量、氨氮、二氧化硫和氮氧化物）总量减排完成情况进行绩效管理和评价考核，主要是解决减排工作的责任考核问题。总量减排考核内容主要包括减排目标完成情况、减排统计监测考核体系的建设运行情况、各项减排措施的落实情况 3个方面。考核结果报经国务院审定后，交由干部主管部门，作为对各地区领导班子和领导干部综合考核评价的重要依据。

2014 年 5 月 15 日，国务院办公厅印发《2014—2015 年节能减排低碳发展行动方案》，指出将严格实施单位 GDP 能耗和二氧化碳排放强度降低目标责任考核，减排重点考核污染物控制目标、责任书项目落实、监测监控体系建设运行等情况。强化地方政府责任，要求各省（区、市）要严格控制本地区能源消费增

长。地方各级人民政府对本行政区域内节能减排降碳工作负总责，主要领导是第一责任人。对未完成年度目标任务的地区，必要时请国务院领导同志约谈省级政府主要负责人，有关部门按规定进行问责，相关负责人在考核结果公布后的一年内不得评选优秀和提拔重用，考核结果向社会公布。

2015 年 7 月 26 日，国务院印发《生态环境监测网络建设方案》，提出完善生态环境质量监测与评估指标体系，利用监测与评价结果对地方政府环保问责考核，为考核问责地方政府落实本行政区域环境质量改善、污染防治、主要污染物排放总量控制、生态保护、核与辐射安全监管等职责任务提供科学依据和技术支撑。

2015 年 8 月 9 日，中共中央办公厅、国务院办公厅印发《党政领导干部生态环境损害责任追究办法（试行）》，提出党委及其组织部门应当按规定将资源消耗、环境保护、生态效益等情况作为地方党政领导班子成员考核评价、选拔任用的重要内容，对在生态环境和资源方面造成严重破坏负有责任的干部不得提拔使用或者转任重要职务。

2015 年 11 月 8 日，国务院办公厅印发《编制自然资源资产负债表试点方案》，提出要加强与负责领导班子和领导干部政绩考核工作、领导干部自然资源资产离任审计试点工作部门的沟通协调，同步推进，切实形成工作合力。

2015 年 11 月 9 日，中共中央办公厅、国务院办公厅印发《开展领导干部自然资源资产离任审计试点方案》，开展领导干部自然资源资产离任审计试点，应坚持因地制宜、重在责任、稳步推进，要根据各地主体功能区定位及自然资源资产禀赋特点和生态环境保护工作重点，结合领导干部的岗位职责特点，确定审计内容和重点，有针对性地组织实施。

2016 年 4 月 28 日，国务院发布《国务院办公厅关于健全生态保护补偿机制的意见》，提出建立由国家发展改革委、财政部会同有关部门组成的部际协调机制，加强跨行政区域生态保护补偿指导协调，组织开展政策实施效果评估，地方各级人民政府要明确目标任务，制定科学合理的考核评价体系，实行补偿资金与考核结果挂钩的奖惩制度。

2016 年 12 月 11 日，中共中央办公厅、国务院办公厅印发《关于全面推行河长制的意见》，明确提出要根据不同河湖存在的主要问题，实行差异化绩效评价

11

考核，将领导干部自然资源资产离任审计结果及整改情况作为考核的重要参考。县级及以上河长负责组织对相应河湖下一级河长进行考核，考核结果作为地方党政领导干部综合考核评价的重要依据。

2016年12月22日，中共中央办公厅、国务院办公厅印发《生态文明建设目标评价考核办法》，提出生态文明建设目标评价考核在资源环境生态领域有关专项考核的基础上综合开展，实行"党政同责"，地方党委和政府领导成员生态文明建设"一岗双责"，按照客观公正、科学规范、突出重点、注重实效、奖惩并举的原则进行。

2017年9月20日，中共中央办公厅、国务院办公厅印发《关于建立资源环境承载能力监测预警长效机制的若干意见》，明确提出将资源环境承载能力监测预警评价结论纳入领导干部绩效考核体系，将资源环境承载能力变化状况纳入领导干部自然资源资产离任审计范围。

2017年11月，中共中央办公厅、国务院办公厅印发《领导干部自然资源资产离任审计规定（试行）》，要求审计机关需结合审计结果综合分析，客观评价被审计领导干部履行自然资源资产管理和生态环境保护责任情况。

2.1.4　国家发展和改革委员会

国家发展和改革委员会印发的《绿色发展指标体系》以及《生态文明建设考核目标体系》为各地政府环境绩效考核指标的设定提供了基础依据。

2016年12月12日，国家发展和改革委员会、国家统计局、环境保护部、中央组织部印发《绿色发展指标体系》以及《生态文明建设考核目标体系》，作为生态文明建设评价考核的依据。其中《绿色发展指标体系》明确，国家负责对各省、自治区、直辖市的生态文明建设进行监测评价，各省、自治区、直辖市根据国家绿色发展指标体系，并结合当地实际制定本地区绿色发展指标体系，对辖区内市（县）的生态文明建设进行监测评价。

2.1.5　环境保护部

环境保护部是推动政府环境绩效评估与考核工作的主要职能部门。早在2011年，环境保护部就开展了污染减排政策落实情况绩效管理试点工作，探索形成规范的污染减排绩效管理模式。

2011 年 8 月 29 日，环境保护部印发《污染减排政策落实情况绩效管理试点工作实施方案》，指出通过开展污染减排政策落实情况绩效管理试点工作，使绩效管理的理念和方法在污染减排管理工作中得到有效应用，探索建立污染减排绩效管理制度的基本框架，构建统筹兼顾、重点突出、导向明确的污染减排绩效考评指标体系和考评程序，制定完善一批污染减排绩效管理规章制度，力争到 2012 年年底形成比较规范的污染减排绩效管理模式，为国家重大专项绩效管理积累经验。

2014 年 7 月 18 日，环境保护部、国家发展和改革委员会等印发《大气污染防治行动计划实施情况考核办法（试行）实施细则》，具体设置了空气质量改善目标完成情况和大气污染防治重点任务完成情况两类指标，实施双百分制。重点选择了对空气质量改善效果显著的任务措施，建立了可量化、可评估、可考核的大气污染防治重点任务完成情况指标体系，包括产业结构调整优化、清洁生产、煤炭管理与油品供应、燃煤小锅炉整治、工业大气污染治理、城市扬尘污染控制、机动车污染防治、建筑节能与供热计量、大气污染防治资金投入、大气环境管理 10 项子指标。

2014 年 11 月 18 日，环境保护部办公厅、财政部办公厅印发《2015 年国家重点生态功能区县域生态环境质量监测、评价与考核工作实施方案》，明确指出各级政府部门在生态评价中的地位和作用，规定了考核时间、考核形式和考核内容，为生态评价和考核的顺利进行奠定了制度基础。

2.1.6　财政部

财政部在地方政府绩效考核工作上，主要注重各类环保专项资金的绩效评价考核，如江河湖泊生态环境保护项目资金、节能减排补助资金、水污染防治专项资金、大气污染防治专项资金等的管理和使用考核方面。

2014 年 11 月 14 日印发的《江河湖泊生态环境保护项目资金绩效评价暂行办法》（以下简称《暂行办法》）明确了对环保资金绩效评价的主管部门和权责、内容以及目标。《暂行办法》的实施能够加快推进江河湖泊生态环境保护工作，引导建立健全江河湖泊生态环境保护长效机制，增强财政政策效益。

2015 年 5 月 12 日，财政部印发《节能减排补助资金管理暂行办法》，财政部会同有关部门对节能减排补助资金使用情况进行监督检查和绩效考评。

2015 年 7 月 9 日，财政部会同环境保护部印发《水污染防治专项资金管理办法》，提出两个部门将组织对水污染防治专项资金和工作任务开展绩效评价，并依据绩效评价结果奖优罚劣。对于绩效评价结果较好、达到既定目标的，给予奖励；对于绩效评价结果较差、无法达到既定目标的，予以清退，并收回专项资金。

2015 年 8 月 18 日，财政部与环境保护部印发《关于加强大气污染防治专项资金管理提高使用绩效的通知》，提出两个部门将组织对大气污染防治专项资金和工作任务开展绩效评价，并依据绩效评价结果奖优罚劣。综合各地专项资金使用、大气污染治理工作量、污染减排量、环境空气质量改善状况等因素，对专项资金使用开展绩效考核，资金清算与考核结果挂钩，对成绩突出的给予奖励，对治理效果不好的扣减专项资金，实现奖优罚劣。

2017 年 3 月 3 日，财政部、环境保护部印发《水污染防治专项资金绩效评价办法》，指出水污染防治专项资金绩效评价的内容分资金管理、项目管理、产出和效益 3 个方面，共涉及 3 个一级指标、10 个二级指标。要求各级财政部门、环境保护部门按照要求及职责分工组织开展绩效评价工作，并由两部对各省份上报的绩效评价报告进行审核、抽查，依此进行奖优惩劣。

2.1.7　监察部

监察部是政府绩效考核工作开展和实施的监督部门，政府绩效考核试点工作的开展可以为环境绩效的发展提供经验基础。

2011 年 6 月 10 日，监察部印发《关于开展政府绩效管理试点工作的意见》，明确提出从 2011 年起至 2012 年年底，选择部分地区和部门开展政府绩效管理试点工作，为全面推行政府绩效管理制度探索和积累经验。

2.1.8　中共中央组织部

中共中央组织部在政府政绩考核工作上发挥着重要的组织作用，随着环境保护的重要性提升，进一步加大环境绩效指标在政府政绩考核评价中的权重成为发展趋势。

2013 年 12 月 6 日，中共中央组织部印发《关于改进地方党政领导班子和领导干部政绩考核工作的通知》。要求完善政绩考核评价指标，设置各有侧重、各有特色的考核指标，把有质量、有效益、可持续的经济发展和民生改善、社会和谐进步、文化建设、生态文明建设、党的建设等作为考核评价的重要内容。强化约束性指标考核，加大资源消耗等指标的权重。更加重视科技创新、居民收入、社会保障、人民健康状况等考核。

2.1.9　工业和信息化部

工业和信息化部在《2015 年工业绿色发展专项行动实施方案》中明确要求要严格落实大气污染防治计划考核实施方案，并要求各地加强监督考核评价。

2015 年 2 月 27 日，工业和信息化部印发《2015 年工业绿色发展专项行动实施方案》，明确提出加强对地方清洁生产等相关工作的考核督导，充分发挥地方各级节能监察及质监系统监督机构作用，加强对能效提升计划执行情况的监督评价。严格落实大气污染防治计划考核实施方案，加强对地方清洁生产等相关工作的考核督导。充分发挥地方各级节能监察及质监系统监督机构作用，加强对能效提升计划执行情况的监督评价，开展专项检查，推动建立公开、公平、公正、有效管用的监督检查机制。

2.1.10　住房和城乡建设部

住房和城乡建设部印发的《城市生态建设环境绩效评估导则（试行）》是城市生态环境建设领域实施环境效果评估的一项政策，为地方城市生态建设的环境绩效评估提供了一个管理指引。

2015 年 11 月 10 日，住房和城乡建设部印发《城市生态建设环境绩效评估导则（试行）》，为科学、客观评价城市生态建设的环境绩效提供依据，鼓励地方将生态环境绩效评估工作纳入绿色生态示范区规划实施的考评内容。

2.1.11　农业部

2017 年 3 月 6 日，农业部印发《农业部关于贯彻落实〈土壤污染防治行动计划〉的实施意见》，强调强化农用地污染防治责任落实，提出要建立责任机制，实施绩效考核，并提出要建立综合评价指标体系和评价方法，公平开展政府绩效考核。要求各级农业部门要强化责任意识和担当意识，切实将农用地污染防治纳入农业农村工作的总体安排，不断加大工作力度，创新工作机制，确保工作取得成效。开展农用地污染防治评估与考核，建立综合评价指标体系和评价方法，客观评价地方工作成效，纳入农业部延伸绩效考核，并作为相关项目支持的重要依据。

2.1.12　国家海洋局

《国家海洋局海洋生态文明建设实施方案》（2015—2020 年）中，明确规定实施绩效考核，说明政府环境绩效考核工作已经落实到了海洋生态环境领域。

2015 年 7 月，国家海洋局印发《国家海洋局海洋生态文明建设实施方案》（2015—2020 年），实行绩效考核和责任追究，包括面向地方政府的绩效考核机制、针对建设单位和领导干部的责任追究和赔偿等内容，体现了对海洋资源环境破坏的严厉追究。

2.2　地方层面

2011 年 6 月，国家选择北京市、吉林省、福建省、广西壮族自治区、四川省、新疆维吾尔自治区、杭州市、深圳市 8 个地区进行地方政府及其部门绩效管理试点，同时，有些非试点省份也自发启动了政府绩效管理试点工作，包括河北省、辽宁省、黑龙江省、江苏省、湖北省、山西省、广东省等。非试点中有些地区，如重庆市、河南省、山东省、浙江省、青海省，虽然没有开展政府绩效管理工作，对环境相关工作的考核还是采用传统的考核方式，但在主要污染物减排工作中开始体现出政府绩效管理理念。随着环境绩效管理试点和结合各省区特点的实践，指标体系和运用机制日臻完善。下文中将详细介绍各省区环境绩效管理的具体实践。

表 2-1 国家层面环境绩效评估与管理相关政策

序号	主导部门	出台时间	文件号	政策名称	政策要点
1	国务院	2011 年 8 月 31 日	国发〔2011〕26 号	《"十二五"节能减排综合性工作方案》	国务院每年组织开展省级人民政府节能减排目标责任评价考核，考核结果向社会公布，强化考核结果运用，将节能减排目标完成情况和政策措施落实作为领导班子和政府领导干部综合考核评价的重要内容，纳入政府绩效和国有企业业绩管理，实行同责制和"一票否决"制，并对成绩突出的地区、单位给予和个人给予表彰奖励
2		2011 年 10 月 17 日	国发〔2011〕35 号	《国务院关于加强环境保护重点工作的意见》	要求制定生态文明建设的目标指标体系，纳入地方各级人民政府绩效考核，考核结果，作为领导班子和领导干部综合考核评价的重要内容，作为干部选拔任用、管理监督的重要依据，实行环境保护"一票否决制"
3		2015 年 4 月 2 日	国发〔2015〕17 号	《水污染防治行动计划》	严格目标任务考核。国务院与各省（区、市）人民政府签订水污染防治目标责任书，分解落实目标任务，切实落实"一岗双责"。每年分流域、分区域、分海域对行动计划实施情况进行考核，考核结果向社会公布，并作为对领导班子和领导干部综合考核评价的重要依据
4		2015 年 7 月 26 日	国办发〔2015〕56 号	《生态环境监测网络建设方案》	为考核问责提供技术支撑。完善生态环境质量监测与评估指标体系，利用监测与评价结果，为考核政府改善本行政区域环境质量、落实污染物排放总量控制、生态保护、环境风险防范等职责，为主要污染物排放总量控制、生态保护、核与辐射安全监管等提供科学依据和技术支撑

17

序号	主导部门	出台时间	文件号	政策名称	政策要点
5	国务院	2016 年 4 月 28 日	国办发〔2016〕31 号	《国务院办公厅关于健全生态保护补偿机制的意见》	强化组织领导。建立由国家发展改革委、财政部会同有关部门组成的部际协调机制,加强跨行政区域生态保护实施效果评估,研究解决生态保护补偿机制建设中的重大问题,加强对各项任务的统筹推进和落实。地方各级人民政府要把健全生态保护补偿机制作为推进生态文明建设的重要抓手,列入重要议事日程,明确目标任务,实行目标责任,制定科学合理的奖惩制度。实行补偿资金与考核结果挂钩,提炼可复制、可推广的及时总结试点经验
6		2016 年 5 月 28 日	国发〔2016〕31 号	《土壤污染防治行动计划》	严格目标责任制。2016 年年底前,国务院与各省(区、市)人民政府签订土壤污染防治目标责任书,分解落实目标任务。分年度对各省(区、市)重点工作进展情况进行评估,2020 年对本行动计划实施情况进行考核,评估和考核结果作为对领导班子和领导干部综合考核评价、自然资源资产离任审计的重要依据
7		2016 年 10 月 27 日	国发〔2016〕61 号	《"十三五"控制温室气体排放工作方案》	强化目标责任考核。要加强对省级人民政府控制温室气体排放目标完成情况的评估、考核,建立责任追究制度。各有关部门要建立年度碳排放评估和考核工作制度,考核评估结果向社会公开,接受舆论监督。建立碳排放目标预测预警机制,推动地方、各部门落实低碳发展工作任务

序号	主导部门	出台时间	文件号	政策名称	政策要点
8	国务院	2016 年 11 月 24 日	国发〔2016〕65 号	《"十三五"生态环境保护规划》	明确提出要实施一批国家生态环境保护重大工程，强化项目环境绩效管理，强调地方各级人民政府是该规划实施的责任主体，要把生态环境保护目标、任务、措施和重点工程纳入本地区国民经济和社会发展规划
9		2014 年 4 月 24 日（2015 年 1 月 1 日起施行）		《中华人民共和国环境保护法》	国家实行环境保护目标责任制和考核评价制度。县级以上人民政府应当将环境保护目标完成情况纳入对本级人民政府负有环境保护监督管理职责的部门及其负责人和下级人民政府及其负责人的考核内容，作为对其考核评价的重要依据。考核结果应当向社会公开
10	全国人民代表大会常务委员会	2015 年 8 月 29 日（2016 年 1 月 1 日起施行）		《中华人民共和国大气污染防治法》	国务院环境保护主管部门会同国务院有关部门，按照国务院的规定，对省、自治区、直辖市大气环境质量改善目标、大气污染防治重点任务完成情况进行考核。省、自治区、直辖市人民政府制定考核办法，对本行政区域内地方大气环境质量改善目标、大气污染防治重点任务完成情况实施考核。考核结果应当向社会公开
11		2016 年 7 月 2 日		《中华人民共和国节约能源法》	国家实行节能目标责任制和节能考核评价制度，将节能目标完成情况作为对地方人民政府及其负责人考核评价的内容

序号	主导部门	出台时间	文件号	政策名称	政策要点
12		2013 年 1 月 5 日	国办发〔2013〕4 号	《国务院办公厅关于转发环境保护部"十二五"主要污染物总量减排考核办法的通知》	主要是解决减排工作的责任问题。总量减排考核内容主要包括减排目标完成情况、各项减排措施的落实和建设体系的建设运行情况 3 个方面。考核结果报经国务院审定后,交由干部主管部门,作为对各地区领导班子和领导干部综合考核评价的重要依据
13	中共中央办公厅、国务院办公厅	2014 年 5 月 15 日	国办发〔2014〕23 号	《2014—2015 年节能减排低碳发展行动方案》	强化地方政府责任。各省(区、市)要严格控制本地区能源消费总量,严格实施单位 GDP 能耗和二氧化碳排放强度降低目标责任考核,减排污染物控制目标,监测运行等情况。地方各级人民政府对本行政区域内节能减排降碳工作负总责,主要领导是第一责任人。对未完成年度目标任务的地区、必要时请国务院领导同志约谈该省级政府主要负责人,有关部门按规定进行问责,相关负责人任期内按照规定的一年内不得评选优秀和提拔重用。有考核结果向社会公布,按照国家完成"十二五"目标任务贡献大小给予适当奖励关规定,根据贡献大小给予适当奖励
14		2015 年 8 月 9 日		《党政领导干部生态环境损害责任追究办法(试行)》	党委及其组织部门在地方党政领导班子成员选拔任用工作中,应当按规定将资源消耗、环境保护、生态效益等情况作为考核评价的重要内容,对在生态环境方面造成严重破坏负有责任的干部不得提拔使用或者转任重要职务

序号	主导部门	出台时间	文件号	政策名称	政策要点
15	中共中央办公厅、国务院办公厅	2015 年 11 月 8 日	国办发〔2015〕82 号	《编制自然资源资产负债表试点方案》	加强领导,落实责任。成立编制自然资源资产负债表试点工作指导小组,由统计局、发展改革委、财政部、国土资源部、环境保护部、水利部、农业部、审计署、林业局等有关人员组成。成立编制自然资源资产负债表专家咨询组,提供有关理论、政策和技术咨询。试点地区政府成立试点工作组织协调机构,建立沟通协调机制。试点地区编制自然资源资产负债表牵头负责,由统计部门牵头负责,参与有关工作。相关部门要积极支持和配合试点工作的基础资料。要加强有关问题研究,提供编表所需要的基础资料。要加强领导干部自然资源资产离任审计试点工作,领导干部自然资源资产离任审计试点同步推进,切实形成工作合力。试点地区领导领导和协调工作,省(区)人民政府和有关部门要加强领导和协调工作
16		2015 年 11 月 9 日		《开展领导干部自然资源资产离任审计试点方案》	开展领导干部自然资源资产离任审计试点,重在责任,稳步推进,要根据各地主体功能区定位及自然资源资产、要赋予各地和生态环境保护的工作重点,结合领导干部的岗位职责审计实施,有针对性地组织实施。审计涉及的内容和重点,领域包括土地资源、水资源、森林资源、矿山生态环境治理、大气污染防治等领域。要对领导干部任职期间履行自然资源资产管理和生态环境保护责任情况进行审计评价,界定领导干部应承担的责任

序号	主导部门	出台时间	文件号	政策名称	政策要点
17		2016年12月11日		《关于全面推行河长制的意见》	强化考核问责。根据不同河湖存在的主要问题，实行差异化绩效评价考核，将领导干部自然资源资产离任审计结果及整改情况作为考核的重要参考。县级及以上河长负责组织对相应河湖下一级河长进行考核，考核结果作为地方党政领导干部综合考核评价的重要依据。实行生态环境损害责任终身追究制，对造成生态环境损害的，严格按照有关规定追究责任
18	中共中央办公厅、国务院办公厅	2016年12月22日		《生态文明建设目标评价考核办法》	生态文明建设目标评价考核实行"党政同责"，地方党委和政府领导成员生态文明建设"一岗双责"，按照客观公正、科学规范，突出重点、注重实效，奖惩并举的原则进行。生态文明建设专项考核在资源环境生态领域有关考核评价的基础上综合开展，采取评价和考核相结合的方式，实行年度评价、五年考核
19		2017年9月20日		《关于建立资源环境承载能力监测预警长效机制的若干意见》	建立监测预警评价结论统筹应用机制。编制实施经济社会发展总体规划、专项规划和区域规划，要依据不同区域的资源环境承载能力监测预警评价结论，科学调整市场主体的产业规模和布局，力谋划发展。根据监测预警评价结论，合理调整空间规划，引导各类市场主体按照资源环境承载能力规模和布局，对资源环境承载能力超载地区要先行开展评价，设定空间格局，设计空间管控措施，科学划定空间开发目标任务，并注重重点开发强度管控和用途管制

序号	主导部门	出台时间	文件号	政策名称	政策要点
20	中共中央办公厅、国务院办公厅	2017 年 11 月		《领导干部自然资源资产离任审计规定（试行）》	审计机关应当根据被审计领导干部任职期间所在地区或者主管业务领域自然资源资产管理和生态环境保护领域的有关情况，结合审计结果，对被审计领导干部任职期间自然资源资产管理和生态环境保护情况变化产生的原因进行综合分析，客观评价被审计领导干部履行自然资源资产管理和生态环境保护责任情况
21	国家发展和改革委员会	2016 年 12 月 12 日	发改环资〔2016〕2635 号	《绿色发展指标体系》《生态文明建设考核目标体系》	《绿色发展指标体系》明确，国家负责对各省、自治区、直辖市的生态文明建设进行监测评价，各省、自治区、直辖市根据国家绿色发展指标体系，并结合当地实际制定本地区绿色发展指标体系，对辖区内市（县）的生态文明建设指标进行监测评价
22	环境保护部	2011 年 8 月 29 日	环函〔2011〕230 号	《污染减排政策落实情况绩效管理试点工作实施方案》	通过开展污染减排政策落实情况绩效管理试点工作，使绩效管理的理念在污染减排管理工作中得到有效应用，探索建立污染减排绩效管理制度的基本框架，构建统筹兼顾、重点突出、导向明确的污染减排绩效评估指标体系和考评程序，制定完善一批污染减排绩效管理制度，力争到 2012 年底形成比较规范的污染减排专项绩效管理模式，为国家重大专项绩效管理积累经验

序号	主导部门	出台时间	文件号	政策名称	政策要点
23	环境保护部	2014 年 7 月 18 日	环发〔2014〕107 号	《大气污染防治行动计划实施情况考核办法（试行）实施细则》	设置了空气质量改善目标完成情况和大气污染防治重点任务完成情况两类指标，实施效果双百分制。重点选择了对空气质量改善效果显著的任务措施，建立了大气污染防治重点任务完成情况考核指标体系，包括产业结构调整优化、清洁生产、工业大气污染治理、燃煤小锅炉整治、城市扬尘污染控制、机动车污染防治、建筑节能与供热计量、大气污染防治资金投入、大气环境管理 10 项子指标
24		2014 年 11 月 18 日	环办〔2014〕100 号	《2015 年国家重点生态功能区县域生态环境质量监测、评价与考核工作实施方案》	分别以防风固沙、水土保持、水源涵养、生物多样性维护 4 种生态功能类型进行评价
25	财政部	2014 年 11 月 14 日	财建〔2014〕650 号	《江河湖泊生态环境保护项目资金绩效评价暂行办法》	财政部门和环境保护部门根据设定的绩效目标，运用科学、合理的绩效评价指标、标准和评价办法，对江河湖泊生态环境保护项目资金的效益性、效率性和经济性进行客观、公正的评价。绩效评价和监督管理主要包括江河湖泊生态环境保护方案确定的目标任务完成情况、地方及社会投入情况、长效管护机制推进情况、专项资金预算执行情况等
26		2015 年 5 月 12 日	财建〔2015〕161 号	《节能减排补助资金管理暂行办法》	财政部会同有关部门对节能减排补助资金使用情况进行监督检查和绩效考评

序号	主导部门	出台时间	文件号	政策名称	政策要点
27	财政部	2015 年 7 月 9 日	财建〔2015〕226 号	《水污染防治专项资金管理办法》	财政部会同环境保护部组织对水污染防治专项工作开展绩效评价，并依据绩效评价结果奖优罚劣。对于绩效评价结果较好、达到既定目标的，给予奖励；对于绩效评价结果较差、无法达到既定目标的，予以清退，并收回专项资金
28		2015 年 8 月 18 日	财建〔2015〕733 号	《关于加强大气污染防治专项资金管理提高使用绩效的通知》	加强专项资金管理使用绩效考核。环境保护部、财政部将综合各地大气污染治理工作量、污染减排量、环境空气质量改善状况等因素，对专项资金使用开展绩效考核，资金清算与考核结果挂钩，对成绩突出的给予奖励，对治理效果不好的扣减专项资金，真正实现奖优罚劣
29		2017 年 3 月 3 日	财建〔2017〕32 号	《水污染防治专项资金绩效评价办法》	绩效评价工作应遵循公平、公正、科学、合理的原则，由财政部会同环境保护部统一组织，分级实施。财政部会同环境保护部负责制定水污染防治专项资金绩效评价标准和原则要求，明确区域绩效目标，并组织对各省份水污染防治专项资金开展绩效评价；负责对地方绩效评价工作进行督促检查和指导，加强绩效评价结果运用。省级财政部门会同环境保护部门编制并提交本地区年度实施绩效评价方案及区域绩效目标，组织实施本地区水污染防治专项工作。绩效评价工作可以委托专家、中介机构等第三方参与

25

序号	主导部门	出台时间	文件号	政策名称	政策要点
30	监察部	2011年6月10日	监发〔2011〕6号	《关于开展政府绩效管理试点工作的意见》	从2011年起至2012年年底，选择部分地区和部门开展政府绩效管理制度试点工作，为全面推行政府绩效管理制度探索和积累经验
31	中共中央组织部	2013年12月6日		《关于改进地方党政领导班子和领导干部政绩考核工作的通知》	完善政绩考核评价指标。设置各有侧重、各有特色的考核指标，把有质量、有效益、可持续的经济发展和民生改善、社会和谐进步、文化建设、生态文明建设、党的建设等作为考核评价的重要内容。强化约束性指标考核，加大资源消耗等指标的权重。更加重视科技创新、社会保障、居民收入、人民健康状况等考核
32	工业和信息化部	2015年2月27日	工信部节〔2015〕61号	《2015年工业绿色发展专项行动实施方案》	加强督导考核评价。严格落实大气污染防治计划考核实施方案，加强对地方清洁生产等相关工作的考核督导。充分发挥地方各级节能监察及质监系统执行情况的监督评价，加强对能效提升计划执行情况的监督评价，开展专项检查，推动建立公开、公正、有效监管用的监督检查机制
33	住房和城乡建设部	2015年11月10日	建办规〔2015〕56号	《城市生态建设环境绩效评估导则（试行）》	为科学、客观地评价城市生态建设的环境绩效提供依据，鼓励地方将生态环境绩效评估工作纳入绿色生态示范区规划实施的考评内容

序号	主导部门	出台时间	文件号	政策名称	政策要点
34	农业部	2017 年 3 月 6 日	农科教发〔2017〕3 号	《农业部关于贯彻落实〈土壤污染防治行动计划〉的实施意见》	实施绩效考核。各级农业部门要强化责任意识和担当意识，切实将农用地污染防治纳入农业农村工作的总体安排，不断加大工作力度，创新工作机制，确保农用地污染防治工作取得成效。农业部加强对地方工作的督查，及时召开农用地污染防治工作协调推进会，研究解决工作中出现的新问题、新情况，开展农用地污染防治评估与考核，客观评价地方工作成效，建立综合评价指标体系和评价方法，纳入农业延伸绩效考核，并作为相关项目支持的重要依据，工作严重不力的要追究责任
35	国家海洋局	2015 年 7 月	国海发〔2015〕8 号	《国家海洋局海洋生态文明建设实施方案》（2015—2020 年）	施行绩效考核和责任追究，包括面向地方政府的绩效考核机制，针对建设单位和领导干部的责任追究和赔偿等内容，体现了对海洋资源环境破坏的严厉追究

2.2.1 福建省

早在 2000 年，福建省就开展了政府绩效管理工作，10 年历经"绩效考评—绩效评估—绩效管理" 3 个阶段，已经形成了富有特色的政府绩效管理模式。2012 年，福建省《关于进一步深化政府绩效管理工作的意见》指出要完善政府绩效管理的指标体系，综合评价地方经济社会发展水平、发展效益、发展代价，引导和促进地方政府转变施政理念和行政管理方式，切实按照科学发展观的要求谋划和开展工作，推动经济社会全面协调可持续发展；并且要进一步明确政府绩效管理工作机构，加强统筹规划、组织协调和监督指导。2013 年由福建省机关效能建设领导小组印发了《2013 年度绩效管理工作方案》，提出绩效管理工作范围从政府及其部门拓展到党群系统，首次将设区市党委和 16 个省直党群机构纳入绩效考评范围，实现"全覆盖"；并将设区市的考核指标分为"统一考核指标"和"分地区考核指标"，沿海经济较发达地区重点考核工业增长、外贸出口、海水水质等内容，山区则重点考核流域水质、森林覆盖率等内容，抓住经济社会发展的重要方面，考核实际成长，压缩 34 个指标，进一步简化考评方式。2014 年，福建省拟定今后几年经济年均增速保持在 10% 左右。与此同时，取消34 个县市的 GDP 考核，实行农业优先和生态保护优先的绩效考评方式，"淡化GDP，重视民生"成为政绩考核的新导向，实现"绿色发展"，让民众享受更多的"绿色福利"。2014 年 11 月中旬，继《福州市大气污染防治行动计划实施细则》《福州市 2014 年度大气污染防治实施方案》《福州市区机动车污染综合整治等五个专项行动方案》《福州市大气污染防治六项措施》后，福建省福州市环境保护局牵头制定《福州市环境空气质量考核及奖惩暂行办法》，以各行政区的环境空气质量综合指数、环境空气质量二级以上达标天数和可吸入颗粒物（PM_{10}）为考核指标，建立考核奖惩机制。这是深化生态环保体制机制改革，加快推进国家生态市创建、有效落实污染减排任务、建立健全科学考评激励机制的一项新举措。

2.2.2 深圳市

深圳市政府于 2007—2009 年连续 3 年选择部分单位开展了政府绩效管理试

点，2007 年深圳市率先开展环保实绩考核，首创领导干部环保实绩考核制度，将考评结果作为干部奖惩依据；2008 年创新考核手段，在全国率先运用生态资源测算，科学评价各行政区生态资源状况，并在第二年强化结果运用。2010 年，深圳市进一步完善考核内容，考核指标体系不断优化，考核范围进一步扩大，将宜居城市创建、绿道网建设、节水城市建设等工作纳入环保实绩考核，在全市政府系统全面试行。2011 年以全国开展试点为契机全面推行，深圳市环保实绩考核工作层次再次提升，考核结果被纳入市管领导班子年度考核指标体系，初步实现了政府绩效管理的系统化、电子化、过程化、精细化和标准化。与之前的实施方案以及指标体系相比，2012 年度政府绩效管理的实施方案和指标体系突出了发展质量、自主创新和考核的"年度特征"，指标体系中新增了创新深圳质量工作状况（含《"十二五"规划纲要》任务："2015 年，我市万元 GDP 能耗将比2010 年累计下降 19.5%，城市污水再生利用率将达到 50% 以上，城市生活垃圾无害化处理率将达到 95% 以上"）、节能减排、转型升级等评估指标。2013 年，深圳市开始实施《深圳市生态文明建设考核制度（试行）》，创新升级原有的环保实绩考核平台，再次成为深圳生态文明建设的亮点。2014 年上半年，深圳市PM$_{2.5}$平均浓度在全国 74 个重点城市中排名第三[①]，空气质量综合指数位列全国第五[②]。深圳市将对生态文明建设考核进行完善，纳入更多民生关注的环保热点、难点，考核指标更加细化、要求更高。此外，深圳市 2014 年年度考核还明确现场检查包括日常检查和年终检查两部分，现场检查的工作力度更大。

2.2.3　北京市

北京市于 2011 年政府绩效管理试点开展之后，积极落实，为进一步推进政府管理创新，自 2012 年起对区县政府实施绩效管理，其中区县政府绩效管理评价体系中的战略绩效包括生态建设指标；为进一步强化领导体制和工作机制，切实加强组织领导，2012 年 10 月 8 日，在市政府绩效管理联席会议的基础上，成立了市政府绩效管理工作领导小组。针对严重的空气污染问题，北京市于 2013

---

① PM$_{2.5}$平均浓度由低到高排序。
② 空气质量综合指数由大到小排序。

年发布《北京市 2013—2017 年清洁空气行动计划》（以下简称《行动计划》），指出市政府制定考核办法，将细颗粒物指标作为经济社会发展的约束性指标，构建以环境质量改善为核心的目标责任考核体系，将行动计划目标、任务完成情况纳入绩效考核体系。2014 年 12 月，北京市政府办公厅印发了《北京市 2013—2017 年清洁空气行动计划实施情况考核办法（试行）》（以下简称《办法》），作为对各区县政府、市政府有关部门落实《大气污染防治行动计划》和《行动计划》各项任务的年度考核和终期考核"规则"。《办法》指出，空气质量改善目标完成情况以细颗粒物（$PM_{2.5}$）年均浓度下降比例作为考核指标；对未通过终期考核的区县政府、市政府有关部门，必要时由市政府领导约谈主要负责人，问题严重的，由干部主管部门按程序进行组织调整。此外，北京市拟在全市范围内严格查处露天焚烧垃圾行为，将露天焚烧纳入首都环境建设考核体系，2014 年年底将对全市所有区县进行排名。清洁空气行动计划考核和首都环境建设考核为北京市科学治霾及落实环保责任制打下了坚实的基础。2017 年 1 月 25 日，北京市人民政府印发《北京市"十三五"时期环境保护和生态建设规划》，要求厘清落实各级党委、政府属地责任和有关部门环保责任，建立健全考核评价和责任追究机制。2017 年 10 月 10 日，北京市环境保护局印发《北京市"十三五"时期生态保护工作方案》，要求建立和完善生态保护红线管控制度。2017 年年底前，立足于加强北京市生态保护红线管控的需要，完成生态保护红线管控制度研究，主要包括生态补偿制度、评估考核制度、责任追究制度等。2020 年年底前，陆续出台生态保护红线监管、评价、考核和生态补偿等配套措施，基本建立生态保护红线管控制度。

2.2.4　杭州市

杭州市也是国内较早开展地方政府绩效管理的城市之一。2007 年以来，杭州市综合考评积极探索绩效管理新路径，完善绩效指标体系，强化绩效管理，并于 2012 年在杭州市综合考评委员会增挂"杭州市绩效管理委员会"牌子，统一领导全市综合考评和绩效管理工作。2011 年印发的政府绩效管理工作方案只是提出适度增加体现经济结构调整、促进经济发展方式转变、推动统筹城乡区域发展、加强社会建设、创新社会管理的指标，并没有很深入地考虑将环境保护相关指标纳入政府绩效管理。2015 年 10 月，为了改进公共管理、提高公共服务水平，推进治理现代化，杭州市人民代表大会常务委员会审议通过了《杭州市绩效管理条例》。为依法推进政府绩效管理，不断提升政府治理体系和治理能力现代化水平，加快建设独特韵味、别样精彩的世界名城，2017 年 11 月杭州市综合考评委员会办公室、杭州市绩效管理委员会办公室印发《杭州市"十三五"绩效管理总体规划》，将其作为指导"十三五"时期杭州市绩效管理工作的纲领性文件，规划期限为 2016—2020 年，其中任务项目期限为 2017—2020 年。

2.2.5 吉林省

吉林省于 2006 年就已开展政府绩效评估工作，但直到 2011 年被确定为试点后，才开始进行绩效管理工作，但政府绩效管理工作很少强调环境保护指标，只是在主要污染物减排考核办法中提到考核结果纳入政府绩效管理考评。吉林省于 2014 年初步建立全省的减排考核体系，省政府印发了考核办法，省环境保护厅制定出台评分标准和考核细则，每年对各市（州）减排工作进展情况、农业源减排任务完成情况进行考核，考核结果纳入政府绩效管理体系，并在全省范围内通报评分及排序，效果十分显著。吉林省考核组还对桦甸市 2014 年度改善农村人居环境项目进行验收和绩效考核。这表明吉林省已将环境绩效评估扩展到了农村，全方位建设生态文明。2016 年 11 月 16 日，吉林省人民政府办公厅印发《健全生态保护补偿机制的实施意见》，明确提出要加强生态保护补偿实施效果考核。切实做好生态环境保护督察工作，督察行动和结果要同生态保护补偿工作有机结合。加快建立自然资源资产负债表制度，定期对区域自然资源和生态环境状况、开发强度等进行综合评估，为评价区域可持续发展能力和评价领导干部绩效提供基础性依据。推行领导干部离任生态审计和责任追究制度，对领导干部在任期间以牺牲生态环境和资源为代价盲目决策、造成严重生态后果的责任人，依法依纪追究其责任，用纪律和法律手段保护生态环境。2016 年 12 月 8 日，吉林省人民政府印发《吉林省生态环境损害赔偿制度改革试点工作实施方案》，提出要建立健全生态环境损害赔偿技术和标准体系，开展生态环境损害赔偿案例实践，完善评估技术方法，从探索建立符合吉林省特点的生态环境损害赔偿磋商制度、诉讼制度、资金管理制度、绩效评估制度和执行监督制度等具体工作入手，稳步推进试点工作。2017 年 1 月 20 日，吉林省人民政府办公厅印发《吉林省环境保护"十三五"规划》，明确提出建立生态文明绩效评价考核机制，按照源头严防、过程严控、后果严惩的制度安排，建立覆盖生态文明决策、评价、管理和考核等方面的制度体系；强化考核结果运用，将环保重点任务完成情况作为领导班子和领导干部综合考核评价的重要内容，同时作为对政府及其相关部门绩效考评的重要内容。

2.2.6　四川省

2009 年，四川省政府对政府部门实施绩效管理，标志着 16 年的目标管理办法谢幕，而新的绩效理念被引入政府部门的评估和管理中。虽然四川省提出强化对结构优化、民生改善、资源节约、环境保护、基本公共服务、依法行政和社会管理等方面的考核评价，但实际工作中，与环境绩效相关的还仅仅限于环保系统环境监测工作绩效考核与"十二五"主要污染物总量减排考核。

2014 年四川省人民政府工作报告指出，要严守耕地保护红线，执行严格的节约用地制度，全面建立产业园区土地利用绩效评估制度，建立建设项目用地全程管理机制。这表明四川省已将绩效评估扩展到各环境要素中，涉及环境问题的方方面面，为进一步推进生态文明建设提供了新思路、新方法。

2015 年 1 月 30 日，四川省人民政府办公厅发布《关于进一步做好防沙治沙工作的通知》，落实防沙治沙领导责任。全面推行地方政府行政领导防沙治沙任期目标责任考核奖惩制度，将防沙治沙年度目标和任期目标纳入沙区地方各级政府政绩考核范围。2015 年 3 月 19 日，四川省环保厅、财政厅出台《四川省环境空气质量考核激励暂行办法》，选取 PM_{10}、SO_2、NO_2 等因素，对各市（州）完成年度环境空气质量改善目标进行考核，并根据考核结果予以资金激励。推行预警约谈，对 PM_{10} 浓度上升的地方政府实行约谈。2015 年 12 月 31 日，印发《全省推进农村垃圾治理实施方案》，要求完善工作机制。坚持高位推进农村垃圾治理，把农村垃圾治理继续作为城乡环境综合治理的重要内容。省直有关部门要各司其职、密切配合，保持全省上下"党政主导、部门协同、齐抓共管"的工作格局；各地要严格实施考核，加大督查和问责力度，对工作推进不力且整改不及时的，按照有关规定问责；四川省采取明察暗访、曝光问责等方式，加强对各地的监督考核，确保农村人居环境治理工作强力推进、收到实效。

2016 年 1 月 23 日，四川省人民政府办公厅印发《关于推进海绵城市建设的实施意见》，提出加强宣传考评。住房和城乡建设厅要会同财政、水利等部门加大对各地的督查、考核及通报力度，确保全省海绵城市建设有序推进。2016 年 6 月 3 日，四川省人民政府办公厅发布《关于进一步加强天然林保护的通知》，切实加强组织领导。县级以上人民政府应当加强对天然林保护工作的领导，实行天然林保护行政首长负责制，认真执行天然林保护工程建设目标、任务、资金和责任"四到市（州）、四到县（市、区）"制度，将天然林保护纳入政府年度工作目标考核。2016 年 8 月 26 日，四川省人民政府办公厅发布《关于印发进一步加强长江四川段航道治理工作实施方案的通知》，要求交通运输厅切实加强对具体项目建设的督促指导，将项目实施进展和完成情况纳入相关市（州）人民政府、省直部门和项目业主单位年度考核内容，对推进及实施不力的予以督查督办，严格责任追究，确保方案落实。2016 年 9 月 29 日，四川省人民政府办公厅发布《四川省生态保护红线实施意见》，将红线保护责任落实到全省各级政府、相关行业行政主管部门，并建立"3 + 1"管控制度，即红线管控负面清单、生态补偿、绩效考核制度和生态保护红线监管平台。还将定期对生态保护红线保护成效开展绩效考核，考核结果作为确定生态保护红线生态补偿资金的直接依据，并纳入地方政府领导干部政绩考核。2016 年 9 月 30 日，四川省人民政府办公厅印发《大规模绿化全川行动方案》，提出严格考核督查。将绿化全川行动纳入各级领导班子和领导干部政绩考核内容，强化任务分解、指导督查、现场交流和考核通报。建立健全绿化全川行动成效统计监测和评价体系，以人民满意度作为重要指标。2016 年 11 月 16 日，四川省水利厅公示《四川省水土保持规划（2015—2030 年)》（报批稿），各级政府将水土保持工作列入各级政府国民经济和社会发展规划及重要议事日程，建立地方行政领导水土保持目标责任制和考核奖惩制度。

2.2.7　河北省

河北省在 2011 年开展政府绩效管理试点工作，并选择省发改委、省环保厅作为节能减排专项工作绩效管理试点。2012 年执行节能专项绩效管理试点工作方案；同年颁布《河北省人民政府关于进一步加强环境保护工作的决定》，指出要着力强化对环境保护的领导和考核，健全与科学发展观相适应的领导干部政绩评价体系，制定生态文明建设的目标指标体系，将资源消耗、环境损失和环境效益纳入领导班子和领导干部政绩考核。2017 年 8 月 28 日，河北省环保厅发布实施《河北省生态环境保护责任规定》，明确提出要实行最严格的生态环境保护制度。坚持"党政同责、一岗双责、责权一致、齐抓共管"的原则，按照"谁主管、谁负责""谁决策、谁负责"的原则建立河北省生态环境保护的责任体系及问责制度，实行终身追责。河北省将考核由原来的河北省政府考核升级为河北省委考核，并大幅度提高了环境质量和生态效益在考核分值中的权重，加大了对造成雾霾天气的主要排放物削减率的考核。此外，河北省还将 170 个县（市、区）划分为 4 个类型分别进行考核，避免了环境标准"一刀切"的问题。

截至 2016 年 11 月，河北省对党政领导干部在环境保护方面不作为、乱作为，甚至失职渎职、滥用职权的，依纪依法进行了严肃处理。对 487 名责任人严肃问责，其中厅级干部 4 人、处级干部 33 人、科级及以下干部 431 人、企业主要负责人 7 人、企业其他管理人员 12 人，给予党纪政纪处分 294 人、诫勉谈话 117 人、免职或调离 10 人，移送司法机关 5 人，通报 6 起环境保护方面问责典型案例。

2.2.8 辽宁省

辽宁省政府绩效考评和管理工作开展较早，且每年在考评内容上对环境保护指标做相应的改进和调整。在 2010 年成立政府绩效管理工作领导小组，省政府对各市政府进行绩效考评工作，考评内容包括 6 个一级指标，其中包括环保生态，下设节能效果、环境质量、土地资源节约利用和生态绿化 4 个二级指标。2011 年制定省政府对各市政府绩效管理工作实施方案，考评中节能效果、环境质量、土地资源节约利用和生态绿化 4 个环保生态指标比重占 7.5%；同年加强对海洋陆源污染的治理，将入海排污口超标排放情况、海洋工程环境保护设施达标情况等与海洋环境相关的内容纳入考评，开创了将海洋环境状况与政府绩效直接挂钩的先例。2012 年、2013 年制定印发的省政府对各市政府绩效管理工作实施方案与 2011 年相比，对环境保护的考评加强，并将地质环境质量和固体废物治理等指标纳入其中。

2.2.9　黑龙江省

黑龙江省在 2011 年印发《加强绩效管理开展绩效评估实施方案（试行）》，对包括环保厅在内的 48 个省政府部门和单位进行绩效评估。2012 年，黑龙江省污染减排和松花江流域水污染防治推进工作会议指出节能减排是促进科学发展的硬任务、转变发展方式的硬举措、考核各级干部的硬指标，因此要严格落实领导责任，强化行政推进和目标考核，将其纳入政府绩效管理和国有企业业绩管理。黑龙江省政府要求各级环保部门要完善环境执法稽查、考核和绩效评估制度，对有案不查、知情不报、查处不到位、久拖不结的，上级部门要直接查办；同时要求各地进一步落实减排责任，对减排工作和重点减排项目要责任到人，强化问效。

2.2.10　湖北省

湖北省在 2012 年开展政府绩效管理试点工作，强化对资源节约、环境保护等目标任务完成情况的综合考评管理，但省环保厅没有纳入绩效管理试点单位。2013 年对主要污染物总量减排完成情况进行绩效管理和评价考核。2015 年 6 月 26 日，湖北省人民政府办公厅发布《关于切实加强环境监管执法的通知》，提出建立完善环境监管执法考核奖惩机制。各级人民政府要加大环境监管执法的督促检查和考评力度，完善环境监管执法工作奖惩机制，将保障环境安全和改善环境质量作为重大民生和民心问题，纳入政府目标责任考核体系，将考核结果作为各级领导班子和领导干部综合考核评价的重要参考。2016 年 7 月 19 日，印发《湖北省长江流域跨界断面水质考核办法》，跨界断面水质保护管理实行"党政同责、一岗双责"，地方各级党委和政府对本地水生态环境质量负总责，党委和政府主要领导成员承担主要责任，其他有关领导成员在职责范围内承担相应责任。实行按月监测评估、按年度进行考核，并将跨界断面水质年度考核结果作为对各地党政领导班子和领导干部综合考核评价的重要依据。2016 年 9 月 10 日，公布《湖北省生态保护红线管理办法（试行）》，提出省环境保护委员会对各市（州）生态保护红线区的保护和管理工作进行年度考核，并以五年为周期开展绩效评估。考核、评估结果应当向社会公布，并与生态补偿资金分配、领导干部政绩考核挂钩。2016 年 10 月 21 日颁布《湖北省生态环境监测网络建设工作方案》，提出监测监管协同联动。将生态环境质量监测与评价结果更好地运用于环境质量目标责任考核、干部离任审计、环境损害赔偿、生态补偿等领域；省环保厅负责日常工作协调、调度、督办和考核。湖北省 17 个市（州）均完成"十二五"减排目标任务。其中，武汉市、宜昌市、荆门市减排工作力度大，减排任务完成情况好，为全省减排工作做出了积极贡献。

2.2.11　山西省

山西省在 2012 年召开了政府绩效管理工作联席会议第一次会议和全省政府绩效管理试点工作推进会，选择省环保厅等开展节能减排政策落实情况绩效管理试点，并提出政府绩效管理工作弱化对经济增长速度的评价考核，强化对资源节约、环境保护等目标任务完成情况的综合评价考核。

2.2.12　广东省

广东省于 2012 年开展了政府绩效管理试点工作，并弱化对经济增长速度的评价考核，强化对结构优化、民生改善、资源节约、环境保护、基本公共服务、依法行政和社会管理等方面工作情况的综合评价考核，推动政府绩效整体提升；并经广东省民政厅批准，广东省政府绩效管理研究会于 2012 年成立，为以后政府环境绩效管理的发展与完善做好了技术铺垫。

2015 年 1 月 13 日，广东省第十二届人大常委会第十三次会议通过《广东省环境保护条例》（2015 年修订版），明确政府履行环境责任的实效与环境质量直接相关；明确规定各级人民政府对本行政区域的环境质量负责，应当采取措施持续改善环境质量，并且规定实行环境质量领导责任制和环境保护目标责任制，逐步开展和推行自然资源资产离任审计和生态环境损害责任终身追究制。2015 年 1 月 29 日，广东省环境保护厅印发《环境监察移动执法系统管理规定（试行）》，地方各级环境监察机构应当建立环境监察移动执法系统管理、使用、考核制度，并对本单位人员管理、使用情况进行定期考评。

2015 年 5 月 29 日、2016 年 5 月 20 日，广东省环境保护厅分别印发《广东省大气污染防治》2015 年度、2016 年度实施方案，提出强化政策保障：强化对年度实施方案落实情况的监督跟踪和评估考核，严格按照大气污染防治工作的考核要求，督查各地工作进展情况，并对社会公开。对工作责任不落实、项目进度滞后、环境空气质量改善未达到年度考核目标的地区予以约谈问责。2015 年 6 月 24 日，广东省环境保护厅印发《练江流域水环境综合整治方案（2014—2020 年）》，强化整治责任考核，将该方案确定的主要目标、任务、指标和重点工程纳入各级政府环境保护目标责任制，实行年度考核、中期评估和期末总结。严格执行环保责任追究制度，对该方案执行不得力、措施不落实、效果不明显的责任人实施提拔任用"一票否决"；对因决策失误造成重大水污染事故、严重干扰正常环境执法的领导干部和相关工作人员，一律先免职后查处；对未按期完成整治任务和目标的地区，在主要污染物排放指标、环保专项补助资金、建设用地指标安排等方面予以从严控制。实施更加严格的治污"河长制"考核办法，将练江整治的主要目标任务完成情况纳入"河长"政绩考核并向社会公布考核结果。2015 年 12 月 31 日，广东省人民政府发布《广东省水污染防治行动计划实施方案》，严格目标任务考核。广东省政府与各地级以上市政府签订水污染防治目标责任书，分解落实目标任务，严格落实"一岗双责"。每年分流域、分区域、分海域对行动计划实施情况进行考核，考核结果向社会公布，并作为对领导班子和领导干部综合考核评价的重要依据。将考核结果作为省级财政水污染防治资金分配的参考依据。

2016 年 5 月 7 日，中共广东省委办公厅、广东省人民政府办公厅颁布《广东省党政领导干部生态环境损害责任追究实施细则》，党委及其组织部门在党政领导班子成员选拔任用工作中，应当按规定将资源消耗、环境保护、生态效益等情况作为考核评价的重要内容，综合运用自然资源资产审计和环境、资源保护督察结果，对在生态环境和资源方面造成严重破坏负有责任的干部不得提拔使用或者转任重要职务。受到责任追究的党政领导干部，取消当年年度考核评优和评选各类先进的资格。2016 年 5 月 31 日，广东省环境保护厅印发《〈广东省农村环境保护行动计划（2014—2017 年）〉2016 年年度实施计划》，强化督办落实。要求各地、各部门要建立该行动计划实施的监督考核机制，强化对其实施情况的督查督办。

2016 年 6 月 3 日，广东省环境保护厅印发《2016 年广东省环境保护厅政府环境信息公开工作要点》，强化环境信息公开监督检查机制。把信息公开、政务服务工作情况纳入党风廉政建设责任制、干部年度考核范围，建立健全定期考核、日常检查、社会评议、受理举报等多种方式相结合，内部监督与外部监督并重的督查工作机制。同时继续实行每月通报各处室、有关直属单位信息公开工作情况制度。2016 年 7 月 18 日，广东省经济和信息化委、环境保护厅印发《广东省全面推进绿色清洁生产工作意见》，健全监督管理体系。要求各地清洁生产工作完成情况纳入节能、环境保护日常监督检查和相关考核。

2016 年 9 月 22 日，《广东省环境保护"十三五"规划》提出强化地方党政履责。一是健全生态文明绩效评价制度。完善生态文明建设目标评价考核体系，把资源消耗、环境损害、生态效益纳入经济社会发展评价体系。完善干部考核任用制度，提高生态文明建设相关指标的权重。根据不同区域主体功能定位，实行差异化绩效评价考核，生态发展区和生态脆弱的国家扶贫开发工作重点县取消地区生产总值考核，探索建立以生态价值为基础的考核机制。强化环保责任考核结果应用，实施环保"一票否决"制，将考核结果作为地方党政领导班子调整和领导干部选拔任用的重要依据。二是强化评估考核，加强规划实施评估考核。建立规划实施情况年度调度机制，完善规划实施的考核评估机制。将规划目标和主要任务纳入各地、各有关部门政绩考核和环保责任考核内容。分别于 2018 年和 2020 年年底组织开展规划实施情况评估，依据评估结果对规划目标任务进行科学调整，评估结果作为考核依据并及时向社会公布。2016 年 9 月 29 日，广东省第十二届人民代表大会常务委员会第二十八次会议通过《广东省水土保持条例》，要求在水土流失重点预防区和重点治理区，各级人民政府实行水土保持目标责任制和考核奖惩制度，并向社会公布考核结果。

2.2.13　江西省

江西省进一步健全完善生态文明考核评价制度，将资源消耗、环境损害、生态效益等纳入经济社会发展评价体系。用制度保护生态环境，是建设生态文明的重要途径。2016 年 11 月 8 日，江西省发展改革委印发《赣东北扩大开放合作"十三五"发展规划》，提出赣东北地区需构建生态文明考核评价制度。完善科学发展综合考评指标体系，实行差异化绩效考核，把资源消耗、环境损害、生态效益、林地（湿地）保有量等绿色发展指标纳入评价体系，形成与主体功能区相适应的考核评价制度和奖惩机制。全面实施"河长制"。建立健全环境保护目标责任制和"一岗双责"制度，实施自然资源资产离任审计制度和重大资源环境损害责任终身追究制度。2017 年 6 月 8 日，江西省人民政府办公厅印发《江西省生态环境监测网络建设实施方案》，要求省环保厅、省水利厅、省国土资源厅、省农业厅、省林业厅、省气象局等部门负责配合落实国家主体功能区战略和全省重点生态功能区环境保护要求，开展国家和省级重点生态功能区生态环境绩效监测与评价，基本说清生态环境现状及变化。

针对秸秆焚烧有所抬头的态势，2017 年 10 月 16 日，江西省环保厅对发现 3 个以上露天焚烧秸秆火点的上饶经开区管委会、上饶县、鄱阳县、樟树市、崇仁县、宜黄县政府负责人进行集体约谈；11 月 9 日，省环保厅对南昌县、余干县、丰城市、高安市、新建区、临川区人民政府主要负责人进行集体约谈，要求其落实改善环境质量的主体责任，加大环境治理力度和督察整改进度，抓好农作物秸秆禁烧工作。2017 年 8 月 12 日，樟树市召开全市消灭劣 V 类水集中攻坚动员大会。会议要求，要大力开展劣 V 类水排查工作，集中抓好源头治理，要确保如期消灭劣 V 类水。对工作不力、落实不到位的，市委、市政府将启动问责程序，严肃追责问责。会上，樟树市政府还与各乡镇（街道、场）签订了消灭劣 V 类水集中攻坚整治目标责任书。2017 年以来，共青城市委、市政府高度重视农村水环境污染治理整市推进示范项目建设，成立了以市长为组长、分管副市长为副组长、其他有关单位为成员的推进工作领导小组，对每个项目在实施过程中的难点进行任务分解，定期定人向主要领导汇报进度，做到责任明确、调度及时，并把任务完成情况列入年终评优考核，完不成任务的取消年终评优资格。截至 2017 年 11 月中旬，已全面完成了所确定的 10 个农村水环境污染治理整市推进示范项目，总计投入专项资金 1 000 万元。2017 年 11 月，共青城市委、市政府出台《2017 年度环境保护和生态建设考核细则》。该细则的出台，旨在贯彻落实绿色发展理念，明确党政环境保护与生态建设责任，加快完成年度环境保护和生态建设工作任务。该细则对考核对象——各乡镇（街道）、市直各单位（驻市各单位）一年来环保机制是否健全、领导是否重视、开展环境保护和生态建设任务的落实有关情况等进行全面考核。按照考核内容进行实地检查和资料查阅，逐项打分（总分值 100 分，不合格按扣分项扣分），出现环境安全事故的取消年度评优资格，实行环保"一票否决"。

2.2.14 山东省

2015 年 4 月 13 日，山东省推进《工业转型升级行动计划（2015—2020年)》，强化节能、减排、技术、标准倒逼机制。严格落实节能目标责任考核机制，继续实行节能目标问责制和"一票否决制"。2015 年 11 月 11 日，山东省水利厅颁布《山东省地下水超采区综合整治实施方案》，省水利厅要会同有关部门对该方案实施情况进行检查、评估和考核，并向省政府报告。2015 年 12 月 8 日，山东省人民政府办公厅印发《山东省环境空气质量生态补偿暂行办法》，以各设区市的细颗粒物（PM$_{2.5}$）、可吸入颗粒物（PM$_{10}$）、二氧化硫（SO$_2$）、二氧化氮（NO$_2$）季度平均浓度同比变化情况为考核指标，建立考核奖惩和生态补偿机制；山东省对各设区市实行季度考核，每季度根据考核结果下达补偿资金额度。2015年 12 月 31 日，山东省人民政府办公厅印发《山东省落实〈水污染防治行动计划〉实施方案》，落实"党政同责、一岗双责"和终身追责。将水环境质量逐年改善作为区域发展的约束性要求。省政府与 17 个市政府签订水污染防治目标责任书，分解落实目标任务，每年把工作方案实施情况向社会公布，并作为对领导班子和领导干部综合考核评价的重要依据。2016 年 4 月 21 日，山东省人民政府办公厅印发《关于加快推进全省煤炭清洁高效利用工作的意见》，严格督查考核执法。省协调小组办公室要牵头组织开展督导检查和考核评价，各级政府要结合实际，制定具体方案，分解落实目标任务，精心组织实施。2016 年 4 月 22 日，山东省人民政府办公厅印发《全省散煤清洁化治理工作方案》，严格督导考核。省协调小组办公室要定期调度通报各地进展情况，搞好定期考核，同时将散煤治理工作与环保模范城市创建和城市环境综合整治定量考核等创建活动结合起来。各地要加强对散煤清洁化治理工作的督导检查，建立定期考核通报制度。2016年 5 月 19 日，山东省人民政府办公厅印发《山东省 2013—2020 年大气污染防治规划二期行动计划（2016—2017 年)》，落实"一岗双责"和终身追责，省政府与各市政府签订新一轮目标责任书，每年对工作方案实施情况进行考核并向社会公布考核结果，作为对各地领导班子和领导干部综合考核评价的重要依据。2016年 6 月 7 日，山东省人民政府办公厅印发《关于加快全省非煤矿山转型升级提高安全环保节约质效管理水平的意见》，加强组织领导，密切协作配合。坚持全省统一部署、市县政府负责、部门指导协调、各方联合行动，严格落实各级政府和有关部门的属地监管责任，严格落实矿山企业的安全、环保、节约、质效主体责任，建立有目标、有任务、有考核、有奖惩的责任体系。2016 年 10 月 9 日，山东省人民政府办公厅印发《山东省生态环境监测网络建设工作方案》，实行依法追责，建立生态环境监测与监管联动机制。完善全省生态环境监测与评估指标体系，组织开展监测与评估，运用监测和评估结果，为考核问责各级政府落实本行政区域环境质量改善、污染防治、生态保护、核与辐射安全监管、生态补偿机制等职责任务提供科学依据和技术支撑。

2.2.15　上海市

2015 年 6 月 25 日，上海市水务局、上海市农业委员会、上海市林业局、上海市财政局发布《上海市 2015—2017 年农林水三年行动计划》，落实目标责任，建立督查机制。建立完善农林水三年行动计划的考核评价和责任追究制度，定期开展检查督查。要建立并实施责任公示制、绩效挂钩制、进度通报制、约谈督办制，形成奋力争先、创新争优的良好工作机制。2015 年 6 月 30 日，上海市水务局、上海市农业委员会、上海市环境保护局、上海市绿化和市容管理局联合起草《关于本市开展河道水环境治理"三水"行动的工作意见》，建立监督考核机制。将"三水"行动实施情况纳入市委、市政府对各区县"最严格水资源管理制度"考核体系，同时，各区县要将"三水"行动工作情况纳入党政班子政绩考核。2015 年 9 月 11 日，上海市农业委员会印发《上海市农业生态环境保护与治理三年行动计划（2015—2017 年）》，加强监督考核。将农业资源环境保护与治理行动纳入市政府对区县的考核内容。对三年计划项目推进、工作效果等进行定期检查、通报，与相关扶持资金拨付挂钩。对农业环境违法行为，及时予以严肃查处。2015 年 12 月 30 日，上海市人民政府印发《上海市水污染防治行动计划实施方案》，建立水质目标责任考核制度。按照《党政干部生态环境损害责任追究办法（试行）》，层层落实"党政同责"和"一岗双责"，实行各级党委、政府领导负责制，制定水环境治理领导责任制，建立市、区县、乡镇、村 4 级领导责任体系，明确目标任务，严肃考核问责，确保水质改善。2016 年 10 月 19 日，上海市人民政府印发《上海市环境保护和生态建设"十三五"规划》。强化环境保护责任体系。严格落实环境保护"党政同责、一岗双责"。地方各级党委、政府要对本地区生态环境保护负总责,建立健全职责清晰、分工合理的环境保护责任体系。制定明确责任清单,各相关工作部门要在各自职责范围内实施监督管理。探索建立环境保护重点领域分级责任机制,分解落实重点领域、重点行业和各区污染减排指标任务,完善体现生态文明要求的目标、评价、考核机制,建立环保责任离任审计、环境保护督察和履职约谈等制度,实施生态环境损害责任终身追究制度,加快推动环境保护责任的全面落实。2016 年 10 月 28 日,上海市人民政府印发《上海市城乡发展一体化"十三五"规划》。将城乡发展一体化工作纳入市政府系统运行目标管理,科学设定年度工作计划,将城乡发展一体化目标管理纳入政府督查工作体系,加强日常跟踪、专项检查、重点抽查、年终考核,发现问题及时协调解决,定期报告目标执行情况。2016 年 10 月 28 日,上海市人民政府办公厅印发《2016 年度上海市政务公开考核评估实施方案》。主要考核评估各单位落实《上海市人民政府办公厅关于印发 2016 年上海市政务公开工作要点的通知》(沪府办发〔2016〕18 号)及政务公开重点工作分解要求的情况,考核评估结果主动向社会公开,并提交市年度(绩效)考核工作领导小组,作为 2016 年度(绩效)考核依据。

2.2.16　内蒙古自治区

2015 年 7 月 15 日,内蒙古自治区人民政府发布《关于加快推进生态宜居县城建设的意见》,加强指导考核。要求内蒙古自治区住房和城乡建设厅要按照注重民生导向与主客观相结合的原则,加快研究制定推进生态宜居县城建设考核评价办法。各盟市要结合实际,指导旗、县(市)抓好各项工作的落实,加强对各项工作进度的跟踪检查,严格督查考核。自治区将定期对各盟市开展生态宜居县城建设工作督查考核,并将有关情况予以通报。2016 年 5 月 24 日,内蒙古自治区人民政府办公厅印发《关于推进海绵城市建设的实施意见》,严格督查考评。内蒙古自治区住房和城乡建设厅会同自治区有关部门对海绵城市建设工作进行考核验收,将公园绿地、道路广场、建筑小区、水系整治等方面的海绵体建设项目实施及运行情况作为评定海绵城市建设成效的重要依据;修订和完善自治区园林城市（县城）、节水型城市、人居环境（范例）奖等创建评价指标体系，将海绵城市建设目标纳入创建要求；完善自治区建筑节能和绿色建筑示范指标体系，增加海绵城市建设相关指标，推动海绵城市建设。2016 年 9 月 1 日，内蒙古自治区人民政府办公厅印发《关于自治区 2016 年度大气污染防治实施计划》，严格按照国务院相关要求，对各盟市 2016 年度实施情况进行考核，考核结果将向社会公布，并交由干部主管部门，按照党政领导班子和领导干部考核评价相关规定，作为对领导班子和领导干部综合考核评价的重要依据，根据结果对盟市政府及相关部门主要领导和分管领导实行问责约谈。2016 年 11 月 14 日，内蒙古自治区人民政府办公厅印发《关于贯彻落实土壤污染防治行动计划的实施意见》，严格评估考核，实行目标责任制。内蒙古自治区人民政府将与各盟行政公署、市人民政府签订目标责任书，分解落实目标任务。分年度对各盟市重点工作进展情况进行评估，2020 年对该意见落实情况进行考核，评估和考核结果作为对领导班子和领导干部综合考核评价、自然资源资产离任审计的重要依据。评估和考核结果作为内蒙古自治区分配土壤污染防治等相关专项资金的重要参考依据。

内蒙古自治区"十二五"以来认真贯彻落实国家最严格的水资源管理制度，建立起最严格的水资源管理制度框架体系；严格执行水资源论证、取水许可制度，不断健全取用水管理机制；将水资源"三条红线"控制指标分解到盟市、旗县，并加大检查考核力度；全区农牧业、工业、城镇生活等节水成效明显，水生态保护和建设力度逐年加大，水权转换试点工作积极推进，水资源对经济社会发展的保障能力显著增强。2015 年，内蒙古自治区人民政府办公厅印发《内蒙古自治区实行最严格水资源管理制度考核办法》，明确了考核对象、内容和程序等。考核工作组综合自查、核查、重点抽查和现场检查情况，对 12 个盟市 2014 年度目标完成情况、制度建设和措施落实情况进行综合评价。

2.2.17　陕西省

2015 年 4 月 17 日，陕西省人民政府印发《陕西省大气污染重点防治区域联动机制改革方案》，建立统一的考核评价体系。陕西省人民政府对重点防治区域实行以环境空气质量改善为核心的大气环境保护目标责任制和考核评价制度。各市（区）政府（管委会）应当将大气环境保护目标完成情况纳入对本级政府

（管委会）负有大气环境保护监督管理职责的主管部门及其负责人和下级政府及其负责人的考核指标，作为对其考评的重要依据。考核结果向社会公开。2015年12月30日，陕西省人民政府颁布《陕西省水污染防治工作方案》，严格目标任务考核。陕西省政府与各设区市、韩城市政府及杨凌示范区、西咸新区管委会签订水污染防治目标责任书，分解落实目标任务，切实落实"一岗双责"。陕西省政府每年对各地及省级相关部门目标任务完成情况进行考核，考核结果向社会公布，并作为对领导班子和领导干部综合考核评价的重要依据。将考核结果作为水污染防治、重点流域转移支付和生态补偿等资金分配的参考依据。2016年4月12日，陕西省人民政府办公厅印发《陕西省生态环境监测网络建设工作方案》，测管联动可追责。建立健全环境监测与管理协同机制，使环境质量监测结果有效支撑环境保护目标责任考核、环境保护巡察、领导干部环境损害责任追究等工作，实现污染源监测与环境监督执法协同联动。2016年5月19日，陕西省人民政府办公厅印发《陕西省水污染防治2016年度工作方案》。严格考核，落实奖惩。陕西省政府与各市（区）政府（管委会）签订目标责任书，开展年度考核工作，考核结果向社会公布，并作为对领导班子和领导干部综合考核评价的重要依据，作为水污染防治、重点流域转移支付和生态补偿等资金分配的参考依据，并依据考核追究责任，各市（区）政府（管委会）自行确定本行政区内干流、支流水质断面考核及相应的污染补偿资金管理办法。

2.2.18　浙江省

2017年3月24日，浙江省委、省政府召开剿灭劣Ⅴ类水誓师大会，浙江省委书记夏宝龙在会上强调，要全省动员、全民参与，以舍我其谁的责任担当，坚决干净彻底地剿灭劣Ⅴ类水。市、县、乡、村在分会场逐级签订了剿灭劣Ⅴ类水责任书，各县（市、区）向全省11个设区市递交责任书。浙江省委副书记、省长车俊强调，要以科学的举措全力确保工作成效，加大投入、落实责任，严格标准、创新机制，加强源头防控、强化责任追究，做到精准施策、科学治水，并以治水倒逼公众养成良好生活方式。截至2017年6月底，衢州市1 501个劣Ⅴ类水体全部完成整治，7月底全部完成市级验收；上半年国控、省控、市控以上地表水断面、跨行政区域交接断面、集中式饮用水水源水质达标率保持5个100%，其中 21 个市控以上断面 II 类以上水体占 90.5%，出境水水质考核评价为优秀。截至 2017 年 7 月底，舟山市列入全省交界断面水质保护管理考核的 3 个断面全部达到水环境功能区类别要求，21 个市控地表水断面达标率为 95%；县级以上饮用水水源地达标率为 100%，河库清淤、工业整治、保留养猪场 100% 纳入智能监控，雨污混排口整治等 4 项重点工程均提前完成省定年度任务，426 个劣 V 类水体基本完成剿灭任务，普陀区、嵊泗县率先在全省完成全域剿劣任务。截至 2017 年 9 月底，玉环市列入整治范围的 229 条小微水体全部完成整治。

2017 年 6 月 23 日，浙江省财政厅、浙江省环境保护厅印发《关于加强中央环保专项资金管理提高使用绩效的意见》，明确了中央资金的使用管理应遵循"突出重点、提前储备，专款专用、注重绩效，强化监管、公开透明"的原则，提出监督检查和绩效评价的重点主要包括中央资金支持项目的目标任务完成、制度建设、资金到位和使用、项目建设和运行以及环境质量改善等情况。2017 年 8 月 11 日，浙江省委办公厅、浙江省政府办公厅印发《浙江省生态文明建设目标评价考核办法》（以下简称《考核办法》），并于 2017 年开始对各设区市、县（市、区）党委和政府生态文明建设实行年度评价，对各设区市党委和政府生态文明建设目标实行五年考核。《考核办法》中重点强调"党政同责""一岗双责"，建立了生态文明建设目标指标，将其纳入党政领导干部评价考核体系，这意味着生态责任落实的好坏将成为政绩考核的重要内容。2017 年 8 月 25 日，浙江省政府办公厅印发《浙江（丽水）绿色发展综合改革创新区总体方案》，要求深化和完善差异化的绩效评价指标和绿色考核办法，建立绿色发展评价体系。2017 年 11 月 8 日，浙江省政府办公厅发布的《全面推开省市两级编制自然资源资产负债表工作方案》指出，在全省推进自然资源资产负债表编制工作，要通过编制自然资源资产负债表，客观评估地区当期自然资源资产变化状况，准确把握经济主体对自然资源资产的占有、使用、消耗、恢复等活动，全面反映经济社会发展的资源消耗、环境代价和生态效益等情况，为制定完善生态文明绩效评价考核和责任追究制度夯实统计基础。

2.2.19　广西壮族自治区

2017 年 5 月 30 日，广西壮族自治区党委办公厅、自治区人民政府办公厅印发《关于全面推行河长制的实施意见》和《全面推行河长制工作方案》，要求各地尽快成立推行河长制的组织机构，在考核上，将根据不同河湖存在的主要问题，实行差异化绩效评价考核，将领导干部自然资源资产离任审计结果及整改情况作为考核的重要参考，以及生态环境损害责任追究的重要依据；把"河长制"考核列入政府绩效考核重要内容，细化考核标准，提高考核权重，确保"河长制"发挥应有作用。2017 年 8 月 13 日，广西壮族自治区党委与自治区人民政府联合印发的《广西生态文明体制改革实施方案》提出，到 2020 年，构建起由自然资源资产产权制度、国土空间开发保护制度、空间规划体系、资源有偿使用和生态补偿制度、环境治理和生态保护市场体系、生态文明绩效评价考核和责任追究制度等构成的产权清晰、多元参与、激励约束并重、系统完整的广西特色生态文明制度体系。2017 年 9 月 26 日，广西壮族自治区党委办公厅、自治区人民政府办公厅印发《广西壮族自治区环境保护督察办法（试行）》，对督察对象、机构、形式及内容、督察程序、成果应用、工作要求等作了比较详细的规定，明确将督察结果和整改结果纳入干部考核和绩效考评。

广西壮族自治区环境保护厅运用"互联网＋"理念和技术，打造了污染源自动监控"一个平台、一套软件、一组数据、一体联动"的新格局。通过"一个平台"多级共享、"一套软件"整合资源、"一组数据"统一监管、"一体联动"严惩违法四个移动执法利器，执法效果得到提升，环境安全得到保障。截至2016 年 11 月底，广西壮族自治区查处的环境违法案件同比增加65%；近三年未发生较大以上突发环境事件，扭转了环境事件多发频发态势。2017 年 2 月，环境保护部对广西壮族自治区环境监管执法工作予以通报表扬。近年来，广西壮族自治区环境保护厅以改善环境质量为核心，持续加大环境监管执法力度。2013—2015 年围绕环境安全、基层建设、监管执法等重点工作，在全区连续三年开展环保主题年活动，2016 年又提出专业查污、专项控污、帮企减污、督政治污、依法惩污、公众评污的"六步工作法"，环境执法效果显著。近三年未发生较大以上突发环境事件；移动执法建设情况全国领先，强化了污染源自动监控系统在精准锁定污染源、科学执法、有效震慑环境违法行为方面的作用；与公安机关深入沟通、快速联动，并利用卫星定位、无人机侦查等先进设备和高技术手段，迅速查处到位，强力打击了环境违法行为。2017 年以来，全州县适应形势任务发展要求，紧紧围绕生态县创建工作，充分发挥绩效考评"指挥棒"作用，健全正确的生态绩效导向机制、客观评价机制、有效的激励机制和严格的约束机制，强力推动生态文明制度体系建设，使生态县创建工作步入常态化、制度化轨道，同时也展现出了绩效考评的生机和活力，创建完成国家级生态乡镇 2 个、自治区级生态乡镇 11 个，2017 年完成 6 个自治区级生态乡镇及自治区级生态县的申报，有效助推生态县创建。贵港市将生态示范区创建工作纳入各县（市、区）年度绩效考核，制定了具体的考核标准和评分办法，由市绩效办统一组织考核。其中港南区组织有关单位进行生态建设工作业务培训，并把奖优罚劣列入单位、个人等绩效考核，既提高了生态建设的能力，又激励了生态建设的积极性。

2.3 进展评价

经过几年的实践摸索，一些地方政府绩效管理工作形成了一些独有特点，取得了一定成效，但绩效管理还处于探索阶段。在开展绩效管理工作中，有的地区并没有很深入地考虑将环境保护相关指标纳入政府绩效管理中，或者政府在地方绩效管理工作中很少强调环境保护指标，只是在主要污染物减排考核办法中提到将考核结果纳入政府绩效管理考评。也有些地方政府强化对资源节约、环境保护等目标任务完成情况的综合考评管理，但环保行政单位并没有纳入绩效管理试点单位。迄今为止，我国还没有形成关于政府环境绩效管理的整体思想体系，也没有关于政府整体绩效管理的法律法规，更没有在中央政府层面设立一个机构来负责协调、监控以及强化我国政府的总体绩效。因此，需要加强政府绩效评估理论研究，探讨和建立适合我国国情的政府绩效评估体系及绩效管理制度。

地方环境绩效管理随着试点、全国推广的不断实践，已经初具雏形，推动了我国生态文明的建设。其具有如下特点：一是环境绩效考核制度化。2015 年 8 月 29 日，第十二届全民人民代表大会常务委员会第十六次会议修订通过了新的《中华人民共和国大气污染防治法》，明确规定强化地方政府责任，加强考核和监督。规定了地方政府对辖区大气环境质量负责、环境保护部对省级政府实行考核、未达标城市政府应当编制限期达标规划、上级环保部门对未完成任务的下级政府负责人实行约谈和区域限批等一系列制度措施。这是首次将环境绩效考核写入法律，标志着生态文明法治建设的开始。2016 年 11 月至今已出台了 9 份相关政策文件，表明我国正在进一步完善一套反映资源消耗、环境损害和生态效益的绩效考核评价体系。《"十三五"生态环境保护规划》明确提出要强化项目环境绩效管理，强调地方各级人民政府是规划实施的责任主体，要把生态环境保护目标、任务、措施和重点工程纳入本地区国民经济和社会发展规划之中。二是目标导向明确。各级政府需要签订相关污染防治目标责任书，分解落实目标任务，切实落实"一岗双责"，将行动计划实施情况作为对领导班子和领导干部综合考核评价的重要依据。考核指标的量化和参考体系的建立为各级政府领导班子积极开展工作指明了方向。三是绩效管理指标同异共存。环境管理绩效考核指标"一刀切"的做法在实践中阻力很大，各省（市）政府考核部门应根据管辖区实际情况，抓地区环境污染和破坏的主要贡献因子，分列共性和个性指标进行考核，从而有利于当地环境质量的人为改善。四是实施环境绩效日益得到地方重视。各地政府陆续出台相关文件，均坚持"党政同责、一岗双责、责权一致、齐抓共管"的原则，强调要实行严格的生态环境保护制度。五是当前地方实施的主要是环保政绩考核方式，考核的领域和重点有很大不同。地方环境绩效考核与管理实践显示出以下特点：①考核内涵不断丰富；②考核指标设置逐步动态化、科学化、精细化；③考核范围结合环境管理工作需求逐步拓宽；④考核手段不断创新；⑤考核结果运用日益受到重视。

2.4 附件

附件2-1 污染减排政策落实情况绩效管理试点工作实施方案

污染减排是贯彻落实科学发展观、促进经济社会可持续发展的重大举措。推行污染减排绩效管理制度，是深入推进环保体制机制改革创新的重要"抓手"，也是政府绩效管理的重要内容。为全面推进污染减排这一国家重大专项工作取得实效，根据《关于开展政府绩效管理试点工作的意见》（以下简称《意见》）的要求，特制定本方案。

一、指导思想和基本原则

（一）指导思想

以邓小平理论、"三个代表"重要思想为指导，深入贯彻落实科学发展观，按照党中央、国务院关于加快推行政府绩效管理制度的总体部署，紧紧围绕"十二五"污染减排规划实施和目标责任制落实，以提高政府部门和中央企业执行力和改进减排工作为重点，运用现代绩效管理的理念和方法，立足实际，大胆实践，有序推进，积极探索污染减排工作绩效管理的有效途径和方式方法，构建科学的污染减排绩效考评体系和考评结果运用机制，促进污染减排约束性目标的实现，为加快转变经济发展方式作出贡献。

（二）基本原则

污染减排政策落实情况绩效管理遵循以下基本原则：

坚持结果导向，注重工作过程；

坚持统筹兼顾，突出工作重点；

坚持实事求是，确保客观公正；

坚持公开透明，务求科学评价；

坚持循序渐进，持续改进工作。

二、工作目标

（一）总体目标

通过开展污染减排政策落实情况绩效管理试点工作，使绩效管理的理念和方法在污染减排管理工作中得到有效应用，探索建立污染减排绩效管理制度的基本框架，构建统筹兼顾、重点突出、导向明确的污染减排绩效考评指标体系和考评程序，制定完善一批污染减排绩效管理规章制度，力争到2012年年底形成比较规范的污染减排绩效管理模式，为国家重大专项绩效管理积累经验。

（二）阶段性目标

污染减排政策落实情况绩效管理分2011年和2012年两个阶段开展工作。

2011年的工作目标是：通过科学合理分解"十二五"减排目标任务，与各省（区、市）、新疆生产建设兵团以及国家电网、五大电力集团、两大石油集团签订减排目标责任书，明确工作责任，研究制定污染减排绩效考评体系，出台污染减排绩效管理办法，指导各地区、有关部门和中央企业建立相应工作机制，并按计划扎实推进，初步建立起绩效管理制度体系和工作机制。

2012 年的工作目标是：在总结 2011 年绩效管理试点工作经验的基础上，进一步完善污染减排绩效管理考评制度设计，在实际工作中深入实践和运用，形成规范化的绩效管理操作程序和工作要求。

三、考评对象和内容

（一）考评对象

1. 签订了总量减排目标责任书的各省（区、市）、新疆生产建设兵团以及国家电网、五大电力集团、两大石油集团。

2. 在加强调研、广泛征求意见的基础上，商有关部门，探索开展部门减排工作绩效考评。

（二）考评内容

1. 对各地区和中央企业，重点考评内容为国务院《"十二五"节能减排综合性工作方案》中有关减排政策措施是否落实，与环境保护部签订的《"十二五"污染减排目标责任书》要求的内容是否落实，资金投入是否到位，污染减排目标是否完成，污染减排统计监测考核体系建设和执法监管能力是否提高，环境质量是否得到改善。

2. 对有关部门，按照相关职能分工和《"十二五"节能减排综合性工作方案》等有关要求，就保障减排目标实现的重大政策措施的出台和实施开展绩效考评。

四、考评方法和方式

（一）考评方法

紧紧围绕考评内容，采用定性评估与定量评估相结合的办法，与现有污染减排考核工作有机结合，研究制订绩效考评指标体系和管理办法。

1. 对各地区和中央企业，在前期科学合理分解减排任务目标的基础上，以化学需氧量、氨氮、二氧化硫、氮氧化物四项约束性指标削减比例为核心评估指标，进行量化评估，实行"一票否决"。同时对污染减排工作组织领导、"十二五"减排规划编制和目标分解、政策措施落实、重点减排项目进展、资金投入、能力建设等工作开展情况进行细化分解，建立评估指标体系，赋予不同的权重，并进行综合评价。

2. 对有关部门，根据相关职能分工和《"十二五"节能减排综合性工作方案》部门分工的要求，以定性考核为主、量化考核为辅，对有关部门减排工作部署、政策措施落实等内容建立绩效考评体系，并进行综合评价。

（二）考评方式

采取日常专项检查和总体检查相结合的方式，对政府绩效管理情况进行检查评估。本着加强与现有减排考核工作整合和衔接的原则，绩效考评工作将与现有的减排日常核查督查和每半年一次的定期核查督查工作紧密结合，讲求工作质量，提高工作效率。

日常专项检查，包括年度减排计划审核及督促落实、减排进展季度调度及信息公布、减排工程项目日常督查抽查、环保专项检查等。

总体检查，结合半年一次的定期核查督查，每年组织开展 2 次对各地污染减排政策措施落实情况、减排目标完成情况和环境质量变化情况的核查评估，全面评价各地污染减排成效情况，并形成书面报告。有关情况向国务院报告，经批准后向社会公布。

五、考评结果运用

考评结果运用是推进绩效考评工作深入开展的关键。在考评结果应用上，按照《意见》的要求，我部①将及时把考评结果报送组织人事部门，将减排绩效考评结果作为地方、中央企业领导班子和领导干部综合考核评价、干部选拔任用的重要依据，以激发各级领导干部推动科学发展的积极性和创造性，使得减排绩效考评成为推动科学发展的动力。

同时，积极研究建立绩效考评的奖惩激励机制，对考评等级为好的地方和中

---

① 指环境保护部。

央企业，优先加大对该地区和企业污染治理和环保能力建设的支持力度，同时结合全国污染减排表彰活动进行表彰奖励。对考评等级为不合格的地区和中央企业，撤销国家授予该地区和企业的环境保护或污染治理方面的荣誉称号，领导干部不得参加年度评奖、授予荣誉称号等。对在绩效考评工作中瞒报、谎报情况的地区，予以通报批评，对直接责任人员依法追究责任。

六、组织领导机构

环境保护部成立污染减排政策落实情况绩效管理领导小组，周生贤部长任组长，张力军副部长、傅雯娟纪检组长任副组长，办公厅、规财司、政法司、人事司、科技司、总量司、环评司、监测司、污防司、生态司、环监局、宣教司、驻部监察局主要负责同志为成员。

下设领导小组办公室，设在总量司，承担领导小组日常工作，主要负责绩效管理试点具体工作，以及与政府绩效管理工作部际联席会议办公室的日常联系沟通。总量司刘炳江副司长任办公室主任，驻部监察局副局级纪律检查员、监察专员周若辉同志、总量司于飞副巡视员任副主任，总量司综合处和驻部监察局综合室有关人员为成员。

总量司于飞副巡视员担任绩效管理试点工作联络员。

七、工作步骤和时间安排

2011 年 7 月，成立污染减排绩效管理领导机构和办事机构，加强组织领导，落实专门人员；

2011 年 7 月，研究制定《污染减排政策落实情况绩效管理试点工作实施方案》，报绩效管理部际联席会议办公室；

2011 年 8—12 月，研究制订污染减排绩效考评管理办法，并选取重点地区和企业开展过程绩效考评试点；

2012 年 1—2 月，结合 2011 年度减排核查督查工作，按照绩效考评管理办法的要求，实施 2011 年度减排政策落实情况绩效评估工作；

2012 年 3—5 月，编制 2011 年度污染减排政策落实情况绩效管理评估报告，将有关情况及时报送政府绩效管理部际联席会议办公室审定，经批准后，以适当方式进行公布；

2012 年 5—6 月，根据 2011 年度绩效评估结果，促进各地区、有关部门和中央企业不断改进减排相关工作，并进一步修订完善减排绩效考评管理办法；

2012 年 7 月，结合 2012 年度上半年减排核查督查工作，开展 2012 年上半年减排绩效考评专项检查工作；

2012 年 8—11 月，通报 2012 年上半年度绩效考评结果，对目标任务进展滞后、评估结果不理想的地区和企业提出预警，推动相关整改工作落实，并及时进行察访核验；

2012 年 12 月，对污染减排政策落实情况绩效管理进行全面系统总结，形成总结报告，并及时报送绩效管理部际联席会议办公室。

附件 2-2　关于改进地方党政领导班子和领导干部政绩考核工作的通知

各省、自治区、直辖市党委组织部，各副省级城市党委组织部，中央和国家机关各部委、各人民团体组织人事部门，新疆生产建设兵团党委组织部：

为贯彻落实党的十八大和十八届三中全会关于改革和完善干部考核评价制度，完善发展成果考核评价体系的精神，促进各级领导干部树立正确的政绩观，推动经济社会科学发展，经中央同意，现就改进地方党政领导班子和领导干部政绩考核工作的有关问题通知如下。

1. 政绩考核要突出科学发展导向。地方党政领导班子和领导干部的年度考核、目标责任考核、绩效考核、任职考察、换届考察以及其他考核考察，要看全面工作，看经济、政治、文化、社会、生态文明建设和党的建设的实际成效，看解决自身发展中突出矛盾和问题的成效，不能仅仅把地区生产总值及增长率作为考核评价政绩的主要指标，不能搞地区生产总值及增长率排名。中央有关部门不能单纯以地区生产总值及增长率来衡量各省（自治区、直辖市）发展成效。地方各级党委政府不能简单以地区生产总值及增长率排名评定下一级领导班子和领导干部的政绩和考核等次。

2. 完善政绩考核评价指标。根据不同地区、不同层级领导班子和领导干部的职责要求，设置各有侧重、各有特色的考核指标，把有质量、有效益、可持续的经济发展和民生改善、社会和谐进步、文化建设、生态文明建设、党的建设等作为考核评价的重要内容。强化约束性指标考核，加大资源消耗、环境保护、消化产能过剩、安全生产等指标的权重。更加重视科技创新、教育文化、劳动就业、居民收入、社会保障、人民健康状况的考核。

3. 对限制开发区域不再考核地区生产总值。对限制开发的农产品主产区和重点生态功能区，分别实行农业优先和生态保护优先的绩效评价，不考核地区生产总值、工业等指标。对禁止开发的重点生态功能区，全面评价自然文化资源原真性和完整性保护情况。对生态脆弱的国家扶贫开发工作重点县取消地区生产总值考核，重点考核扶贫开发成效。

4. 加强对政府债务状况的考核。把政府负债作为政绩考核的重要指标，强化任期内举债情况的考核、审计和责任追究，防止急于求成，以盲目举债搞"政绩工程"。注重考核发展思路、发展规划的连续性，考核坚持和完善前任正确发展思路、一张好蓝图抓到底的情况，考核积极化解历史遗留问题的情况，把是否存在"新官不理旧账""吃子孙饭"等问题作为考核评价领导班子和领导干部履职尽责的重要内容。

5. 加强对政绩的综合分析。辩证地看主观努力与客观条件、前任基础与现任业绩、个人贡献与集体作用，既看发展成果，又看发展成本与代价；既注重考核显绩，更注重考核打基础、利长远的潜绩；既考核尽力而为，又考核量力而行，全面历史辩证地评价领导班子和领导干部的政绩。注意识别和制止"形象工程""政绩工程"，防止和纠正以高投入、高排放、高污染换取经济增长速度，防止和纠正不作为、乱作为等问题。

6. 选人用人不能简单以地区生产总值及增长率论英雄。要按照好干部的标准，根据干部的德才素质、工作需要、群众公认等情况综合评价干部，注重选拔自觉坚持和领导科学发展、成绩突出、群众公认的干部。不能简单地把经济增长速度与干部的德能勤绩廉画等号，将其作为干部提拔任用的依据，作为高配干部或者提高干部职级待遇的依据，作为末位淘汰的依据。

7. 实行责任追究。制定违背科学发展行为责任追究办法，强化离任责任审计，对拍脑袋决策、拍胸脯蛮干，给国家利益造成重大损失的，损害群众利益造成恶劣影响的，造成资源严重浪费的，造成生态严重破坏的，盲目举债留下一摊子烂账的，要记录在案，视情节轻重，给予组织处理或党纪政纪处分，已经离任的也要追究责任。

8. 规范和简化各类工作考核。加强对考核的统筹整合，切实解决多头考核、重复考核、烦琐考核等问题，简化考核程序，提高考核效率。精简各类专项业务工作考核，取消名目繁多、导向不正确的考核，防止考核过多过滥、"一票否决"泛化和基层迎考迎评负担沉重的现象。中央管理的领导班子和领导干部当年开展专项学习教育活动或换届考察、巡视的，可不再重复进行年度考核，根据年度工作情况，综合运用专项活动督导以及换届考察、巡视等成果形成年度考核意见。

各地区各部门要按照本通知精神，完善考核评价制度，抓紧清理和调整考核评价指标，废止不符合中央要求的制度规定，树立正确的考核导向，使考核由单纯比经济总量、比发展速度，转变为比发展质量、发展方式、发展后劲，引导各级领导班子和领导干部牢固树立"功成不必在我"的发展观念，做出经得起实践、人民、历史检验的政绩。

中共中央组织部

2013 年 12 月 6 日

附件 2-3　城市生态建设环境绩效评估导则（试行）

1　总则

1.1　为持续客观地评估城市生态建设对其环境状况的实际影响，引导城市规划建设工作更加注重环境效益，制定本导则。

1.2　本导则适用于绿色生态城区的环境绩效考核评估工作，将城市建设工作对环境的影响转化为易于识别的环境状况指标，便于直观了解环境保护的成效。

1.3　本导则注重评估方法的可操作性，评估指标的可计算性。注重环境评价结果与公众感知保持一致，协调政府、科研机构与公众环境认知，选择居民能够直接感受到的环境效果作为度量城市生态的标准。

1.4　环境绩效评估应立足于城市生态建设的全生命周期，对建设的全过程开展评估和比较，并及时给出建议。

1.5　环境绩效评估应根据环境监测建立数据库开展纵向和横向比较，包括在时间上的纵向比较和在一定条件下城市（区）间的横向比较。

1.6 环境绩效评估应注重评估指标的因地制宜，不推荐套用统一的评估指标。

1.7 环境绩效评估应注重环境状况的综合评估。

2 术语

2.1 环境绩效评估 Environmental Performance Evaluation

持续客观地对环境状况进行测量，评估环境变化直观效果的系统程序。

2.2 城市新建区 Newly Built Urban Zone

指城市中各类新建的规划新区、经济技术开发区、高新技术产业开发区、生态工业示范园区等。

2.3 旧城改建区 Old City Transformation Zone

指在城市旧区中开展调整城市结构、优化城市用地布局、改善和更新基础设施、保护城市历史风貌等建设活动的区域。

2.4 棕地更新区 Brownfields Renewal Zone

指由于现实的或潜在的有害物和危险物的污染而影响到其扩展、振兴和重新利用的区域。

2.5 生态限建区 Ecological Construction Limited Zone

指生态重点保护地区，根据生态、安全、资源环境等情况需要控制的地区。

3 评估工作程序

环境绩效评估一般分为 4 个阶段，即评估指标确定、环境数据采集、评估结果分析、评估能力改进。具体流程见下图。

4 评估指标体系

针对土地利用、水资源保护、局地气象与大气质量、生物多样性 4 个主要环境影响评估方向，分别从 10 个主要评估方面给出 29 个推荐性评估指标，使用者可根据具体建设项目情况，基于环境影响特征、环境保护目标、可获取的数据情况等选择适当的环境绩效评估指标。

5 指标评估方法

5.1 以环境保护目标为导向，确定评估指标的评判基准。对涉及国家或地方相关技术规范和质量标准及其达标情况的评价指标，原则上有标准规定的，应

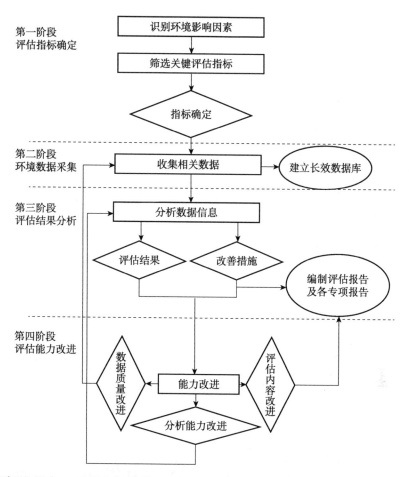

采用高标准规定；无国内标准的，可以采用国际通用标准规定。

表 1　城市生态建设环境绩效评估指标表

主要环境影响评估方向		主要评估方面	推荐性评估指标
L 土地利用	1	限制发展区域保护	L1：综合径流系数 L2：生态系统服务功能总价值 L3：TOD 集约开发度 L4：公园绿地可达性 L5：地均污染物净输出量

主要环境影响评估方向		主要评估方面	推荐性评估指标
L 土地利用	2	土地生态修复	L6：土地综合污染指数 L7：污染物场地地下水监测达标率 L8：已修复治理土地比例 L9：污染性工业用地年变化率 L10：城市生活垃圾回收利用率
W 水资源保护	3	水质变化	W1：水质平均污染指数 W2：水质特征污染物指示 W3：水质基本项目核查 W4：综合营养状态指数
	4	污水处理	W5：污水集中处理率 W6：工业废水处理率
A 局地气象和大气质量	5	风环境与热环境	A1：通风潜力指数 A2：热岛比例指数 A3：生态冷源面积比
	6	污染物（PM$_{2.5}$重点）和特定毒性物质浓度	A4：空气质量达标天数
	7	能源利用与节能减排	A5：能源综合评价指标
B 生物多样性	8	整个区域的物种多样性	B1：维管束植物种数 B2：乡土植物指数 B3：鸟类物种数
	9	生境的变化	B4：生境破碎化指数 B5：代表物种生境变化率
	10	生态系统稳定性	B6：绿化覆盖率 B7：天然林面积比例 B8：典型湿地面积比例

注：附录 B、C、D、E 为推荐性评估指标的详细说明，每个评估指标包括：（1）指标定义；（2）评估目的；（3）适用范围；（4）计算方法；（5）评判标准。

5.2 可采用极值标准化法将各评估指标标准化，即将每项指标转换为 0 到 100 之间的一个相对数值，100 表示环境绩效目标，0 表示观察到的最低数值。标准化公式如下：

$$d_{ij} = \frac{d_{现状值} - d_{基准值}}{d_{目标值} - d_{基准值}} \times 100 \qquad (1)$$

式中：d_{ij}——第 i 个年份第 j 项评价指标的数值；

$d_{现状值}$——评估期监测的状态值；

$d_{基准值}$——评估基期的状态值；

$d_{目标值}$——城市生态规划建设中确定要达到的目标值。

注：现状值若超出基准值和目标值构成的区间，当从基准值侧超过时，现状值取值为基准值，当从目标值侧超过时，现状值取值为目标值。当目标值与基准值相同时，则基准值设定为 0。

5.3　对于各环境影响评估方向的多个评估指标，利用权重将不同评估指标的标准化评价结果综合评分，得到该评估方向的分值。4 个评估方向的各分值乘以 0.25 平均权重系数或根据具体情况设定的不同权重系数，累加后为最终得分。

5.4　绿色生态城区的环境绩效评估对象可分为城市新建区、旧城改建区、棕地更新区、生态限建区四种类别。各类型的绿色生态城区可按照各自开发特点和环境保护侧重选择相应评估指标，并设定相应权重系数（可参考表2）。

表 2　各类型绿色生态城区的权重系数（参考值）

类别	土地利用		水资源保护		局地气象与大气质量		生物多样性	
	指标名称	权重	指标名称	权重	指标名称	权重	指标名称	权重
城市新建区	综合径流系数	0.3	水质平均污染指数	0.1	通风潜力指数	0.2	维管束植物物种数	0.2
	TOD 集约开发度	0.2	水质特征污染物指示	0.2	热岛比例指数	0.2	乡土植物指数	0.3
	地均污染物净输出量	0.2	水质基本项目核查	0.5	生态冷源面积比	0.1	生境破碎化指数	0.2
	土地综合污染指数	0.1	综合营养状态指数	0.1	空气质量达标天数	0.3	绿化覆盖率	0.3
	污染物场地地下水监测达标率	0.1	污水集中处理率	0.05	能源综合评价指标	0.2		
	已修复治理土地比例	0.05	工业废水处理率	0.05				
	城市生活垃圾回收利用率	0.05						

类别	土地利用		水资源保护		局地气象与大气质量		生物多样性	
	指标名称	权重	指标名称	权重	指标名称	权重	指标名称	权重
旧城改建区	综合径流系数	0.1	水质平均污染指数	0.1	通风潜力指数	0.3	维管束植物物种数	0.2
	TOD集约开放度	0.2	水质特征污染物指示	0.2	热岛比例指数	0.3	乡土植物指数	0.2
	公园绿地可达性	0.2	水质基本项目核查	0.3	生态冷源面积比	0.1	生境破碎化指数	0.2
	土地综合污染指数	0.2	综合营养状态指数	0.1	空气质量达标天数	0.2	绿化覆盖率	0.4
	污染物场地地下水监测达标率	0.1	污水集中处理率	0.2	能源综合评价指标	0.1		
	已修复治理土地比例	0.05	工业废水处理率	0.1				
	污染性工业用地年变化率	0.05						
	城市生活垃圾回收利用率	0.1						
棕地更新区	综合径流系数	0.3	水质平均污染指数	0.1	通风潜力指数	0.3	维管束植物物种数	0.3
	土地综合污染指数	0.3	水质特征污染物指示	0.2	热岛比例指数	0.2	乡土植物指数	0.3
	污染物场地地下水监测达标率	0.2	水质基本项目核查	0.3	生态冷源面积比	0.3	绿化覆盖率	0.4
	已修复治理土地比例	0.1	综合营养状态指数	0.1	空气质量达标天数	0.3		
	污染性工业用地年变化率	0.05	污水集中处理率	0.1	能源综合评价指示	0.1		
	城市生活垃圾回收利用率	0.05	工业废水处理率	0.2				
生态限建区	综合径流系数	0.2	水质平均污染指数	0.1	通风潜力指数	0.2	维管束植物物种数	0.1
	生态系统服务功能总价值	0.2	水质特征污染物指示	0.1	热岛比例指数	0.2	乡土植物指数	0.2

类别	土地利用		水资源保护		局地气象与大气质量		生物多样性	
	指标名称	权重	指标名称	权重	指标名称	权重	指标名称	权重
生态限建区	地均污染物净输出量	0.2	水质基本项目核查	0.5	生态冷源面积比	0.4	鸟类物种数	0.1
	土地综合污染指数	0.1	综合营养状态指数	0.1	空气质量达标天数	0.2	代表物种生境变化率	0.3
	污染物场地地下水监测达标率	0.1	污水集中处理率	0.1			绿化覆盖率	0.1
	已修复治理土地比例	0.1	工业废水处理率	0.1			天然林面积比例（典型湿地面积比例）	0.2
	城市生活垃圾回收利用率	0.1						

第 3 章

福建省政府环境绩效评估与管理实践

福建省是我国最早探索政府绩效管理的省份之一，早在 2000 年就开始实施政府绩效管理，经过十多年的探索和努力，初步建立了以绩效目标、绩效责任、绩效运行、绩效评估、绩效提升为基本框架的政府绩效管理制度，取得了较为明显的成效。2011 年被确定为全国政府绩效管理试点省份。福建省在开展政府绩效管理实践探索过程中，将环境绩效管理作为主体内容之一，开展了很多相关工作。同时，福建省还开展了环境保护年度考核、环境监督管理"一岗双责"等专门的环境绩效管理，评估指标不断完善，评估方法不断创新，管理效用日趋明显，逐渐成为政府推行环保的重要"抓手"之一。

3.1 基本情况

3.1.1 政府绩效管理

福建省的政府绩效管理开始于 2000 年，历经十余年的探索，先后经历了绩效考评、绩效评估、绩效管理 3 个阶段。

第一阶段：绩效考评。2000 年 3 月 23 日，福建省委、省政府发布《关于开展机关效能建设工作的决定》，提出"建立健全机关效能绩效考评和奖惩制度"。以此为契机，福建省在乡镇以上机关和具有行政管理职能的单位全面推行机关效能建设。一方面，围绕促进加快福建省发展的一系列重大举措的落实，组织开展"效能建设八闽行"活动，先后开展了优化发展环境、实施项目带动战略、落实县域经济政策、下放管理权限、落实抢险救灾措施等方面的专项效能督查，认真检查各级各部门在服务发展方面的实际成效。另一方面，注重从政策、机制上优化发展环境，普遍建立一次性告知、限时办结等制度，推行告知承诺、项目代办等制度，加大对损害经济发展软环境行为的责任追究力度，着力解决行政管理中不适应和影响经济发展的问题。

第二阶段：绩效评估。从 2005 年开始，福建省在 9 个设区市政府和省政府 23 个组成部门开展绩效评估工作。设区的市一级政府对县（市、区）政府及其部门开展绩效评估工作，县（市、区）一级政府也选择部分乡镇开展试点，积极探索在基层推行绩效评估的做法。2005 年，对设区市政府的绩效评估主要设定了可持续发展水平、构建和谐社会进程、勤政廉政等 7 个方面的一级指标，以及 28 个二级指标。截至 2009 年度，一级指标增至 28 个，二级指标增至 66 个。2010 年度，一级指标增至 30 个，二级指标则增至 86 个。

第三阶段：绩效管理。2007 年，中央提出要加快建立政府绩效管理制度。福建省在深化绩效评估的基础上，积极推行政府绩效管理制度，建立起以绩效目标、绩效责任、绩效运行、绩效评估、绩效提升为基本框架的政府绩效管理制度，构建具有福建特色的政府绩效管理模式。2012 年，福建省委办公厅、省人民政府办公厅发布《关于进一步深化政府绩效管理工作的意见》（闽委办发〔2012〕7 号），要求在巩固和发展已有成果的基础上，进一步深化拓展、改革创新、健全完善，努力构建内容科学、程序严密、配套完备、有效管用，具有福建省特色的政府绩效管理制度。

3.1.2　环境绩效评估与管理

福建省的环境绩效管理是以环境保护工作年度考核、环境保护监督管理"一岗双责"的形式开始开展的。其中环境保护工作年度考核针对地级市政府，环境保护监督管理"一岗双责"针对省直部门。

第一阶段，针对地级市政府的环境绩效管理阶段。2007 年 9 月 27 日，福建省人民政府办公厅下发《关于开展环境保护工作年度考核的通知》，同时颁布了《福建省市县（区）政府环境保护工作年度考核评分办法（试行）》，正式开始在全省推行环境保护工作年度考核。

第二阶段，针对地级市政府和省直部门的全面环境绩效管理阶段。2010年1月11日，福建省人民政府发布《福建省环境保护监督管理"一岗双责"暂行规定》，对各级政府和40多个省直部门环保监督职责作出明确规定，并将其纳入领导干部年度政绩考核，作为对领导干部领导能力的评价依据及提拔和使用干部的重要标准。

3.2 主要做法

3.2.1 政府绩效管理

3.2.1.1 实施范围

政府绩效管理的实施范围包括设区市委市政府、省直党群机构、省政府工作部门。

1. 市党委及政府

包括9个设区的市党委和政府、平潭综合实验区党工委和管委会。

2. 省直党群机构

省直党群机构共包括16个部门，分别为省纪委（监察厅）；省委办公厅（含政研室、机要局、保密局）、组织部、宣传部（含文明办、外宣办、讲师团）、统战部、政法委（含综治办、610办、省政府防范和处理邪教问题办公室）、台办、农办、编办、省直机关工委、老干部局、档案局、信访局；省总工会、团省委、省妇联。

3. 省政府工作部门

省政府工作部门共包括43个，同时根据部门工作性质分为两类：一类为综合与管理类，包括22个部门；另一类为执法与服务类，包括21个部门。

综合与管理类包括省政府办公厅（含法制办）、发改委、科技厅、经贸委、民族宗教厅、财政厅、交通厅、农业厅、林业厅、水利厅、海洋与渔业厅、外经贸厅、外事办、公务员局、体育局、粮食局、统计局、物价局、信息化局、侨办、人防办、国资委。

执法与服务类包括省教育厅（省委教育工委）、公安厅、安全厅、民政厅、人力资源和社会保障厅、司法厅、国土厅、住建厅、环保厅、文化厅、卫生厅、计生委、审计厅、地税局、工商局、质监局、广电局、新闻出版局、安监厅、药监局、旅游局。

3.2.1.2　评估内容及指标体系

1. 设区的市党委和政府绩效管理工作内容

贯彻落实中央和省委重大决策部署，推进经济建设、政治建设、文化建设、社会建设、生态文明建设以及党的建设情况。考核指标体系分为统一考核指标和分地区考核指标两个方面，统一考核指标在千分制中占 950 分（表3-1），分地区考核指标在千分制中占 50 分。

表 3-1　2013 年度设区的市党委和政府、平潭综合实验区党工委和管委会绩效管理指标体系——统一考核指标部分

一级指标	权数	二级指标	方向	标准值	数据采集责任单位
1. 经济增长	140	1. 人均生产总值增长率/%	+	前三年加权平均值	统计局
		2. GDP 增量占全省增量比重/%	+		
		3. 服务业增加值增长率/%	+		
		4. 固定资产投资增长率（不含农户）/%	+		
		5. 社会消费品零售总额增长率/%	+		
2. 质量与效益	60	6. 规模以上工业经济效益综合指数	+	前三年加权平均值	统计局
		7. 每万元投资产出 GDP/元	+		
		8. 地方财政收入增长率/%	+		财政厅
		9. 工业企业产品质量抽查合格率（不含食品）/%	+	上年值	质监局
3. 科技创新	65	10. 规模以上工业高技术产业增加值占规模以上工业增加值比重/%	+	前三年加权平均值	统计局
		11. 研究与实验发展经费支出相对于 GDP 比例（错年值）/%	+		
		12. 专利指数	+		知识产权局

一级指标	权数	二级指标	方向	标准值	数据采集责任单位
4. 环境保护	70	13. "十二五"节能目标完成率/%	+	当年值	统计局
		14. 主要污染物总量减排/分	+		环保厅
		15. 城市生活污水处理率/%	+	前三年加权平均值	住建厅
		16. 城市生活垃圾无害化处理率/%	+		
		17. 城镇建成区绿地率/%	+	上年值	
5. 文化发展	60	18. 财政文化体育传媒支出增长率/%	+	前三年加权平均值	财政厅
		19. 旅游接待总人数增长率/%	+		旅游局
		20. 文化产业增加值增长率（错年值）/%	+		统计局
		21. 公共文化服务工程实施完成情况	+	上年值	宣传部
6. 教育事业	60	22. 初中学生三年巩固率/%	+	前三年加权平均值	教育厅
		23. 财政教育支出增长率/%	+		财政厅
7. 卫生事业	60	24. 每千人拥有卫生技术人员增长率/%	+	当年值	卫生厅
		25. 每千人拥有医疗机构病床数增长率/%	+		
		26. 财政卫生经费支出增长率/%	+		
8. 居民收入	60	27. 城镇居民人均可支配收入增长率/%	+	前三年加权平均值	调查总队
		28. 农村居民人均纯收入增长率/%	+		
9. 就业与保障	60	29. 城镇单位从业人员增长率/%	+		统计局
		30. 城镇基本社保综合增长率/%	+		人保厅
10. 安全管理	40	31. 10万人生产安全事故死亡率/（1/10万）	−	当年值	安监局
		32. 食品安全满意率/%	+		食安办
11. 人口管理	30	33. 政策符合率/%	+	当年值	人计委
		34. 出生性别比（以女孩为100）	−		卫生厅

一级指标	权数	二级指标	方向	标准值	数据采集责任单位
12. 社会治安	40	35. 社会治安满意率/%	+	当年值	综治办
		36. 信访事项依法化解率/%	+		信访局
13. 依法行政	40	37. 行政行为合法率/%	+	当年值	法制办
		38. 行政复议合法率/%	+		
		39. 行政诉讼败诉率/%	−		高院
14. 行政效率	30	40. 机关效能投诉件办结率/%	+		效能办
		41. 行政服务中心标准化建设完成率/%	+		
15. 行政成本	30	42. 财政资金绩效管理覆盖率/%	+	前三年加权平均值	财政厅
		43. 行政成本增长率/%	−		
16. 思想建设	30	44. 新闻报道违纪违规次数	−	上年值	宣传部
		45. 社会宣传教育对象覆盖率/%	+	前三年加权平均值	
17. 领导班子建设	30	46. 干部选拔任用工作总体评价/分	+		组织部
		47. 领导班子年度考核总体评价/分	+		
18. 作风建设	25	48. 中央和省委领导批示件办理率/%	+	当年值	省委办
		49. 较大事项按时报告率/%	+		
19. 党风廉政	20	50. 纪检监察机关自办案件占案件总数比例/%	+		省纪委

2. 省直各部门绩效管理工作内容

贯彻落实中央和省委重大决策部署、履职尽责、加强自身建设、推进改革创新等情况。考核内容包括业务工作实绩、自身建设情况、改革创新情况三部分。

（1）业务工作实绩。主要考核各部门设定的 10 项关键业务指标的完成、进步情况。

（2）自身建设情况。党群部门主要考核民主决策、机关效能、依法办事、党风廉政建设情况；政府部门主要考核依法行政、高效行政、民主行政、廉洁行政情况。

（3）改革创新情况。主要考核各部门探索业务管理和自身建设的新做法、新经验，有效提升工作效能情况。

3.2.1.3 政府绩效管理的评估方法

1. 指标考核

在考核年的第二年1月底前，省直数据采集责任单位把设区的市（平潭综合实验区）的考核数据，分别送福建省效能办和省统计局，省统计局负责审核、汇总、计算。在考核年的第二年1月下旬，由省效能办、省委省直机关工委牵头组织绩效考评工作小组，对省直各部门进行考评。

2. 公众评议

国家统计局福建省调查总队负责对9个设区的市党委和政府、平潭综合实验区党工委和管委会的公众评议。福建省统计局社情民意调查中心负责对省直各部门的公众评议。其中，设区市党委和政府的公众评议采用分层、等距随机方法抽取。2013年的调查样本总量为10 200个，每个设区的市样本为1 100个，其中，人大代表（党代表）、政协委员、企业经营者各200个，城乡居民500个；平潭综合实验区样本为300个，其中，人大代表、政协委员、企业经营者各50个，城乡居民150个。人大代表（党代表）、政协委员的样本以市级代表、委员为主，市级不足时，抽取县级补充。

3. 察访核验

由福建省效能办、省委省直机关工委牵头，有关部门配合，采取明察和暗访相结合的方式，进行不定期的监督检查，并对绩效指标实现情况及考核数据进行核实验证。

3.2.1.4 政府绩效管理的结果评定

福建省能效办分类汇总被考评单位指标考核、公众评议、查访核验等方面的数据，并按得分情况评定等次。

1. 汇总公式

9个设区的市党委和政府、平潭综合实验区党工委和管委会的汇总公式为：绩效考评得分 = 指标考核得分×60% + 公众评议得分×40% － 查访核验扣分。

省直党群部门的汇总公式为：绩效考评得分 = 指标考核得分×70% + 公众评

议得分 ×30% – 查访核验扣分。

省直综合与管理类政府部门的汇总公式为：绩效考评得分 = 指标考核得分 × 70% + 公众评议得分 ×30% – 查访核验扣分。

省直执法与服务类政府部门的汇总公式为：绩效考评得分 = 指标考核得分 × 65% + 公众评议得分 ×35% × 难度系数 1.1 – 查访核验扣分。

2. 等次确定

考核结果分为优秀、良好、一般、差 4 个等次。其中，设区的市党委和政府、平潭综合实验区党工委和管委会的绩效考评结果在 85 分及以上的为优秀，75（含）～85 分为良好，60（含）～75 分为一般，60 分以下为差。省直部门的绩效考评结果按类别、按分数高低排列，每类前 50%、总分在 90 分以上的为优秀；其他总分在 90 分以上但未被评为优秀的与总分在 80～90 分的为良好，60～80 分为一般，60 分以下为差。

被评估单位出现下列情形的，降低一个考评等次。包括：任现职的党政领导班子成员因违纪违法被有关部门立案调查的；不依法办事或不作为、乱作为，引发群体性事件，造成恶劣影响或者严重后果的；计划生育、社会治安综合治理等工作出现严重问题，被"一票否决"的；设区的市、平潭综合实验区发生重大环境污染事件，造成恶劣影响或者严重后果的。

3.2.1.5 政府绩效管理的结果运用机制

1. 通报公示

绩效管理情况和考核结果经福建省机关效能建设领导小组审定后，以省委办公厅、省政府办公厅名义通报。

2. 反馈整改

福建省效能办把绩效管理情况和考评结果分地区、部门形成报告，逐一进行反馈。被考评单位要针对反馈情况进行深度分析，查找薄弱环节，制定整改措施，促进绩效不断提升。整改情况将作为下一年度考核的重要内容。

3. 奖励惩处

省直部门绩效考评结果为优秀的，给予通报表彰和绩效奖励，公务员年度考核优秀等次比例增加 5%；绩效考评结果为一般的给予通报批评，公务员年度考核优秀等次比例减少 2%，对主要领导进行诫勉谈话；绩效考评结果为差的，给予通报批评，取消绩效奖励，公务员年度考核优秀等次比例减少5%，对其主要领导进行效能告诫。

3.2.2 环境保护年度考核

2007 年 9 月 27 日，福建省人民政府办公厅下发《关于开展环境保护工作年度考核的通知》，同时颁布《福建省市县（区）政府环境保护工作年度考核评分办法（试行）》，正式开始在全省推行环境保护工作年度考核。

3.2.2.1 考核基础是市长环境保护目标责任书

2006 年 11 月 13 日，福建省人民政府下发《关于印发市长环保目标责任书（2006—2010 年）的通知》，明确了福州、厦门等市在"十一五"期间的环保目标。目标包括环境质量目标、污染控制目标、生态保护目标、环境监管能力目标，同时明确了目标考核的方式。

2011 年 11 月 11 日，福建省人民政府下发《关于下达环保目标责任书（2011—2015 年）的通知》，明确了福州、厦门等市在"十二五"期间的环保目标。目标包括环境质量目标、污染控制目标、生态保护目标、环境监管能力目标、区域突出环境问题整治目标，同时明确了目标考核的方式。与"十一五"相比，增加了区域突出环境问题整治目标。

专栏 1

福州市市长环境保护目标责任书（2006—2010 年）

到 2010 年，基本形成现代化环境管理体系，环境污染治理和生态环境保护取得明显效果，环境安全得到有效保障，城乡环境质量持续改善，生态省建设取得新进展，福州生态环境质量达到全省总体水平。

一、责任目标

（一）环境质量目标

1. 福州、福清、长乐城市环境空气质量二级以上天数每年达 90% 以上。

2. 闽江、敖江（福州段）水质环境功能区达标率达 90% 以上，龙江水质环境功能区达标率达 70% 以上，近岸海域环境功能区达标率达 50% 以上。

3. 城市集中式饮用水水源水质达标率达 95% 以上，福州市区内河水质环境功能区达标率达 60% 以上，西湖水质达到地表水 V 类水质标准。

（二）污染控制目标

1. 完成省下达的二氧化硫、化学需氧量总量控制目标。

2. 2006 年年底，依法拆除县级以上集中式饮用水水源一级保护区内污染、破坏水源的设施，完成建制镇集中式饮用水水源地水源保护区的划定工作。

3. 工业危险废物、医疗废物全部规范处理；工业企业实现稳定达标排放，完成年度清洁生产审核计划；主要工业企业普遍实行清洁生产，按规划推进福州经济技术开发区生态工业园区、福州青口汽车城生态工业园区及循环经济示范企业的建设工作，完成闽清陶瓷企业污染治理达标工作。

4. 福州市污水处理率达 80%、垃圾无害化处理率达 98% 以上。所有县（市）都要建成 1 座以上污水处理厂和 1 座以上垃圾无害化处理场，污水处理率和垃圾无害化处理率都分别达到 60% 以上，其中福清、长乐城市污水处理率达 70%、垃圾无害化处理率达 95% 以上，并做到达标排放。

5. 2008 年年底，福州市区燃用柴油的公交车达标排放；2010 年年底，所有机动车达标排放。

（三）生态保护目标

1. 2006 年年底，完成市、县（区）生态建设规划的编制工作，并经市、县（区）政府或人大批准实施。

2. 2006 年年底，完成畜禽养殖发展规划、污染治理规划的编制工作，全面拆除禁建区划定后禁建区内建设的畜禽养殖场，以及划定前建设的治理未达标的畜禽养殖场；2008 年年底，完成禁建区外规模化畜禽养殖场的治理达标工作。

3. 2006 年年底，编制完成敖江流域乡镇垃圾整治规划；2007 年 6 月前，编制完成县（市）域垃圾处理专项规划和生活垃圾治理行动方案。2010 年年底，完成"十一五"期间"家园清洁行动"垃圾治理任务。

4. 福州建成区内 60% 的社区通过绿色社区验收，完成 13 个省级以上环境优美乡镇的创建工作。

（四）环境监管能力目标

1. 按要求落实国家、省挂牌督办污染单位的查处工作；无违反国家法律法规、决策失误造成重大环境事故或者干扰执法、执法不力造成严重后果的情况。

2. 各级政府及环保部门均制定实施环境应急预案,完善环境应急车载流动实验室(环境应急监测车)的监测仪器设备,及时上报环境污染和生态破坏事故信息,未发生重大环境事件。

3. 全市环保投入增长幅度高于经济增长速度,"211 环境保护"支出科目体系得到落实。

4. 列入污染源自动监控计划的排污单位均安装在线监测监控设备,福清、长乐、闽侯、罗源建成环境自动监测监控分中心。

二、目标考核

(1) 市政府要围绕责任书制订年度计划,报省环保局备案,并对年度计划完成情况进行自查;

(2) 省环保局负责组织对责任书的执行情况进行监督检查;

(3) 省环保局、省监察厅牵头组织对责任书的完成情况进行全面考核。

3.2.2.2 考核内容与评价档次

考核内容。考核分为共性考核和专项考核。其中,共性考核内容为二氧化硫总量控制情况、化学需氧量总量控制情况、生活污水垃圾处理设施建设运营情况、"农村家园清洁行动"开展情况、工业污染防治和固体废物处置情况、空气和水环境质量情况、饮用水水源保护情况、矿山生态环境恢复治理情况、环境监管情况、公众对本区域的环境评价情况 10 个方面。专项考核内容为沿海市、县考核海洋环境保护情况,三明市、南平市、龙岩市主要考核畜禽养殖业污染治理情况。同时根据各地各年度环境保护工作实际,重点考核当地突出环境问题。

评价档次。考核评分方式采取"百分制",计分公式为:(共性考核得分 + 专项考核得分)/(共性考核总分 + 专项考核总分)×100 分。其中,对设区市的专项考核,福州市、厦门市、漳州市、泉州市、莆田市、宁德市考核海洋环境保护情况,三明市、南平市、龙岩市考核畜禽养殖业污染治理情况;对部分县(市、区)增加当地突出环境问题整治情况的专项考核。累计得分 85～100 分的为"优秀",75～84 分的为"良好",60～74 分的为"合格",59 分(含)以下的为"不合格"。

3.2.2.3　考核的组织实施

考核工作由福建省环保局（现福建省环保厅）、监察厅会同省发改委、经贸委、财政厅、建设厅、农业厅、国土资源厅、卫生厅、统计局、海洋与渔业局、质量技术监督局、交警总队等部门负责。以上各部门应根据考核方案的职能分工，结合市长环保目标责任书（2006—2010 年）的相关目标，于每年年初对各自牵头考核的相关指标细化考核办法，报福建省环保局汇总下达。

各县（市、区）政府应于每年 3 月底前完成自查，并将自查结果报设区市政府。设区市政府应在县（市、区）政府自查的基础上于每年 4 月中旬前完成复查，并将考核结果汇总报省政府办公厅，同时抄送省环保局和省监察厅。在设区市政府复查的基础上，省环保局和省监察厅于每年 5 月底前牵头组织对各设区市政府的检查和对县（市、区）政府的抽查，6 月中旬前完成对上一年度环境保护工作的考核工作。

福建省环保局、监察厅要牵头形成对全省各市、县（区）上一年度环境保护工作的考核评价报告上报省政府。考核结果经省政府审核后，向相关部门转报备案，同时通过新闻媒体向社会公布。

3.2.2.4　考核结果的使用

对被评为"优秀"的市、县（区）政府给予通报表扬，环境保护等有关行政主管部门予以优先安排环境保护等方面的专项资金；对被评为"不合格"的，予以"通报批评"，当年不得参加创建园林城市、文明城市、环保模范城市等评选活动，并对该地区项目环保审批实行严格限制；对违反环保法规和失职、渎职造成重大经济损失与社会影响的，依照《环境保护违法违纪处分暂行规定》等有关规定严肃处理。

3.2.3　环境保护监管管理"一岗双责"

2010 年 1 月 11 日，福建省人民政府发布《福建省环境保护监督管理"一岗双责"暂行规定》，对各级政府和 40 多个省直部门环保监督职责作出明确规定，并将其纳入领导干部年度政绩考核，作为对领导干部领导能力的评价依据及提拔和使用干部的重要标准。

3.2.3.1 地方政府和部门职责

明确了地方政府和40多个相关部门的环保职责。例如,工商行政管理部门"对因违反环保法律法规被责令停业、关闭的各类市场主体,依法责令其办理变更、注销登记手续;拒不办理的,依法吊销其营业执照";银行业管理部门"督促各银行业金融机构对有环境违法行为的企业应严格控制贷款"等。"一岗双责"机制的建立有助于持续推进生态省建设。对于高污染、高耗能企业而言,将不再只是环保部门"一双眼睛"来盯,而是多个部门联合监管,重拳出击;对于政府部门而言,通过明确职责,部门之间相互扯皮、推诿现象也将大大减少。

3.2.3.2 地方政府及部门的工作程序

各级人民政府应当向本级人民政府有关部门和下一级人民政府下达环境保护目标责任,并逐级分解、层层落实,建立环境保护责任考核制度和考核指标体系,确保实现年度环境保护工作目标。沿海地方各级人民政府要建立海洋环境保护目标责任制,加强沿岸污染物的防治工作,以属地监管为主的原则,切实做好近岸海域环境保护工作。

下一级人民政府和本级人民政府有关部门应当认真贯彻落实政府及环委会做出的环境保护工作部署,定期向上级政府和本级环委会报告环境保护工作情况,主要负责人每年应提交环境保护工作履职报告。环委会对本级人民政府有关部门主要负责人和下一级政府主要负责人的环境保护工作履职报告进行点评并通报。

3.2.3.3 考核结果运用

环保责任目标落实情况实行半年跟踪落实、年终考核和通报。对认真履行职责、工作成绩显著的给予表彰奖励。对环境事故多发、环保工作没有及时部署落实、重大环境隐患没有在限期内整改到位、重大环境违法行为没有依法进行查处、环境事故责任追究不落实的地区或行业领域,由上一级政府进行通报,必要时对其主要负责人进行约谈。造成环境污染事故的,对责任人予以严肃处理。

政府及部门环保监管职责纳入政绩考核,作为干部评价、提拔和使用的重要依据。对未完成年度目标,或发生环境事故造成恶劣影响的,对相关领导和责任人员实行行政问责。

3.3　主要成效

3.3.1　提高了地方政府的环境管理效率

由于实施环境保护年度考核，各地方政府年初就制订工作计划、具体措施，将政府重点工作按照目标管理的思路进行层层的目标分解，年底按照目标的完成程度进行考核，并将考核结果作为领导干部选拔任用、奖惩等方面的重要依据。同时，通过环境保护年度考核明确了各地区的环境保护职责，尤其是通过签订《市长环保目标责任书》，将地区环境保护责任落实到了政府"一把手"头上，减少了互相扯皮、推诿，通过这种自上而下的"压力型"传导机制，督促下级政府和部门有效履行环境保护职责。

3.3.2　保障了环境保护重点工作和任务的落实

各级政府和部门在实际工作中面临着繁杂的工作和任务，尤其是在以 GDP 为中心的政绩考核体制下，环境保护工作长期被忽视。而绩效考评的指标和分值是一个导向标，通过使用浮动分值，针对当年各项工作任务的轻重缓急调节考评内容项目的分值，引导激发单位和工作人员完成中心工作或重点任务的主观能动性和工作积极性。福建省为了推进生态文明建设和民生建设，大幅提高了环境保护指标、涉及民生指标的权重，通过这种导向引导各政府和部门转变发展观念，实施绿色发展、民本发展。通过政府绩效管理为各级政府提供了有效的"推手"，保障了政府重点工作和任务的落实和完成。

3.3.3　调动、提高了公众参与的积极性

在传统的政治体制架构下，公众一般很难对行政机关的绩效好坏和服务质量做出直接的评价。绩效考评以测评的方式吸纳群众意见，由于测评是由监督员和纪检干部组织，采取无名方式，充分尊重民意、发扬民主，参与测评的对象范围广、层次多、代表性强。社会评议不仅对政府绩效改进形成强大的压力，同时也拓宽了公民参与的渠道。

3.4 主要特点

3.4.1 实施综合考核与专项考核相结合的模式

福建省的政府绩效管理已经开展了十多年，通过这些年的不断摸索和完善，初步建立了政府绩效考核和环境保护年度考核相结合的环境绩效管理模式。在福建省 2013 年度政府绩效考核指标体系中设有专门的"环境保护"一级指标，该一级指标在千分制中占 70 分，是仅次于"经济增长"指标（占 140 分）的第二大重要指标。除了整体的政府绩效管理，福建省还实施了环境保护工作年度考核的专门环境绩效管理。在每个五年计划开始时，由福建省政府与各市政府签订《市长环保目标责任书》，明确福州市、厦门市等在五年计划期间的环保目标。在环保目标责任书的基础上，每年都制定环境保护年度考核方案，对各地区年度环境保护工作实施打分考核。

3.4.2 科学设置评估指标

在综合政府绩效管理中科学设计环境保护指标的权重，逐步提高体现科学发展、结构优化、民生改善、资源环境等工作的权重。规范指标的分类考核，处理好共性与个性的关系、统一规范与因地制宜的关系。在总体考核中，对地方政府考核，根据各地经济社会发展水平、历史情况、对全省的贡献率、主体功能区建设等进行分类，在 2013 年度的绩效管理指标体系中首次加入了分地区考核指标部分，在千分制中占 50 分。

3.4.3 实施多元化全面评价

采用指标考核、公众评议、查访核验相结合的考核方式，把群众评议、社会评价作为公众评议的重要方式，以群众满意为重要标准，把关系人民群众切身利益的政策措施和工作任务落实情况、群众反映强烈问题的处理情况，以及转变机关作风、提升服务质量情况等作为公众评议的重要内容。同时规范公众评议的调查范围、样本数量、调查频率和权重设置，综合运用现场评价、问卷调查、电话访问、网上评议等方式开展公众评议。

3.4.4　形成多部门评估合力

在政府绩效管理方面，由福建省机关效能建设领导小组负责，充分发挥现有行政资源优势，建立协调联动、各负其责的工作机制。环境保护年度考核则由福建省环保厅、监察厅会同省发改委、经贸委、财政厅、建设厅、农业厅、国土资源厅、卫生厅、统计局、海洋与渔业局、质量技术监督局、交警总队等部门负责。以上各部门根据考核方案的职能分工，结合市长环保目标责任书的相关目标，于每年年初对各自牵头考核的相关指标细化考核办法，报省环保局汇总下达。省环保局、监察厅牵头形成对全省各市、县（区）上一年度环境保护工作的考核评价报告上报省政府。

3.5　存在的问题

3.5.1　环境绩效考核指标设置尚需优化

福建省 2012 年度环保目标责任书共设置有环境质量目标考核、污染控制目标考核、生态保护目标考核、环境监管能力目标考核、区域突出环境问题整治目标考核 5 个一级指标，在一级指标下设空气质量、流域水环境质量、饮用水水源水质达标率、总量控制指标等 23 项二级指标，二级指标下设 50 多项三级指标，考核指标过多，导致工作重点不突出，失去了积极导向作用。同时在考核指标权重中，污染控制、监管能力、突出环境问题整理等过程性、工作性指标设置过多，权重多大，环境质量等结果性指标设置过少过小。另外，环境绩效考核指标没有突出不同区域的环境本底和现状，没有设置表征纵向时间序列上进步的权重。

3.5.2　环境绩效考核结果运用不够充分

福建省的政府绩效考核结果运用做得相对较好，把评估结果作为评价政府和部门的重要内容，并与公务员年度考核、绩效奖励等结合起来，同时实行评估结果双向反馈，通过考核促进工作改进。但是环保目标责任考核的结果运用相对还不够充分,《2012 年度环保目标责任书考核办法》根本没有涉及考核结果运用的内容,2007 年发布的《福建省市县(区)政府环境保护工作年度考核评分办法(试行)》中也只是泛泛地提到对被评为"优秀"的市、县(区)政府给予通报表扬,环境保护等有关行政主管部门予以优先安排环境保护等方面的专项资金等,缺乏考核结果运用"硬抓手",导致有些地方将环保目标责任考核当成无关痛痒的走形式。

3.5.3 环境绩效评估过分关注结果而忽略过程

政府绩效管理实施评估结果双向反馈机制体现了结果导向和过程控制的有机统一,但是目前环境保护目标责任书考核更像一种"打分排名"的考核工具,对环境绩效管理在发现问题、解决问题、改进工作方面的功效重视不够。从绩效管理的整个过程看,绩效评估仅仅是绩效管理的一个环节,得到一个分数并不是绩效管理的最终目的,绩效评估必须走出"数字化陷阱",下一步要更多地关注环境绩效的改进方面,重视评估结果运用、绩效沟通等环节,促使绩效管理中发现的问题及时得到改进。

3.6 政策需求

3.6.1 需要建立由绩效评估向绩效管理转变的管理思路

绩效评估是绩效管理的一个关键环节,而绩效改进才是绩效管理的逻辑起点和终点。需要将现在的环境保护年度考核由一种"打分排名"的考核工具向一种发现问题、解决问题的绩效管理转变。要建立绩效辅导制度、获取和反馈绩效评估信息制度,科学设计环境绩效考评周期,采取周纪实、月跟踪、季调度、半年评估、年终考评等方式,把平时、年度与任期考评有机结合起来,实现环境绩效的全过程管理。

3.6.2 需要完善环境保护年度考核的结果运用机制

环境保护年度考核是一种落实环境保护目标责任制的手段,如果考核结果运用力度不够，激励作用就会偏弱，就不能督促地方政府落实环保责任，尤其是在现有以 GDP 为中心的政绩考核观引导下。福建省现在的环境保护年度考核结果运用刚度不够，缺乏有效的引导和激励，所以有必要强化环境保护年度考核的结果运用刚度，通过这种刚度来引导地方政府实施绿色发展、可持续发展，加强生态文明建设。

3.7　附件

附件 3-1　福州市市长环境保护目标责任书（2011—2015 年）

为全面落实科学发展观，进一步加强环境保护，推进科学发展、跨越发展，根据《中华人民共和国环境保护法》第十六条关于"地方各级人民政府，应当对本辖区的环境质量负责，采取措施改善环境质量"和国务院《关于落实科学发展观加强环境保护的决定》"地方人民政府主要领导和有关部门主要负责人是本行政区域和本系统环境保护的第一责任人"的规定，制定 2011—2015 年福州市市长环保目标责任书。

一、责任目标

（一）环境质量目标

1. 福州、福清、长乐城市环境空气质量二级以上天数每年达 90% 以上。（考核责任单位：省环保厅）

2. 闽江福州段水质环境功能区达标率每年达 95% 以上；龙江水质环境功能区达标率每年达 80% 以上；敖江花园溪浊度达标率每年提高 10% 以上，2015 年前达到 50% 以上；敖江兰水溪浊度达标率每年提高 10% 以上，2015 年前达到 70% 以上；近岸海域环境功能区达标率达 52% 以上。（考核责任单位：省环保厅）

3. 城市集中式饮用水水源水质达标率每年达 95% 以上；福州市区内河水质环境功能区达标率每年达 60% 以上；西湖水质每年达到规定的标准。（考核责任单位：省环保厅）

4. 全市辐射环境质量保持环境正常水平。（考核责任单位：省环保厅）

（二）污染控制目标

1. 完成省下达的二氧化硫、氮氧化物、化学需氧量、氨氮总量控制目标。（考核责任单位：省环保厅）

2. 工业危险废物（考核责任单位：省环保厅）、医疗废物（考核责任单位：省卫生厅、环保厅）每年全部规范处理；工业企业每年实现稳定达标排放（考核责任单位：省环保厅）；工业固体废物综合利用率达 75%。（考核责任单位：省经贸委、环保厅）

3. 2015 年，城市（含县城）建成区污水处理率达 88%、垃圾无害化处理率达 95% 以上，其中福州市区污水处理率达 90%、垃圾无害化处理率达 98% 以上，并做到达标排放；所有污泥按规范化处理处置。（考核责任单位：省住房和城乡建设厅）

4. 开展机动车尾气专项整治和机动车环保标志管理，所有在路行驶的机动车每年均达标排放。（考核责任单位：省环保厅、交警总队）

5. 全面推进清洁生产，2015 年前按规定完成省下达的清洁生产审核任务。（考核责任单位：省经贸委、环保厅）

（三）生态保护目标

1. 全面取缔集中式饮用水水源保护区内开矿、采砂和各类生产性、经营性排污口，以及一级保护区内与供水设施和保护水源无关的建设项目；完成永泰南区水厂水源保护区环境整治工作；完成乡镇级集中式饮用水水源保护区划定及基础环境调查、评估和规划工作，并对乡镇级水源地水质开展定期监测，每年至少一次；省或设区市政府确定的流域整治年度重点项目完成率超过 95%。（考核责任单位：省环保厅）

2. 2015 年，建成国家生态市 1 个、国家生态县（市、区）8 个（考核责任单位：省环保厅、发展改革委）；建成国家级生态乡镇 115 个，设区市级以上生态村 1 755 个；辖区内 60% 的社区达到绿色社区的要求。（考核责任单位：省环保厅）

3. 全面拆除禁养区内所有畜禽养殖场。所有规模化畜禽养殖场、养殖小区及养殖专业户都必须采取治理措施实现达标排放；对未能在期限内实现达标排放的养殖场、养殖小区及养殖专业户，由地方政府负责拆除。（考核责任单位：省农业厅）

4. 按时完成省下达的农村环境连片整治（考核责任单位：省环保厅）和"农村家园清洁行动"（考核责任单位：省住房和城乡建设厅）工作任务。2015年前，所有乡镇均有承担环保职责的机构或确定专（兼）职环保管理人员。（考核责任单位：省环保厅）

5. 科学划定矿产资源禁采区、限采区和可采区，落实矿山生态环境恢复治理保证金制度和企业责任制，将矿山生态环境恢复治理方案实施情况纳入矿山年检指标。2015年前，所有开采矿山都能严格实施矿山生态恢复治理方案，实现"边开采，边治理"。（考核责任单位：省国土资源厅）

（四）环境监管能力目标

1. 按要求完成依法行政工作，无违反国家法律法规、决策失误造成重大环境事故或者干扰执法造成严重后果的情况；及时上报环境违法信息。（考核责任单位：省环保厅）

2. 将环保投入纳入公共财政支出的重点，中央、省级项目的配套资金按承诺落实；每年市、县政府的环保投入（按"211环境保护"支出科目核算）不低于上年水平。（考核责任单位：省财政厅）

3. 加强核与辐射监管能力建设，全面使用国家核技术利用辐射安全监管系统。2012年前，设区市和核电站所在的福清市要达到《全国辐射环境监测与监察机构建设标准》要求，各县（市）级环保部门应有辐射防护安全监督员；福清核电厂首次装料前，应按照国家和省政府要求做好各项核事故应急准备和演练工作，成立福州市核应急指挥中心，完成福清市核应急前沿指挥所建设。（考核责任单位：省环保厅）

4. 按规定完成年度环境应急工作任务；2015年前，达到《全国环境应急工作标准化建设》要求。（考核责任单位：省环保厅）

5. 2012年前，全市各级环境监察机构标准化建设达到国家中部地区相应标准；2015年前，按照国家东部地区标准，全面完成各级环境监察机构的标准化建设。（考核责任单位：省环保厅）

6. 按全省年度污染物总量减排监测体系建设实施方案要求完成减排监测体系建设工作任务；2015 年前，福州市环境监测站应达到《全国环境监测站建设标准》中东部地区二级站标准并通过省级环保部门验收，县（市、区）级环境监测站达到东部地区三级站标准并通过省级环保部门验收。（考核责任单位：省环保厅）

7. 加快推进城市供排水管理系统建设，建立专业化管理机构，完善监测设施设备，提高行业监管水平。（考核责任单位：省住房和城乡建设厅）

（五）区域突出环境问题整治目标

1. 完成闽清县陶瓷业、长乐市纺织印染业污染整治工作。（考核责任单位：省环保厅）

2. 完成闽侯县、福清市畜禽养殖业污染整治工作。（考核责任单位：省农业厅）

3. 完成罗源县、连江县石板材业污染整治工作。（考核责任单位：省环保厅、国土资源厅）

二、考核的组织实施

（1）考核工作由省政府组织，具体工作由省环保厅、监察厅会同省发展改革委、经贸委、财政厅、国土资源厅、住房和城乡建设厅、农业厅、卫生厅、交警总队等部门负责，考核办法由省环保厅会同以上各有关部门制定。考核工作牵头单位应于每年年初对责任书中计划任务进行分解和下达，并同时抄送省环保厅和省监察厅。

（2）市政府应于每年 3 月底前完成年度工作自查，并将自查结果报省政府，同时抄送省环保厅和省监察厅。省政府于每年 4 月底前组织进行对市政府的检查和有关县（市、区）政府的抽查。

附件3-2　厦门市市长环境保护目标责任书（2011—2015 年）

为全面落实科学发展观，进一步加强环境保护，推进科学发展、跨越发展，根据《中华人民共和国环境保护法》第十六条关于"地方各级人民政府，应当对本辖区的环境质量负责，采取措施改善环境质量"和国务院《关于落实科学

发展观　加强环境保护的决定》"地方人民政府主要领导和有关部门主要负责人是本行政区域和本系统环境保护的第一责任人"的规定，制定 2011—2015 年厦门市市长环保目标责任书。

一、责任目标

（一）环境质量目标

1. 城市环境空气质量二级以上天数每年达 90% 以上。（考核责任单位：省环保厅）

2. 近岸海域环境功能区达标率达 45% 以上。（考核责任单位：省环保厅）

3. 城市集中式饮用水水源水质达标率每年达 95% 以上；筼筜湖水质每年达到规定的标准。（考核责任单位：省环保厅）

4. 全市辐射环境质量保持环境正常水平。（考核责任单位：省环保厅）

（二）污染控制目标

1. 完成省下达的二氧化硫、氮氧化物、化学需氧量、氨氮总量控制目标。（考核责任单位：省环保厅）

2. 工业危险废物（考核责任单位：省环保厅）、医疗废物（考核责任单位：省卫生厅、环保厅）每年全部规范处理；工业企业每年实现稳定达标排放（考核责任单位：省环保厅）；工业固体废物综合利用率达 75%。（考核责任单位：省经贸委、环保厅）

3. 2015 年，城市建成区污水处理率达 92%、垃圾无害化处理率达 98% 以上，并做到达标排放；所有污泥按规范化处理处置。（考核责任单位：省住房和城乡建设厅）

4. 开展机动车尾气专项整治和机动车环保标志管理，所有在路行驶的机动车每年均达标排放。（考核责任单位：省环保厅、交警总队）

5. 全面推进清洁生产，2015 年前按规定完成省下达的清洁生产审核任务。（考核责任单位：省经贸委、环保厅）

（三）生态保护目标

1. 全面取缔集中式饮用水水源保护区内开矿、采砂和各类生产性、经营性排污口，以及一级保护区内与供水设施和保护水源无关的建设项目；完成汀溪水库和石兜—坂头水库水源保护区环境整治工作；完成乡镇级集中式饮用水水源保护区划定及基础环境调查、评估和规划工作，并对乡镇级水源地水质开展定期监测，每年至少一次；省或设区市政府确定的流域整治年度重点项目完成率超过95%。（考核责任单位：省环保厅）

2. 2013 年，建成国家生态市 1 个、国家生态县（市、区）4 个（考核责任单位：省环保厅、发展改革委）；建成国家级生态乡镇 11 个，设区市级以上生态村 125 个；辖区内 60% 的社区达到绿色社区的要求。（考核责任单位：省环保厅）

3. 全面拆除禁养区内所有畜禽养殖场。所有规模化畜禽养殖场、养殖小区及养殖专业户都必须采取治理措施实现达标排放；对未能在期限内实现达标排放的养殖场、养殖小区及养殖专业户，由地方政府负责拆除。（考核责任单位：省农业厅）

4. 按时完成省下达的农村环境连片整治（考核责任单位：省环保厅）和"农村家园清洁行动"（考核责任单位：省住房和城乡建设厅）工作任务。2015年前，所有乡镇均有承担环保职责的机构或确定专（兼）职环保管理人员。（考核责任单位：省环保厅）

5. 科学划定矿产资源禁采区、限采区和可采区，落实矿山生态环境恢复治理保证金制度和企业责任制，将矿山生态环境恢复治理方案实施情况纳入矿山年检指标。2015 年前，所有开采矿山都能严格实施矿山生态恢复治理方案，实现"边开采，边治理"。（考核责任单位：省国土资源厅）

（四）环境监管能力目标

1. 按要求完成依法行政工作，无违反国家法律法规、决策失误造成重大环境事故或者干扰执法造成严重后果的情况；及时上报环境违法信息。（考核责任单位：省环保厅）

2. 将环保投入纳入公共财政支出的重点，中央、省级项目的配套资金按承诺落实；每年市、县政府的环保投入（按"211 环境保护"支出科目核算）不低于上年水平。（考核责任单位：省财政厅）

3. 加强核与辐射监管能力建设，全面使用国家核技术利用辐射安全监管系统。2012 年前，设区市要达到《全国辐射环境监测与监察机构建设标准》要求，

各级环保部门应有辐射防护安全监督员。（考核责任单位：省环保厅）

4. 按规定完成年度环境应急工作任务；2015 年前，达到《全国环境应急工作标准化建设》要求。（考核责任单位：省环保厅）

5. 2012 年前，全市各级环境监察机构标准化建设达到国家中部地区相应标准；2015 年前，按照国家东部地区标准，全面完成各级环境监察机构的标准化建设。（考核责任单位：省环保厅）

6. 按全省年度污染物总量减排监测体系建设实施方案要求完成减排监测体系建设工作任务；2015 年前，厦门市环境监测站应达到《全国环境监测站建设标准》中东部地区二级站标准并通过省级环保部门验收，县级环境监测站达到东部地区三级站标准并通过省级环保部门验收。（考核责任单位：省环保厅）

（五）区域突出环境问题整治目标

1. 完成列入国控涉及重金属企业和集美区涉及重金属企业的重金属污染整治工作。（考核责任单位：省环保厅）

2. 完成同安、翔安区畜禽养殖业污染整治工作。（考核责任单位：省农业厅）

二、考核的组织实施

（1）考核工作由省政府组织，具体工作由省环保厅、监察厅会同省发展改革委、经贸委、财政厅、国土资源厅、住房和城乡建设厅、农业厅、卫生厅、交警总队等部门负责，考核办法由省环保厅会同以上各有关部门制定。考核工作牵头单位应于每年年初对责任书中计划任务进行分解和下达，并同时抄送省环保厅和省监察厅。

（2）市政府应于每年 3 月底前完成年度工作自查，并将自查结果报省政府，同时抄送省环保厅和省监察厅。省政府于每年 4 月底前组织进行对市政府的检查和有关县（市、区）政府的抽查。

附件 3-3　漳州市市长环境保护目标责任书（2011—2015 年）

为全面落实科学发展观，进一步加强环境保护，推进科学发展、跨越发展，根据《中华人民共和国环境保护法》第十六条关于"地方各级人民政府，应当对本辖区的环境质量负责，采取措施改善环境质量"和国务院《关于落实科学发展观　加强环境保护的决定》"地方人民政府主要领导和有关部门主要负责人是本行政区域和本系统环境保护的第一责任人"的规定，制定2011—2015年漳州市市长环保目标责任书。

一、责任目标

（一）环境质量目标

1. 漳州、龙海城市环境空气质量二级以上天数每年达90%以上。（考核责任单位：省环保厅）

2. 九龙江（漳州段）水质环境功能区达标率每年达90%以上；近岸海域环境功能区达标率达52%以上。（考核责任单位：省环保厅）

3. 城市集中式饮用水水源水质达标率每年达95%以上，漳州市区内河水质环境功能区达标率每年达60%以上。（考核责任单位：省环保厅）

4. 全市辐射环境质量保持环境正常水平。（考核责任单位：省环保厅）

（二）污染控制目标

1. 完成省下达的二氧化硫、氮氧化物、化学需氧量、氨氮总量控制目标。（考核责任单位：省环保厅）

2. 工业危险废物（考核责任单位：省环保厅）、医疗废物（考核责任单位：省卫生厅、环保厅）每年全部规范处理；工业企业每年实现稳定达标排放（考核责任单位：省环保厅）；工业固体废物综合利用率达75%。（考核责任单位：省经贸委、环保厅）

3. 2015年，城市（含县城）建成区污水处理率达83%、垃圾无害化处理率达95%以上，其中漳州市区污水处理率达86%、垃圾无害化处理率达98%以上，并做到达标排放；所有污泥按规范化处理处置。（考核责任单位：省住房和城乡建设厅）

4. 开展机动车尾气专项整治和机动车环保标志管理，所有在路行驶的机动车每年均达标排放。（考核责任单位：省环保厅、交警总队）

5. 全面推进清洁生产，2015年前按规定完成省下达的清洁生产审核任务。

（考核责任单位：省经贸委、环保厅）

（三）生态保护目标

1. 全面取缔集中式饮用水水源保护区内开矿、采砂和各类生产性、经营性排污口，以及一级保护区内与供水设施和保护水源无关的建设项目；完成漳州市区第二水源保护区环境整治工作；完成乡镇级集中式饮用水水源保护区划定及基础环境调查、评估和规划工作，并对乡镇级水源地水质开展定期监测，每年至少一次；省或设区市政府确定的流域整治年度重点项目完成率超过95%。（考核责任单位：省环保厅）

2. 2015年，建成国家生态市1个、国家生态县（市、区）9个（考核责任单位：省环保厅、发展改革委）；建成国家级生态乡镇95个，设区市级以上生态村1333个；辖区内60%的社区达到绿色社区的要求。（考核责任单位：省环保厅）

3. 全面拆除禁养区内所有畜禽养殖场。所有规模化畜禽养殖场、养殖小区及养殖专业户都必须采取治理措施实现达标排放；对未能在期限内实现达标排放的养殖场、养殖小区及养殖专业户，由地方政府负责拆除。（考核责任单位：省农业厅）

4. 按时完成省下达的农村环境连片整治（考核责任单位：省环保厅）和"农村家园清洁行动"（考核责任单位：省住房和城乡建设厅）工作任务。2015年前，所有乡镇均有承担环保职责的机构或确定专（兼）职环保管理人员。（考核责任单位：省环保厅）

5. 科学划定矿产资源禁采区、限采区和可采区，落实矿山生态环境恢复治理保证金制度和企业责任制，将矿山生态环境恢复治理方案实施情况纳入矿山年检指标。2015年前，所有开采矿山都能严格实施矿山生态恢复治理方案，实现"边开采，边治理"。（考核责任单位：省国土资源厅）

（四）环境监管能力目标

1. 按要求完成依法行政工作，无违反国家法律法规、决策失误造成重大环境事故或者干扰执法造成严重后果的情况；及时上报环境违法信息。（考核责任单位：省环保厅）

2. 将环保投入纳入公共财政支出的重点，中央、省级项目的配套资金按承诺落实；每年市、县政府的环保投入（按"211 环境保护"支出科目核算）不低于上年水平。（考核责任单位：省财政厅）

3. 加强核与辐射监管能力建设，全面使用国家核技术利用辐射安全监管系统。2012 年前，各县（市）级环保部门应有辐射防护安全监督员，2015 年前，设区市要达到环保部《全国辐射环境监测与监察机构建设标准》要求。（考核责任单位：省环保厅）

4. 按规定完成年度环境应急工作任务；2015 年前，达到《全国环境应急工作标准化建设》要求。（考核责任单位：省环保厅）

5. 2012 年前，全市各级环境监察机构标准化建设达到国家中部地区相应标准；2015 年前，按照国家东部地区标准，全面完成各级环境监察机构的标准化建设。（考核责任单位：省环保厅）

6. 2012 年前，全市各级环境监察机构标准化建设达到国家中部地区相应标准；2015 年前，按照国家东部地区标准，增加人员编制、配齐执法装备，全面完成各级环境监察机构的标准化建设。（考核责任单位：省环保厅）

7. 按全省年度污染物总量减排监测体系建设实施方案要求完成减排监测体系建设工作任务；2015 年前，漳州市环境监测站应达到《全国环境监测站建设标准》中东部地区二级站标准并通过省级环保部门验收，县（市、区）级环境监测站达到东部地区三级站标准并通过省级环保部门验收。（考核责任单位：省环保厅）

（五）区域突出环境问题整治目标

1. 完成列入国控涉及重金属企业和龙海市涉及重金属企业的重金属污染整治工作。（考核责任单位：省环保厅）

2. 完成龙海、南靖再生纸业污染整治工作。（考核责任单位：省环保厅）

3. 完成芗城区、平和县畜禽养殖业污染整治工作。（考核责任单位：省农业厅）

二、考核的组织实施

（1）考核工作由省政府组织，具体工作由省环保厅、监察厅会同省发展改革委、经贸委、财政厅、国土资源厅、住房和城乡建设厅、农业厅、卫生厅、交警总队等部门负责，考核办法由省环保厅会同以上各有关部门制定。考核工作牵头单位应于每年年初对责任书中计划任务进行分解和下达，并同时抄送省环保厅和省监察厅。

（2）市政府应于每年 3 月底前完成年度工作自查，并将自查结果报省政府，同时抄送省环保厅和省监察厅。省政府于每年 4 月底前组织进行对市政府的检查和有关县（市、区）政府的抽查。

附件3-4　泉州市市长环境保护目标责任书（2011—2015 年）

为全面落实科学发展观，进一步加强环境保护，推进科学发展、跨越发展，根据《中华人民共和国环境保护法》第十六条关于"地方各级人民政府，应当对本辖区的环境质量负责，采取措施改善环境质量"和国务院《关于落实科学发展观　加强环境保护的决定》"地方人民政府主要领导和有关部门主要负责人是本行政区域和本系统环境保护的第一责任人"的规定，制定 2011—2015 年泉州市市长环保目标责任书。

一、责任目标

（一）环境质量目标

1. 泉州、晋江、石狮、南安城市环境空气质量二级以上天数每年达 90% 以上。（考核责任单位：省环保厅）

2. 晋江、大樟溪（泉州段）水质环境功能区达标率每年达 95% 以上；近岸海域环境功能区达标率达 50% 以上。（考核责任单位：省环保厅）

3. 城市集中式饮用水水源水质达标率每年达 95% 以上；泉州市区内河水质环境功能区达标率每年达 60% 以上。（考核责任单位：省环保厅）

4. 全市辐射环境质量保持环境正常水平。（考核责任单位：省环保厅）

（二）污染控制目标

1. 完成省下达的二氧化硫、氮氧化物、化学需氧量、氨氮总量控制目标。（考核责任单位：省环保厅）

2. 工业危险废物（考核责任单位：省环保厅）、医疗废物（考核责任单位：

省卫生厅、环保厅）每年全部规范处理；工业企业每年实现稳定达标排放（考核责任单位：省环保厅）；工业固体废物综合利用率达75%。（考核责任单位：省经贸委、环保厅）

3. 2015年，城市（含县城）建成区污水处理率达85%、垃圾无害化处理率达95%以上，其中泉州市区污水处理率达90%、垃圾无害化处理率达98%以上，并做到达标排放；所有污泥按规范化处理处置。（考核责任单位：省住房和城乡建设厅）

4. 开展机动车尾气专项整治和机动车环保标志管理，所有在路行驶的机动车每年均达标排放。（考核责任单位：省环保厅、交警总队）

5. 全面推进清洁生产，2015年前按规定完成省下达的清洁生产审核任务。（考核责任单位：省经贸委、环保厅）

（三）生态保护目标

1. 全面取缔集中式饮用水水源保护区内开矿、采砂和各类生产性、经营性排污口，以及一级保护区内与供水设施和保护水源无关的建设项目；完成南北高干渠水源保护区环境隐患整治工作；完成乡镇级集中式饮用水水源保护区划定及基础环境调查、评估和规划工作，并对乡镇级水源地水质开展定期监测，每年至少一次；省或设区市政府确定的流域整治年度重点项目完成率超过95%。（考核责任单位：省环保厅）

2. 2014年，建成国家生态市1个、国家生态县（市、区）8个（考核责任单位：省环保厅、发展改革委）；建成国家级生态乡镇110个，设区市级以上生态村1 647个；辖区内60%的社区达到绿色社区的要求。（考核责任单位：省环保厅）

3. 全面拆除禁养区内所有畜禽养殖场。所有规模化畜禽养殖场、养殖小区及养殖专业户都必须采取治理措施实现达标排放；对未能在期限内实现达标排放的养殖场、养殖小区及养殖专业户，由地方政府负责拆除。（考核责任单位：省农业厅）

4. 按时完成省下达的农村环境连片整治（考核责任单位：省环保厅）和"农村家园清洁行动"（考核责任单位：省住房和城乡建设厅）工作任务。2015年前，全市所有乡镇均有承担环保职责的机构或确定专（兼）职环保管理人员。

（考核责任单位：省环保厅）

5. 科学划定矿产资源禁采区、限采区和可采区，落实矿山生态环境恢复治理保证金制度和企业责任制，将矿山生态环境恢复治理方案实施情况纳入矿山年检指标。2015 年前，所有开采矿山都能严格实施矿山生态恢复治理方案，实现"边开采，边治理"。（考核责任单位：省国土资源厅）

（四）环境监管能力目标

1. 按要求完成依法行政工作，无违反国家法律法规、决策失误造成重大环境事故或者干扰执法造成严重后果的情况；及时上报环境违法信息。（考核责任单位：省环保厅）

2. 将环保投入纳入公共财政支出的重点，中央、省级项目的配套资金按承诺落实；每年市、县政府的环保投入（按"211 环境保护"支出科目核算）不低于上年水平。（考核责任单位：省财政厅）

3. 加强核与辐射监管能力建设，全面使用国家核技术利用辐射安全监管系统。2012 年前，各县（市）级环保部门应有辐射防护安全监督员，2015 年前，设区市要达到环保部《全国辐射环境监测与监察机构建设标准》要求。（考核责任单位：省环保厅）

4. 按规定完成年度环境应急工作任务；2015 年前，达到《全国环境应急工作标准化建设》要求。（考核责任单位：省环保厅）

5. 2012 年前，全市各级环境监察机构标准化建设达到国家中部地区相应标准；2015 年前，按照国家东部地区标准，全面完成各级环境监察机构的标准化建设。（考核责任单位：省环保厅）

6. 按全省年度污染物总量减排监测体系建设实施方案要求完成减排监测体系建设工作任务；2015 年前，泉州市环境监测站应达到《全国环境监测站建设标准》中东部地区二级站标准并通过省级环保部门验收，县（市、区）级环境监测站达到东部地区三级站标准并通过省级环保部门验收。（考核责任单位：省环保厅）

（五）区域突出环境问题整治目标

1. 完成晋江印染、制革、陶瓷、电镀业污染整治工作。（考核责任单位：省

环保厅）

2. 完成石狮纺织印染、制革业污染整治工作。（考核责任单位：省环保厅）

3. 完成列入国控涉及重金属企业和南安市涉及重金属企业的重金属污染整治工作。（考核责任单位：省环保厅）

4. 完成北溪上游安溪等地采选矿污染整治工作。（考核责任单位：省环保厅、国土资源厅）

5. 完成南安、晋江市畜禽养殖业污染整治工作。（考核责任单位：省农业厅）

二、考核的组织实施

（1）考核工作由省政府组织，具体工作由省环保厅、监察厅会同省发展改革委、经贸委、财政厅、国土资源厅、住房和城乡建设厅、农业厅、卫生厅、交警总队等部门负责，考核办法由省环保厅会同以上各有关部门制定。考核工作牵头单位应于每年年初对责任书中计划任务进行分解和下达，并同时抄送省环保厅和省监察厅。

（2）市政府应于每年 3 月底前完成年度工作自查，并将自查结果报省政府，同时抄送省环保厅和省监察厅。省政府于每年 4 月底前组织进行对市政府的检查和有关县（市、区）政府的抽查。

第4章

广东省政府环境绩效评估与管理实践

广东省于 2003 年便开始出台相关环境保护责任考核办法，随后不断细化环境保护绩效管理的相关方案，积极落实环境保护责任制，强化环境保护工作。在 10 年左右的探索过程中，广东省在环境绩效的考核对象及内容、考核组织、考核方式、考核指标以及考核结果的运用方面都进行了本土化的创新管理。广东省通过系列举措，加快了各级政府转变观念，推进政府环境管理效能提升，强化环保责任落实，提高政府管理科学化、精细化、规范化水平。同时，广东省的环境绩效管理还存在着环境绩效管理观念尚待改进、环境绩效管理缺乏制度保证、缺乏绩效管理组织体系保障以及绩效考核体系设计的科学性需要改进等问题。

4.1 基本情况

为落实环境保护责任制，强化环境保护工作，2003 年 5 月 20 日，中共广东省委办公厅、广东省人民政府办公厅联合下发《广东省环境保护责任考核试行办法》（以下简称《办法》），要求从该年起实行新的环境保护考核。同年 11 月，广东省环境保护厅根据《办法》要求拟订了《广东省环境保护责任考核指标体系》及其实施细则。2005 年 11 月，广东省环境保护厅组织对《广东省环境保护责任考核指标体系》及其实施细则部分内容进行了调整，形成《关于对广东省环境保护责任考核指标体系及其实施细则部分内容进行调整的意见》。2012 年 12 月，广东省环境保护厅发布《广东省环境保护责任考核办法》，并自公布之日起实施。

2011 年经国务院同意，监察部印发《关于开展政府绩效管理试点工作的意见》，国务院选择北京市、吉林省、福建省、杭州市、深圳市等 8 个地区进行地方政府及其部门绩效管理试点。为积极配合政府绩效管理工作的开展，推动政府绩效整体提升，广东省人民政府办公厅于 2012 年 1 月发布《关于开展政府绩效管理试点工作的通知》，选择广州市荔湾区、佛山市、中山市、江门鹤山市、云浮市为试点地区，广东省国土资源厅、地税局为试点部门。同年 11 月 29 日，广东省人民政府印发《广东省"十二五"主要污染物总量减排考核办法》，提出由广东省节能减排工作领导小组对全省节能减排考核工作进行统一领导；广东省环境保护厅会同省发展和改革委员会、经济和信息化委、公安厅、监察厅、财政厅、住房和城乡建设厅、农业厅、统计局等部门对各地政府污染减排工作情况进行考核；对各地政府的污染减排考核结果纳入市厅级党政领导班子和领导干部落实科学发展观考核评价体系。

4.2 主要做法

广东省的环境绩效管理主要是以"环境保护责任年度考核"的形式开始开展的。

4.2.1 考核对象及内容

广东省环境保护责任考核对象是地级以上市及顺德区政府、政府主要负责人、分管环境保护工作的负责人和环境保护主管部门主要负责人。环境保护责任考核主要内容是各市环境保护工作的组织领导、环境质量状况、环境保护法律法规执行情况、主要污染物总量减排目标和任务完成情况、环境保护基础设施建设情况、城乡环境综合整治和污染防治情况等。

4.2.2 考核组织

4.2.2.1 工作机构及职责

自广东省环境保护责任考核开展以来，考核工作机构是由广东省环境保护厅设立的环境保护责任考核领导小组和考核办公室组成。领导小组负责年度检查和考核工作，向广东省人民政府、省委组织部汇报考核情况，并向社会公布考核结果；考核办公室负责检查和考核的具体工作。2012 年以后，广东省环境保护厅设立环境保护责任考核工作组，下设技术审查小组。考核工作组负责协调全省环保责任考核工作，组织开展现场核查，并对各市初审意见进行审核。技术审查小组负责对各市自查结果进行汇总和审查，配合考核工作组开展现场核查，拟定初审意见。

　　各地级以上市党政领导班子及其负责人的年度考核工作由广东省环境保护主管部门负责，其中中央管干部不参加考核，若城市党政负责人均为中央管干部，则考核主管环境保护工作的副职。各县（市、区）党政领导班子及其负责人的年度考核工作由地级及以上市环境保护主管部门负责，其中省管干部由当地提出意见后，送省审定。各镇、区党政领导班子及其负责人的年度考核工作由上级党委组织部和环境保护行政主管部门参照《广东省环境保护责任考核办法》执行。

4.2.2.2　工作程序

　　广东省环境保护责任考核工作每年进行一次，由环境保护主管部门会同组织、发展改革、经济和信息化、公安、监察、财政、人事、国土、建设、水利、农业、统计、海洋渔业等部门联合进行。各市对年度环境保护责任落实情况及存在的问题等进行自查，于每年 3 月底前将上年度的自查结果和本年度落实环境保护责任的工作计划等报广东省环境保护行政主管部门。广东省环境保护主管部门组织对各市的自查结果进行审核，并结合现场核查等情况，形成年度考核初步结果，经征求有关部门意见后，报广东省政府审定。

4.2.3　考核方式

　　环境保护责任考核采取自查、现场检查、抽查抽测、资料审核、综合评价、民意调查等方式。考核结果分为优秀、良好、合格和不合格 4 个档次。考核分值低于 60 分的，或者达不到年度考核目标分值的，考核结果为不合格；分值为 60（含）～75 分的，或者达到考核目标分值的，考核结果为合格；分值为 75（含）～90 分的，或者超出年度考核目标分值 2 分以上（含 2 分）的，考核结果为良好；分值为90分以上（含90分）的，或者超出年度考核目标分值4分以上（含4分）的，考核结果为优秀。

考核过程中具有下列情况之一的，考核结果为不合格：①未通过省年度主要污染物总量减排考核的；②辖区内发生重大及以上环境突发事件后，未及时有效处置造成严重损失和恶劣影响的；③因环境问题引起群体上访或发生群体性事件造成恶劣影响的；④在年度考核过程中弄虚作假，故意隐瞒事实真相的。此外考核过程中有下列情况之一的，考核结果下降一个档次（如优秀降为良好，良好降为合格）：①出现重大环境问题受到国家或省通报批评的；②被上级挂牌督办的重点区域环境问题未在规定限期内解决的；③辖区内发生重大及以上突发环境事件的。

4.2.4 考核指标变化

广东省环境保护主管部门负责拟订省环境保护责任考核指标体系及实施细则。为进一步充实规范考核的基本程序和工作制度、不断完善环保责任考核的社会监督和公众参与，广东省环境保护厅组织对环境责任考核指标体系进行调整（表4-1和表4-2），如2005年增设公众对城市环境的满意率指标，并赋该指标权重为2分；2008年将原指标体系调整为十大项指标；2012年将指标体系设为3个一级指标、16个二级指标、二级指标再细化至三级指标。

表4-1 广东省环境保护责任考核指标变化

年份	指标调整情况
2005	◆ 增设公众对城市环境的满意率指标，指标计分权重为2分； ◆ 调整总量控制指标权重，SO_2、COD总量控制指标的权重各为2分； ◆ 考核120家省控重点污染源的排污口规范化和在线监控（测）设施建设情况，权重为6分； ◆ 危险废物处置率暂只考核医院临床废物集中处置率； ◆ 机动车尾气污染控制指标中，法定免检的车辆按年检达标计； ◆ 简化环境监测技术能力指标和环境监理（监察）技术能力指标的考核； ◆ 简化环境宣教与信息技术能力建设指标的考核； ◆ 增加资源消耗、污染物排放强度情况等指标的填报；

年份	指标调整情况
2005	◆ 调整考核管理工作指标，取消原工作分 3 分。管理分改为 3 分，考核内容为环境保护规划编制和实施情况、建设项目的环境管理情况和环境保护法律法规执行情况； ◆ 将环境保护法律法规执行情况纳入考核
2008	◆ 将原指标体系调整为十大项指标，分别为"城市环境空气质量""集中式饮用水水源地水质达标率""城市水域功能区水质达标率""跨市河流交接断面水质达标率""主要污染物总量减排任务""城镇生活污水集中处理率""城镇生活垃圾无害化处理率""危险废物处置率""公众对城市环境保护的满意率"和"环境管理"； ◆ 十项指标权重分别为 15 分、8 分、6 分、6 分、20 分、8 分、6 分、10 分、6 分、15 分
2012	◆ 设定"环境质量""污染控制"和"环境管理" 3 个一级指标，每个指标权重分别为 35 分、40 分和 25 分； ◆ 将原"城市环境空气质量""集中式饮用水水源地水质达标率""城市水域功能区水质达标率"和"跨市河流交接断面水质达标率" 4 个指标作为二级指标归为环境质量一级指标中；4 项指标权重分别设为 18 分、6 分、6 分和 5 分； ◆ 增设"重金属污染综合防治"指标，连同原指标"主要污染物总量减排任务""城镇生活污水集中处理率""城镇生活垃圾无害化处理率"和"危险废物处置率"指标作为二级指标，并归为污染控制一级指标中；5 项指标权重分别设为 8 分、15 分、5 分、4 分和 8 分； ◆ 增设"政府落实环保责任情况""建设项目环境管理""环境执法""信访案件查处""环境安全监管""环境管理能力建设""生态创建"指标，并连同原指标"公众对城市环境保护的满意率"作为二级指标，归为环境管理以及指标中；其中"生态创建"指标为加分项

表 4-2 2012 年广东省环境保护责任考核指标体系

一级指标	二级指标	分值	三级指标	分值	指标来源
环境质量指标（35分）	城市环境空气质量	18	二氧化硫（SO₂）年平均值	6	各级环境保护主管部门
			二氧化氮（NO₂）年平均值	6	各级环境保护主管部门
			可吸入颗粒物（PM₁₀）年平均值	6	各级环境保护主管部门
	集中式饮用水水源地水质达标率[1]	6	城市市区集中式饮用水水源水质达标率	4	各级环境保护主管部门
			各县城集中式饮用水水源水质达标率	2	各级环境保护主管部门
	城市水域功能区水质达标率[2]	6	地表水环境功能区水质达标率	3	各级环境保护主管部门
			近岸海域环境功能区水质达标率	3	各级环境保护主管部门
	跨市河流交接断面水质达标率	5	跨市河流交接断面水质达标率[3]	5	各级环境保护主管部门
污染控制指标（40分）	主要污染物总量减排任务	15	主要污染物总量年度减排任务完成情况	15	广东省环境保护主管部门
	重金属污染综合防治	8	重点重金属污染综合防治年度任务完成情况	8	广东省环境保护主管部门
	城镇生活污水集中处理率	5	城镇生活污水集中处理率	3	各级住建、城管、水务、环保部门
			污泥无害化处理率	2	各级住建、城管、水务、环保部门
	城镇生活垃圾无害化处理	4	生活垃圾无害化处理率	3	各级住建、城管、环卫、环保部门
			农村垃圾处理及环境改善	1	各级住建、城管、环卫、环保部门

一级指标	二级指标	分值	三级指标	分值	指标来源
污染控制指标（40分）	危险废物处置率	8	医疗废物集中处置率	2	各级环卫、卫生部门
			工业危险废物处置利用率	2	各级环卫、卫生部门
			废旧放射源送贮率	2	各级环卫、卫生部门
			危险废物规范化管理抽查合格率	2	各级环卫、卫生部门
环境管理指标（25分）	政府落实环保责任情况	3	未将环境保护作为重大决策制定的基本依据，并建立环境和发展综合决策机制的	-1	—
			未建立并落实环境保护目标责任制，并将环境指标纳入党政领导干部政绩考核的	-1	—
			没有制定环境保护规划或规划内容与上级环境保护规划相抵触的	-1	—
	建设项目环境管理	4	未开展规划环境影响评价或开发区、产业园区环境影响评价的	-0.1	—
			违规审批建设项目环评的	-0.1	—
			未经环评或其审批未获批准，擅自动工建设的	-0.1	—
			经审查、未按环评及其审批要求完成建设项目验收的	-0.1	—
			因重大污染事故或其他原因导致区域限批的	-0.5	—
			未按规范要求在规定时间内填报项目审批信息的	-0.1	—

一级指标	二级指标	分值	三级指标	分值	指标来源
环境管理指标（25分）	环境执法	2	未按期完成上级挂牌督办企业整治任务的	- 0.5	—
			对辖区内的重大环境违法行为未能及时依法查处的	- 0.2	—
			在重点污染源环保信用评级中被评为红牌的	- 0.05	—
			企业建立环境信息公开制度并定期对公众公布相关环境信息的	0.02	—
			环境监察工作考核结果	+ 0.5/ + 0.2/ - 0.5	—
	信访案件查处	2	省厅交办的信访案件逾期未处理或人拖未执	- 0.2	—
			群众因环境问题到省里上访且上访人数超过5人的	- 0.1	—
			群众因环境问题发生非正常上访或群体性事件或进京上访的	- 0.5	—
			在重点防护期，因环境问题发生群众到省上访事件的	- 0.5	—

一级指标	二级指标	分值	三级指标	分值	指标来源
环境管理指标（25分）	环境安全监管	3	地方政府未按要求编制或修订突发环境事件应急预案，或未按要求报备案	-0.2	—
			发生突发环境事件未按要求报告或未有效处置	-0.2	—
			因环境监管不力导致发生较大以上（含较大）突发环境事件的	-0.3	—
			发射源安全监管不力导致发生一般、较大和重大及以上事故的	-0.1/ -0.2/ -0.3	—
			放射源安全监管不力导致发生一般、较大和重大及以上事故的	-0.1	—
			放射源单位辐射安全许可证的发证率低于90%	-0.1	—
			放射装置单位辐射安全许可证的发证率低于80%	-0.1	—
	环境管理能力建设	6	环境监测站标准化建设达标率	3	—
			环境监察机构标准化建设达标率	3	—
	公众对城市环境保护的满意率	5	公众对城市环境保护的满意率	5	—
	生态创建	加分项	当年建成国家级生态市或国家环境保护模范城市的	+2	—
			当年建成国家级生态县（市、区）的	+0.5	—
			当年建成国家级生态乡镇的	+0.1	—

一级指标	二级指标	分值	三级指标	分值	指标来源
环境管理指标（25分）	生态创建	加分项	当年建成国家级生态村的	+0.05	—
			当年建成省级生态市的	+0.5	—
			当年建成省级生态区（市、区）的	+0.2	—
			当年建成省级生态乡镇的	+0.05	—
			当年建成省级生态村的	+0.02	—

注：1. 集中式饮用水水源水质达标率指标中，对于不设县城的城市，只统计该城市市区集中式饮用水水源水质达标率，计分权重为 6 分。

2. 城市水域功能区水质达标率指标中，对于只有地表水环境功能区断面或只有近岸海域环境功能区监测点位的城市，只统计该城市地表水环境功能区水质达标率或近岸海域环境功能区水质达标率，计分权重为 6 分。

3. 跨市河流交界断面水质达标率指标中，对阳江、汕尾、汕头、湛江 4 个市考核入海河口水质达标率。

4.2.5 考核结果运用

环境保护责任考核结果作为评价干部政绩、年度考核、实行奖惩和任用的重要依据之一。对考核结果优秀的市，由广东省政府通报表扬。对考核结果不合格的市，由广东省政府通报批评，并撤销考核年度广东省授予的有关环境保护方面的荣誉称号；市政府在考核结果公布后一个月内要向省政府书面说明情况，提出整改措施，并抄送广东省环境保护主管部门。对连续两年考核结果不合格的市，由广东省政府通报批评，并将考核结果送组织人事部门备案。政府主要负责人、分管环境保护工作的负责人、环境保护主管部门主要负责人按有关规定予以问责，并由纪检监察机关和组织（人事）部门按照干部管理权限对其进行诫勉谈话。

4.3 主要成效

4.3.1 推进政府环境管理效能提升，强化环保责任落实

通过对各地区的政府环境绩效考核，加快了各级政府转变观念，把单纯的绩效考核引向系统的、贯穿全年工作的过程管理，既关注对政府产出结果的考评，更关注政府战略目标的制定，实现政府工作全过程绩效管理。

4.3.2 推动工作落实，工作目标顺利实现

提高了政府管理科学化、精细化、规范化水平。有力推动了各级党委、政府重大决策部署的贯彻落实。各级政府紧紧围绕社会经济可持续发展、生态环境建设目标任务，迅速研究落实保障措施，做到全年有目标、季度有任务、每月有计划，使每项指标都落实到具体责任部门和责任人。

4.3.3 提高了政府环境政策执行力和公信力

通过绩效评估工作，有效地提升了各地市环境保护主管部门信息公开的水平，进一步激发了各级政府生态环境建设的积极性。如广东省对地市环境保护政

府网站绩效评估，促使建立起了广东省环境保护政府网站群，不断提升各地市环境保护局网站对社会公众的服务质量，促进各地市环境保护局公众网站为社会公众提供更优质的服务。

4.4 主要特点

4.4.1 科学设置评价指标体系

无论是环境保护责任考核还是环境保护专项资金绩效评价抑或是地市环境保护政府网站绩效评估，指标体系设置过程中始终遵循三方面原则：①科学发展原则。始终坚持以科学发展观为指导，既考虑当前工作又着眼于长远规划，充分体现科学性、全面性和系统性。②客观公正原则。设定考核指标时力求做到全面、合理、公正，排除被考评对象无法控制的因素，所有的指标要进行量化，对难以量化的指标，主要采取达标考核的办法，对不达标或出现问题的情况采取扣分的方法进行考核。③结果导向原则。把考评过程与考评结果结合起来，既重视过程，也关注结果。通过绩效考评方式，发现各地区部门在管理队伍、工作效率、工作能力上存在的问题并及时整改。

4.4.2 设置了加分扣分规则

为调动各地区政府部门工作积极性、创新性，设置了加分扣分规则。如2012年度环境保护责任考核指标体系中的二级指标"生态创建"指标为加分项，当年建成国家级生态市或国家环境保护模范城市的，加2分；当年建成国家级生态县（市、区）的，每个加0.5分，累计不超过1分；当年建成省级生态市的，加0.5分。这样既可以鼓励生态环境保护，又避免了有些地区评比过多加分不公的现象。

4.4.3 对考评对象的分类和考评等次的划分

在环境保护专项资金绩效评价过程中，将纳入绩效评价范围内的环境保护项目分类，如2012年度被考评项目分成三大类，增强了在绩效考评等次划分上的可比性。在等次划分上，如环境责任考核按照考评结果评定为优秀、良好、合格和不合格 4 个等次，并按比例确定优秀等次，避免各地区考评等次难以拉开差距。

4.5　存在的问题

4.5.1　政府环境绩效管理观念尚待改进

广东省政府环境绩效管理的实施已经取得了一些明显的效果，政府公务人员的绩效管理理念也有了一些进步，然而要完全地理解和运用以及不间断地更新政府的绩效理念还是有一定的困难的。虽然近年来，各地区政府的绩效管理不断地完善，政府的领导和工作人员的思想观念也逐渐发生了转变，管理的方式也从传统的管制型政府逐步地转向服务性政府。但是从总体上来说，地方政府的服务意识比较淡薄，地方政府的服务意识没有完全地发生转变，一些地方强势政府、弱社会的政治格局没有完全被打破。

4.5.2　政府环境绩效管理缺乏制度保证

政府环境绩效管理是以绩效为导向，提高政府工作效能和资源使用效益的重要工具。政府环境绩效管理的实施离不开国家政治体制、政治制度的大环境。总体来说，政府在组织结构、运行机制以及职能配置等方面已在原有基础上有了一定的改进，但目前，有些地市还没有形成政府绩效管理的整体思想体系，政府绩效管理的效用还没有得到充分、有效的发挥，以至于当绩效目标分解到下级各相关部门时出现目标不明确、职责不清等问题，缺乏较具体、可操作的政策性指导。

4.5.3　缺乏技术支持和政府绩效管理组织体系保障

政府环境绩效管理涉及统计、管理、法学等在内的多个领域，内容错综复杂，受到多种因素的制约，很多内容难以量化，有的甚至不能量化，同时政府环境绩效管理见效较慢。我国政府环境绩效管理起步较晚，基本上处于萌芽状态。

总体来说，各地政府陆续开展了政府环境绩效管理的创新和尝试，但目前我国对该领域基本概念、作用程序、实施原则、实际操作过程以及综合使用等都没有形成共识。由于缺乏系统性的研究和成熟的实践经验，我国学术界和相关机构对于政府环境绩效管理的理论研究和实际应用还处于较浅层次，与发达国家相比仍处于不成熟状态。

4.5.4　绩效考核体系设计的科学性需要改进

目前，在政府环境绩效管理方面所做的探索，大多从指标而非使命和战略入手，所以往往会陷入指标的纠缠，试图建立起一套各地区通用的绩效考核体系。然而，即使是对于同一级地方政府，也不应该采取一套完全一致的绩效考核指标体系或要求达到相同的指标值。这是因为，尽管各地市的同一级地方政府所承担的管理职能大体类似，但由于不同地方在自然禀赋以及经济、社会等诸多方面存在较大差异，因此不同的地方在发展战略方面完全是有所区别的，不应该要求所有的地方都去追求相同的发展模式。然而，现行绩效评估思路是用完全相同的指标体系对地方政府的绩效进行评估。这种"大一统"的评价模式会带来另一个方面的负面影响，即很多资源贫乏、地理位置不佳以及经济、教育和社会基础薄弱的地方政府，他们无论如何努力可能都无法去跟那些有资源"天赋"或历史基础较好的地方相比。"一刀切"式的绩效考核，实际上无法反映出各地政府付出的实际努力和真实绩效，也会使那些基础薄弱的地方政府失去努力的动力。

4.6　政策需求

4.6.1　强化地方政府环境绩效管理的理论基础与实施绩效系统管理

虽然包括广东省在内的一些省区陆续开展了政府环境绩效考核，在绩效管理方面进行了各种创新和尝试，但迄今为止我国还没有形成关于政府环境绩效管理的整体思想体系，对该领域基本概念、绩效目标、作用程序、实施原则以及综合使用等都没有形成清晰的认识。我们既没有关于政府整体绩效管理的法律法规，也没有在中央政府层面设立一个机构来负责协调、监控以及强化我国政府的总体绩效。因此，需要加强政府绩效评估理论研究，强化各省区间政府绩效评估与管理研究的交流与合作，探讨和建立适合我国国情的政府绩效评估体系及绩效管理制度；同时，在中央政府一级设立职能明确的绩效管理机构，建立自上而下的政府绩效管理组织系统，用一种大系统的组织管理系统推动我国政府绩效管理的全面改善。

4.6.2　把握评价导向，注意绩效评价中的纵向和横向比较，积极了解其他被评对象的状况

无论是环境保护责任考核还是环境保护专项资金绩效评价抑或是地市环境保护政府网站绩效评估，评价指标得分属于比较性得分。因此，政府在关注本地评价结果的同时，还应放眼周边，进行横纵向比较，将自身的发展纳入全省的发展中去，明确优势与不足，了解其他被评对象的情况及其比较差距状况，强化内生性发展和改革动力，保持合理竞合关系张力。

第 5 章

宁夏回族自治区政府环境
绩效评估与管理实践

宁夏回族自治区于 2006 年首次明确建立了环保行政问责制，每年对领导班子从环保总量控制、环境质量、工业污染防治、生态保护 4 个方面进行考核。宁夏回族自治区不断完善和发展政府环保绩效考核相关机制。2014 年，出台《宁夏回族自治区环境保护行动计划（2014—2017 年)》，这是全国第一部由省级人民政府印发的环保行动计划。经过十年左右的政府环保绩效管理工作，宁夏回族自治区的生态环境恶化趋势得到有效遏制，同时也促进各级领导班子和领导干部树立了正确的政绩观。与此同时，宁夏回族自治区在环境绩效管理上仍存在着环境绩效考核指标设置有待优化以及环境绩效考核结果运用需进一步提高等问题，需要借助"外脑"，提高绩效考核工作的科学性以及需要根据形势、任务的变化对考核办法进行适时修订，以此来不断完善政府环境绩效管理的效果。

5.1 基本情况

近年来，宁夏回族自治区党委、政府高度重视环保工作，体制、机制不断创新，坚持实施环保十大"铁律"，每年为民办 10 件环保实事，农村环境整治工作有声有色，走在了全国前列，也使人民群众得到了实惠，环境保护工作取得了显著成效。

2006 年，宁夏回族自治区首次明确建立了环保行政问责制，将环境保护工作实绩和主要污染物排放降低率作为考核领导干部及领导班子政绩的一项重要内容。2006—2010 年，宁夏回族自治区环境保护目标责任考核领导小组每年对宁夏回族自治区 5 市领导班子从环保总量控制、环境质量、工业污染防治、生态保护 4 个方面进行考核。

2010 年 6 月 1 日，宁夏回族自治区环境保护厅按照自治区党委办公厅、人民政府办公厅《关于做好 2010 年度机关效能目标管理考核工作的通知》（宁党办〔2010〕29 号）要求，制定了《自治区环保厅机关效能目标管理综合考核内容及实施细则》和《自治区环保厅机关效能目标管理考核计（奖、扣）分办法》。

2011 年 9 月，为进一步加强农村环境连片整治示范项目监督管理，不断提升农村环境连片整治示范工作规范化、制度化水平，扎实推进示范省区建设，宁夏回族自治区率先在全国研究制定了《宁夏农村环境连片整治项目绩效考评管理暂行办法》等 9 项制度。

2012 年 9 月，在宁夏回族自治区第六次环境保护大会上，由自治区政府主席与银川市、石嘴山市、吴忠市、固原市、中卫市、宁东能源化工基地“五市一基地”政府、管委会领导签订了“十二五”环境保护目标责任书。2013 年 11 月颁布《自治区政府办公室关于印发“十二五”环境保护目标责任书考核办法通知》，确立考核办法、考核方式。考核指标主要以自治区“十二五”未完成的规划目标为依据，根据“五市一基地”的特点确定考核指标。

2013 年 12 月，为了促进目标责任书考核更能体现工作实绩，宁夏回族自治区政府办公厅印发《“十二五”环境保护目标责任考核办法》，首次将考核结果作为干部选拔任用和奖惩的重要依据。随后，宁夏回族自治区环境保护厅颁布实施《自治区“十二五”环境保护目标责任书考核细则》（宁环发〔2013〕151号），考核细则规定了各项考核指标的评分标准和计算方法。

2014 年 1 月，宁夏回族自治区出台《宁夏回族自治区环境保护行动计划（2014—2017 年）》，这是全国首部也是唯一一个覆盖整个省级区域的环保行动计划、全国第一部由省级人民政府印发的环保行动计划，也是宁夏回族自治区有史以来规格最高的环境保护计划。该计划中明确提出，增加环境质量改善和污染减排在宁夏回族自治区效能考核中的分值，在市县经济社会发展实绩和党政领导干部政绩考核中增加环境保护内容，强化责任追究和工作问责，并作为干部选拔任用和奖惩的重要依据。对限制开发区域和生态脆弱的国家扶贫开发工作重点县取消地区生产总值考核。

2014年1月，宁夏回族自治区政府印发《宁夏回族自治区大气污染防治行动计划（2013—2017年）》（宁发〔2014〕14号）。2014年2月，在全区环境保护工作会议上，"五市一基地"与自治区签订了《大气污染防治目标责任书》。

5.2　主要做法

5.2.1　宁夏回族自治区环保厅效能目标管理考核办法

5.2.1.1　考评对象

纳入效能考核目标管理的对象为厅机关各处（室）、直属单位。

5.2.1.2　考评主体

宁夏回族自治区环保厅效能办为效能目标责任制管理单位，具体负责厅机关各处（室）、直属单位效能目标管理方案的审定、实施中的督查和年终的考评。

5.2.1.3　考评主要内容

考核内容分为职能目标、共性目标和综合评价、评议工作目标，实行百分制。

职能目标50分。主要考核机关各处（室）、直属单位落实宁夏回族自治区党委、政府和环保部及环保厅安排部署的主要工作任务，按照自身职能履行职责的情况。

共性目标40分。主要是依法行政（7分）、党风廉政建设（7分）、政风行风评议（6分）和政务督办、建议提案办理、政务信息、电子政务、公文处理、工作纪律（20分）等确保政令畅通与效能建设的工作目标。

综合评价、评议工作目标10分。由环保厅领导和市、县环保部门对厅机关各处（室）、直属单位的工作进行综合评价，其分值各为5分。

5.2.1.4　考核方式

年度考核采取集中考核、领导评价和基层测评等相结合的方法进行。

5.2.1.5　考评结果使用

年终考核结果分为优秀、良好、一般、较差 4 个等次。90 分以上为优秀，80~89 分为良好，70~79 分为一般，69 分以下为较差。考评结果作为机关各处（室）、直属单位年终考核和领导干部业绩评定、奖励惩处、选拔任用的重要依据。对年度效能目标管理考核评为优秀的机关处（室）、直属单位授予年度目标管理先进处（室）、先进单位称号，并给予一定的物质奖励。对连续两年考核排名在末位的处室，要写书面检查，限期整改。

5.2.2　宁夏回族自治区农村环境连片整治项目绩效考评

5.2.2.1　考评主要内容

考核农村环境连片整治项目的组织领导、资金配套、资金管理以及工程建成后的管理机制建设情况；考核农村环境连片整治项目建设、制度执行、实施进度、资料记录和归档及验收工作等情况；考核农村环境连片整治项目竣工后的环保设施运行效果；通过实地走访、调查问卷、座谈讨论等形式，调查公众尤其是受益群体对农村环境连片整治项目实施的评价情况。

5.2.2.2　考评对象

绩效考评分为政府绩效考评和项目绩效考评。政府绩效考评是指根据各县（区）人民政府与宁夏回族自治区人民政府签订的农村环境连片整治目标责任书，对农村环境连片整治目标完成情况进行考评，考核对象是各县（区）人民政府。项目绩效考评是指对饮用水水源地保护、农村生活污水处理、生活垃圾处理、畜禽养殖污染防治和项目的管理、实施和效果的考评，考核对象是项目实施单位。

5.2.2.3　考评组织实施

绩效考评工作由宁夏回族自治区农村环境连片整治示范项目领导小组统一组织，采取县（区）自评、地市复核和自治区考评相结合的方式。领导小组对示范区域内各县（区）人民政府和具体项目实施单位进行考核评估。绩效考评专家组应包括农村饮用水水源地保护、农村生活污水处理、农村生活垃圾处理、农村畜禽养殖污染防治等方面的专家，还应包括财务专家，人数不少于 5 人。

5.2.2.4　考评指标

考核指标分为项目管理、项目效果和社会评议 3 部分，其中项目管理涉及组织领导、资金管理、长效管理机制 3 方面；项目效果涉及饮用水水源保护、生活垃圾收集处理、生活污水处理、畜禽养殖污染防治以及环境治理状况 5 方面。初期侧重于项目的管理，所以评价暂行办法里面项目建设和管理所占权重比较大，在后期的评估办法里将加大长效管理机制指标的权重，以确保项目长期发挥作用以及地方政府的后续管理。

5.2.2.5　考评工作流程

考评申请。在项目的年度评估和验收评估时，各县（区）组织自评，被考核单位对照《农村环境连片整治示范目标责任书》及效能目标管理考核办法的要求，组织自查，完成本县（区）绩效自评工作。自评合格的，及时将自评材料上报领导小组，申请自治区考评。

材料核查和现场检查。材料核查主要包括：各县（区）的项目申请报告、目标责任书、项目实施方案及批复；项目验收报告、绩效自评报告；项目实施前的环境监测报告、项目验收后一年的环境监测报告；其他相关材料。现场检查主要包括：一是环境监测，由宁夏回族自治区环境监测中心负责项目环境监测，并出具环境监测报告。二是现场勘查，考评小组赴现场采取踏勘、询查、复核等方式，查验农村环境污染治理设施建设、运行情况和环境成效。三是公众参与，通过问卷调查、访谈等方式，了解公众对农村环保基础设施建设、运行和效果情况的评价，征求群众意见等。

量化考评。考评小组根据材料核查和现场检查的情况，按照考核指标和相应的评分标准，对项目进行评估、打分。考评小组根据考评内容逐项量化评分，确定考评结果等级，并提出整改意见。

5.2.2.6　考评结果运用

绩效考评结果的评定以综合考评得分为依据，综合考评总分100分（具体考评量化指标见附件5-2）。绩效考评结果划分为 4 个等级：考评总分在90 分以上（含90 分）为优秀；70～89 分为良好；60～69 分为合格；60 分以下（不含60分）为不合格。领导小组公布绩效考评结果，接受社会监督。绩效考评结果将作为下一年度项目资金安排的重要依据。绩效考评结果的基本要求是合格，对考评结果为优秀的项目，可以继续给予后续支持政策，并予以通报表扬；对考评结果为不合格的项目提出限期整改意见，暂缓安排下年度项目。不合格的相关县（区）应于出具结果后的两个月内对存在的问题进行整改，整改完毕后上报领导小组，并申请重新考评。重新考评合格的，视为年度绩效考评合格，按规定安排下年度项目；仍为不合格的，即视为年度绩效考评不合格，不再安排下年度项目。资金使用违规违纪的，将停止安排或追缴下达的专项资金，取消下一年度乃至今后年度的申报资格，并予以通报批评；有违法违纪行为，构成犯罪的，将依法移送司法机关追究其刑事责任。

5.2.3　污染防治绩效考核

5.2.3.1　"十二五"环境保护目标责任书考核

宁夏回族自治区政府办公厅 2013 年印发《"十二五"环境保护目标责任书考核办法》，对环境保护考核内容、考核方式和考核奖惩等作了明确规定。

1. 考核主体和对象

宁夏回族自治区将根据《环境保护目标责任书（2011—2015 年）》，对设区市政府、宁东基地管委会、自治区直管试点县政府（以下称被考核单位）环保目标完成情况进行评级考核。被考核单位是落实责任书的责任主体，其主要负责人是落实责任书的第一责任人。

2. 考核内容

考核内容包括环境质量目标、污染物减排目标、环境治理目标、农村环境保护目标和环境管理目标 5 方面指标。与"十一五"考核办法相比，农村环境保护目标是"十二五"新增考核内容。考核设加分、扣分项目指标，加分项目指标为生态创建类，扣分项目指标为环境安全类。

3. 考核方式

考核分中期评估和终期考核。中期评估是 2011 年、2012 年、2013 年落实责任书目标任务情况的效绩评估；终期考核将在 2016 年年初对责任书完成情况进行考核。中期评估不打分，只评估目标任务完成情况，分析与责任书目标任务的差距，经宁夏回族自治区政府同意后进行通报。终期考核按照《"十二五"环境保护目标责任书考核细则》内容进行附件打分，评价考核。

4. 考核结果运用

宁夏回族自治区政府将对被定为优秀等次的设区的市（包括宁东基地管委会）、县，采取"以奖代补"方式，分别给予100万元、30万元奖励；被确定为不合格等次的被考核单位将被扣减环保专项资金。考核结果经自治区政府同意后进行通报，并作为干部选拔任用和奖惩的重要依据，实行"一票否决制"和"问责制"。对在考核工作中弄虚作假等违法违纪行为，自治区监察部门将依法依纪查处。

5.2.3.2 "十二五"主要污染物总量减排统计监测考核

1. 考核对象

宁夏回族自治区对设区市政府、宁东能源化工基地管委会、自治区直管试点县政府、有具体减排任务和明确减排责任的自治区政府职能部门主要污染物总量、减排工作完成情况进行绩效管理和评价考核。

2. 考核主体

宁夏回族自治区政府污染减排考核由自治区主要污染物总量减排工作领导小组会同自治区政府督查室和监察厅具体实施。

3. 考核内容

污染减排目标任务完成情况和环境质量变化情况；污染减排措施的落实情况；农业污染源与机动车污染减排完成情况；污染减排管理机构的设立和工作开展情况，统计、监测、考核体系的建设与运行情况；污染减排年度计划制订、分解下达、调度和环境统计情况；污染减排台账建立、重点源自动监测设施运行和自查报告等资料报送情况。

4. 考核方式

对各地区的污染减排考核，采用现场核算和重点项目抽查相结合的方式进行，具体分为季度检查、半年核查、年终综合核查核算。其中，一季度检查：在季度末，对年度减排计划制订、下达、环境统计等工作内容进行检查。半年核查：在7月15日前，检查评价工程减排项目进展情况、结构减排落实情况、管理减排运行情况，同时核算上半年主要污染物排放量和增减比例。三季度检查：在季度末，检查新建、已有减排设施的建设、运行情况和污染减排能力建设状况，并对上半年检查发现问题的整改和调度措施的落实情况进行督查。年终综合核查核算：在 12 月末或次年 1 月 15 日前，对照年度减排计划与目标责任书的内容全面核查年度减排工作状况，核算年度主要污染物排放量和增减比例。

5. 考核结果运用

宁夏回族自治区设立污染减排奖励资金，通过对污染减排考核的自治区重点减排项目和被考核单位，采取"以奖代补"方式予以奖励。对未通过考核的地区，实行污染物减排"一票否决制"和"问责制"，暂停该地区所有新增主要污染物排放建设项目环境影响评价的审批，暂停安排自治区环保专项资金，建议撤销国家和自治区授予该地区的环境保护或环境治理方面的荣誉称号，领导干部不得参加年度评奖、授予荣誉称号。未通过考核的地区，在年度综合考核结果公布后一个月内向自治区政府作出书面报告，提出限期整改措施。

5.2.3.3　大气污染防治行动计划实施情况考核

该考核办法作为《宁夏回族自治区大气污染防治行动计划（2013—2017年）》的考核依据。

1. 考核对象

宁夏回族自治区对设区市政府、宁东能源化工基地管委会、自治区直管试点县政府、有具体减排任务和明确减排责任的自治区政府职能部门主要污染物总量、减排工作完成情况进行绩效管理和评价考核。

2. 考核主体

由宁夏回族自治区环境保护厅会同自治区监察厅每年对各地级市上年度大气污染防治行动计划完成情况进行考核。

3. 考核指标和考核内容

可吸入颗粒物（PM_{10}）年均浓度下降比例作为考核指标。考核内容包括严格产业环境准入、加快淘汰落后产能、优化产业空间布局、实施清洁能源替代、推进煤炭清洁利用、全面整治燃煤小锅炉、加强工业企业大气污染治理、强化机动车污染防治、深化城市扬尘污染治理、妥善应对重污染天气、实行环境信息公开 11 个方面。

4. 考核结果运用

对年度考核不合格的予以通报批评，并由监察机关会同组织、环保部门对其主要负责人进行约谈、诫勉谈话；对工作不力、行政效率低下、履职缺位等导致未能有效完成任务或造成重大环境污染事故的，依法依纪追究有关单位和人员的责任。对考核不合格的地区，实施环评区域限批，禁止建设除民生工程以外的排放大气污染物的建设项目。大气污染防治行动计划落实情况纳入各地经济社会发展综合评价体系，作为领导干部综合考核评价和企业负责人业绩考核的重要内容，实行"一票否决"。

5.3 主要成效

5.3.1 生态环境恶化趋势得到有效遏制

宁夏回族自治区环保工作实绩考核不断创新考核手段，完善考核内容，优化指标体系，扩大考核范围，创新工作机制等。通过不断摸索和自我完善，环保工作实绩考核不仅成为引导各级领导干部树立科学政绩观、科学评价领导班子和干部、科学选人用人的"绿色"指挥棒，还成为宁夏回族自治区遵循科学发展原则、运用科学发展理论、实现科学发展目标的"助推器"。在环保实绩考核的推动下，党政"一把手"亲自督促、落实环保工作，全区环境质量明显改善，生态环境恶化趋势得到有效遏制，环境友好型宁夏回族自治区建设取得实质性进展。

5.3.2 强化部门行政效能责任

绩效评估与管理对各主管部门承担的经济社会发展项目，通过设定项目绩效目标，强化了部门行政效能责任。宁夏回族自治区环保系统在服务发展水平、控制污染排放总量能力、改善水环境、推进重点流域整治力度、大气环境质量管理水平、防范环境风险能力等方面得到提升，树立了自治区环保系统的良好社会形象。

5.3.3 促进各级领导班子和领导干部树立了正确的政绩观

宁夏回族自治区环保绩效考核将考"事"与考"人"紧密结合起来，结合环保工作实绩来评定干部的科学发展理念和水平，逐渐引导和促进领导干部执政观念和管理理念发生了变化，特别是"一把手"对生态建设和环境保护的认识提高到了一个新的高度，为领导干部进一步树立科学发展的理念和正确的政绩观提供了鲜明导向，使各级干部不仅重视 GDP 和基础设施等"显绩"，也重视生态环境质量等"潜绩"。

5.4　主要特点

5.4.1　以公众满意度为导向，采取公众参与的考核方式

在评价中运用公众评议、查访核验相结合的考核方式，把群众评议、社会评价作为公众评议的重要方式，以群众满意为重要标准，把关系人民群众切身利益的政策措施和工作任务落实情况、群众反映强烈问题的处理情况，以及转变机关作风、提升服务质量情况等作为公众评议的重要内容。同时，规范公众评议的调查范围、样本数量、调查频率和权重设置，综合运用现场评价、问卷调查、电话访问、网上评议等方式开展公众评议。另外，积极开展绩效管理监察，改进察访核验的方式方法，加强对政府及其部门履职尽责情况的监督检查，把推进政府绩效管理与规范权力运行、推行政务公开和政府信息公开、治理庸懒散、实行行政问责等工作紧密结合起来，相互促进。

5.4.2　注重评估结果应用，与干部选拔任用、绩效奖励等结合

在"十二五"环境目标责任书评估中进行中期评估，通过中期评估分析各市环境目标完成情况和与目标责任书规定指标的差距，既建立逐年考核的程序，又进一步推动目标任务工作的最终实现。在宁夏回族自治区农村环境连片整治项目绩效考评及"十二五"主要污染物总量减排统计监测考核中把评估结果作为评价政府和部门的重要内容，评估结果及时报送党委（党组）、政府领导，抄送有关部门，作为评价政府和部门工作的重要内容，并在一定范围内通报，适时向社会公开，形成创先争优的良好氛围。把评估结果作为改进提升工作的有效手段，实行评估结果双向反馈，及时向被评估单位反馈上年度评估结果，包括目标

实现情况、未完成目标及原因、存在的问题、改进建议等，被评估单位要对结果进行深度分析，总结经验、查找不足，剖析原因、研究对策，形成自我提升、持续改进的良性机制。把评估结果作为绩效奖惩的重要依据，按照奖优、治庸、罚劣的原则，将评估结果与公务员年度考核、干部选拔任用、绩效奖励等结合起来，对绩效突出的，给予表彰奖励；对绩效低下的，进行批评教育、责令改正和绩效问责。

5.4.3　不断细化环境管理目标，逐步优化考核范围

《"十二五"环境保护目标责任书考核办法》考核内容包括环境质量目标、污染物减排目标、环境治理目标、农村环境保护目标和环境管理目标5方面指标。与"十一五"考核办法相比，农村环境保护目标是"十二五"新增考核内容。考核设加分、扣分项目指标，加分项目指标为生态创建类，扣分项目指标为环境安全类。细化生态示范创建指标、实施方案和考核验收办法，落实创建资金，深入实施"以奖促创"和"以奖促建"政策。在宁夏回族自治区农村环境连片整治项目绩效考评中采用指标考核、细化环境管理目标，全方位、多层次增强改善宁夏回族自治区城乡环境质量的各项措施。

5.5　存在的问题

5.5.1　环境绩效考核指标设置有待优化

（1）考核指标数量。自治区环保目标责任书共设置有环境质量目标考核、污染物减排目标考核、环境治理目标考核、农村环境保护目标考核、环境管理目标考核5个一级指标，另外，还有加分项目和扣分项目，在一级指标下设地表水环境、城市噪声状况等22项二级指标，二级指标下设36项三级指标，考核指标过多，导致工作重点不突出，失去了积极导向作用。

（2）考核指标的权重。考核指标权重的设置方面，污染控制、监管能力、突出环境问题整理等过程性、工作性指标设置过多，权重过大，环境质量等结果性指标设置过少、过小。另外，环境绩效考核指标没有突出不同区域的环境本底

和现状，没有设置表征纵向时间序列上进步的权重。

（3）考核指标约束性。考核指标中指导性、政策性指标多，刚性指标、约束性指标较少。口号性指标多，硬性指标少，造成有"抓手"、无措施。

5.5.2　环境绩效考核结果运用需进一步提高

宁夏回族自治区农村环境连片整治项目绩效考评及"十二五"主要污染物总量减排统计监测考核结果运用做得相对较好，把评估结果作为评价政府和部门的重要内容，并与公务员年度考核、绩效奖励等结合起来，同时实行评估结果双向反馈，通过考核促进工作改进。但是环保目标责任考核的结果运用相对还不够充分，《"十二五"环境保护目标责任书考核细则》没有涉及考核结果运用的内容，缺乏考核结果运用"硬抓手"。总量考核中，完成的有奖励，但是对未完成的没有说法，有激励机制，无惩罚机制。

5.6　政策需求

5.6.1　需要借助"外脑"，提高绩效考核工作的科学性

各地区政府把环境绩效管理工作作为"一把手"工程来抓，完善专门的绩效考评机构。宁夏回族自治区各考评部门通力合作，密切配合，自治区政府绩效办牵头抓总、组织实施，努力做到评价真实、评价准确、评出效果和评出权威。此外，还应和有关研究机构和高校合作，借助"外脑"，使整个绩效考核工作更具有前瞻性和科学性。

5.6.2　需要根据形势、任务的变化对考核办法进行适时修订

修订中重视"一把手"环保责任的确定，避免"上级环保局考核下级环保局"的情况，走出考核压力过度集中于环保系统的怪圈；考核分区进行，根据宁夏回族自治区不同地区实际分别确定考核指标和评定奖次；体现公众参与，民主测评和民意调查由考核工作领导小组办公室委托的专业调查机构进行。

5.7　附件

附件5-1　宁夏回族自治区环境保护厅机关效能目标管理综合考核内容及实施细则

按照自治区党委办公厅、人民政府办公厅《关于做好2010年度机关效能目标管理考核工作的通知》（宁党办〔2010〕29号）要求，为便于统一组织考核，根据各处室、单位工作特点，制定机关效能目标管理综合考核内容及实施细则。

一、行政效率。主要考核行政效能和执行力，基本分为12分。未按规定完成任务或未达到指标要求的实行减分，单项累计减至0分为止。

（一）落实党委、政府，环保部及环保厅重要会议、重要文件精神情况（2分）

考核要点及减分标准：认真贯彻党委、政府，环保部及环保厅重要会议、重要文件，有部署、有措施，及时上报贯彻落实情况。未上报贯彻落实情况的，每次减1分；未按时报送情况的，每次减0.5分。

本项工作由厅办公室牵头落实并组织考核。

（二）党务政务公开（2分）

考核要点及减分标准：按照自治区党委、政府有关规定，积极推行党务公开、政务公开，认真落实公开项目，实行一事一公开，公开内容或信息完整、准确、更新及时。未按规定落实公开事项的，减1.5分；应公开而未公开或者公开内容不完整、不准确的，每一种情况减0.5分。

本项工作由厅办公室、机关党委、政策法规与宣传教育处分别牵头落实并组织考核。

（三）政务服务（2分）

考核要点及减分标准：深入开展"三服务"活动，做好为党委、政府，环保部及环保厅的服务工作，开展政务窗口服务和为民办实事活动，落实信息公开规定，简化办事程序。未按规定要求及时办理、落实党委、政府，环保部及厅领导批示，人大代表建议和政协委员提案到期未办结的，或办理工作不力，被党委、政府，环保厅要求重新办理的，减 1 分；未按规定报送信息或所报信息数量和质量未达到要求的，减 1 分；未按规定开展政务窗口服务或向社会公开承诺事项不落实的减 0.5 分；工作效率不高，被群众投诉的，每件减 0.5 分。

本项工作由厅办公室、行政审批办公室牵头落实并组织考核。

（四）依法行政（2 分）

考核要点及减分标准：加强依法行政工作组织领导，依法履行职责和行使权力，依法制定规范性文件。未制订年度工作计划，领导责任、工作责任、监督责任不落实的，减 1 分；行政主体不合法、不履行法定职责、擅自设立行政许可事项或改变行政许可条件、违法实施行政强制措施、擅自设立收费项目、未使用统一规范的行政文书、未建立行政执法投诉举报制度的，每项减 1 分；未依法受理复议申请的，不执行上级行政机关复议决定的，不履行人民法院生效判决的，减 1 分。

本项工作由厅政策法规与宣传教育处牵头落实并组织考核。

（五）机构编制（2 分）

考核要点及减分标准：全面正确履行"三定"规定的职责，严格执行机构编制管理政策法规。未按照"三定"规定的职责制订相关计划、安排，工作落实不到位的，减 1 分；"三定"明确取消、划出的职责和增加、加强、划入、牵头、协调、配合的职责，未建立工作机制、落实不到位的，减 0.5 分。

本项工作由厅办公室牵头落实并组织考核。

（六）群众来信来访办理（2 分）

考核要点及减分标准：重视群众来信来访工作，建立群众来信来访办理机制，及时处理群众反映的问题，防范和化解矛盾。未建立群众来信来访办理机制的，减 1 分；未及时处理来信来访，造成严重后果的，减 1 分；对群众反映问题没有回复的，每件减 1 分。

本项工作由厅办公室牵头落实并组织考核。

二、党的建设。基本分为 6 分。未达到要求的实行减分，单项累计减至 0 分为止。

（一）思想政治建设（1.5分）

考核点及减分标准：积极参加"创建学习型党组织、学习型机关，争当学习型党员"活动，切实加强和改进各级党组织政治理论学习，广泛开展形式多样的党性教育，组织参加"科学发展大讲坛"。创建活动任务不落实的，减1分；学习制度不落实，未按规定完成学习任务，学习情况无记录的，减0.5分；未组织主题读书活动、党员讲党课等学习教育活动的，减0.5分。

本项工作由厅机关党委牵头落实并组织考核。

（二）业务能力建设（1.5分）

考核要点及减分标准：积极开展"机关党的建设年"活动和"创先争优"活动。加强党员干部队伍自身建设，积极组织开展各类培训、深入基层调研和业务能力提升活动。"机关党的建设年"活动未部署或计划安排未落实的，减1分；未开展"创先争优"活动的，减0.5分；未开展培训、调研和业务能力提升活动的，减0.5分。

本项工作由厅机关党委牵头落实并组织考核。

（三）作风建设（1.5分）

考核要点及减分标准：积极开展"三服务一推进""讲党性、重品性、作表率""机关干部基层行"等活动，开展城乡结对共建活动，落实党内激励关怀帮扶机制。各项活动无计划或有计划未落实的，分别减0.5分；未实施城乡结对共建行动的，减0.5分；未建立党内激励关怀帮扶机制或不落实的，减0.5分。

本项工作由厅机关党委牵头落实并组织考核。

（四）党内制度建设（1.5分）

考核要点及减分标准：着力提高制度的科学性、系统性、权威性，做到用制度管权、用制度管事、用制度管人，认真落实民主集中制，完善议事规则和决策程序，建立健全和完善机关党建工作责任制，抓好党组织书记双向述职制度的落实，落实领导干部双重组织生活制度，实行领导干部定期谈心制度，开展"公推直选"试点工作。民主集中制不落实、议事规则和决策程序不完善，干部群众有意见的，减1分；领导干部双重组织生活制度不落实的，减0.5分；未落实领导定期谈心制度的，减0.5分；"公推直选"试点工作未列入工作计划的，减0.5分。

本项工作由厅机关党委牵头落实并组织考核。

三、精神文明建设。基本分为 4 分。未达到要求的实行减分，单项累计减至 0 分为止。

（一）思想道德建设（1 分）

考核要点及减分标准：加强社会主义核心价值体系建设，培育本单位核心价值理念，开展社会公德、职业道德、家庭美德和个人品德教育，开展"道德模范宣传年"活动，组织道德实践活动。社会主义核心价值观教育没有计划、活动、图片、记录的，减 0.5 分；社会公德、职业道德、家庭美德和个人品德教育没有规划、没有安排、没有教材、没有规章制度、效果差的，减 0.5 分；"道德模范宣传年"和道德实践活动不落实的，减 0.5 分。

本项工作由厅机关党委牵头落实并组织考核。

（二）机关文化建设（1 分）

考核要点及减分标准：广泛开展群众性文化体育活动，活跃机关文化体育生活，组织开展读书月活动，参加"弘扬传统，凝神聚力"文艺展演活动，参加"回眸百年，展示风采"活动。未参加机关组织的各类群众性文化体育活动的，每次减 0.5 分；未开展读书月活动的，减 0.5 分。

本项工作由厅机关党委牵头落实并组织考核。

（三）文明创建活动（1 分）

考核要点及减分标准：精神文明创建活动机构健全，责任明确，有规划、有措施、有实效，积极参与各项精神文明活动，开展文明处室、文明单位创建活动。精神文明创建活动机构不健全、责任不明确的，减 0.5 分；措施不力、效果一般、未完成创建规划任务的，减 0.5 分；不积极参与、支持厅里组织的各项精神文明活动的，减 0.5 分。

本项工作由厅机关党委牵头落实并组织考核。

（四）法制宣传教育（1 分）

考核要点及减分标准：制定法制宣传教育"五年"规划、年度工作计划，做到有部署、有检查、有总结、有实效，工作人员法制宣传普及率和合格率达到 100%，积极参加自治区依法治区领导小组和厅里统一组织的各项活动，按照人均不少于 0.5 元的标准将法制宣传教育经费列入本单位财政预算并足额保障。未制订法制宣传教育"五年"规划、年度工作计划，未做到有部署、有检查、有总结、有实效的，减0.5分；未达到法制宣传普及率和合格率100%的，减0.5分；未按规定参加或组织法制宣传教育活动的，减0.5分；宣传教育经费标准不落实的，减0.5分。

本项工作由厅政策法规与宣传教育处牵头落实并组织考核。

四、反腐倡廉建设。基础分4分。未达到要求的实行减分，单项累计减至0分为止。

（一）党风廉政建设责任制（1分）

考核要点及减分标准：建立健全党风廉政建设责任制，规定和措施具体、明确。未安排部署反腐倡廉工作或专题研究反腐倡廉工作少于2次的，减0.5分；未层层签订责任书的，减0.5分；责任不落实、措施不得力的，每项减0.2分。

本项工作由厅监察室牵头落实并组织考核。

（二）惩防体系建设（2分）

考核要点及减分标准：认真完成中央《建立健全惩治与预防腐败体系2008—2012年工作计划》和自治区实施办法以及任务分工中确定的各项任务，按照要求向自治区党委、政府报告工作完成情况，做好反腐倡廉宣传教育工作，加强对党员干部党性、党风、党纪和勤政廉政教育，建立廉政风险点防范机制，积极开展、参与"廉政文化进机关"活动。对各项任务未安排部署、任务未分解的，减1分；各牵头单位对承担的工作未按要求认真组织实施或未完成任务的，减0.5分；承担的工作未向党委、政府和厅党组报告情况的，减0.5分；宣传教育工作不落实的，减0.5分；工作人员有违反廉政准则的，每人次减0.5分。

本项工作由厅监察室牵头落实并组织考核。

（三）开展党内监督（1分）

考核要点及减分标准：认真执行"三谈两述"制度和领导干部有关事项报告制度，按照规定程序组织开展好领导班子民主生活会。处室、单位和个人存在有令不行、有禁不止问题的，减0.5分；制度不落实的，一项减0.5分；领导干部个人重大事项不报告或报告不实的，每人次减0.2分。

本项工作由厅监察室牵头落实并组织考核。

附件 5-2　宁夏回族自治区农村环境连片整治示范项目绩效考评量化指标表

考核内容		考核项目	量化指标及分值
项目管理	组织领导	农村环境保护机构队伍建设	项目所在乡镇是否设立了环保机构、配备专职环保人员负责项目实施和管理，设立得 4 分，否则得 0 分
		制度建立	是否建立项目法人制、合同制、招投标制等相关制度，建立得 2 分，否则得 0 分
		过程管理	是否进行了监督检查、进度汇报等过程管理，开展得 2 分，否则得 0 分
	资金管理	资金配套	市（区、县）有年度配套资金的得 3 分，无配套的得 0 分
		资金使用	资金拨付、预算执行、使用效益等情况按好、一般、差，分别得 3 分、2 分和 0 分
	长效管理机制	运行管理长效机制	依据项目设施的运行养护工作落实程度，按好、较好、一般、差，分别得 3 分、2 分、1 分、0 分
项目效果	饮用水水源保护	饮用水卫生合格率	按饮用水卫生合格率是否达 100%，分别得 5 分、0 分
		水源地水质	按是否满足水源地水质要求，分别得 5 分、0 分
		饮用水安全保障	按是否划定饮用水水源保护区，是否按法律法规要求严格进行保护，分别得 5 分、0 分
		水源地污染源治理	饮用水水源保护区内的污染源是否得到治理①
	生活垃圾收集处理	生活垃圾定点存放清运率	按生活垃圾定点存放清运率 100% 和 100% 以下，分别得 5 分、0 分
		生活垃圾无害化处理率	按生活垃圾无害化处理率 90% 及以上、70%～89% 和 70% 以下，分别得 5 分、3 分、0 分

① 文件中无得分。

考核内容		考核项目	量化指标及分值
项目效果	生活污水处理	生活污水处理率	按生活污水处理率 80% 及以上、60%～79% 和 60% 以下，分别得 10 分、6 分、0 分
		出水水质情况	根据出水水质检测情况，按达标、不达标，分别得 5 分、0 分
	畜禽养殖污染防治	畜禽养殖废物综合利用率	按畜禽养殖废物综合利用率 90% 及以上、70%～89%、70% 以下，分别得 5 分、3 分、0 分
		畜禽养殖污水处理率	按畜禽养殖污水处理率 80% 及以上、70%～79%、60%～69% 和 60% 以下，分别得 5 分、3 分、1 分、0 分
	环境治理状况	水环境质量	是否满足环境功能区或环境规划要求，水环境质量是否达标，根据达标程度，分别得 8 分、4 分、0 分
		大气环境质量	是否满足环境功能区或环境规划要求，空气质量是否达标，根据达标程度，分别得 7 分、3 分、0 分
社会评议		村民对环境满意率	依据村民对农村环境的满意率，＞95%、80%～95%、60%～80%，60% 以下，分别得 10 分、6 分、3 分、0 分

附件 5-3 宁夏回族自治区"十二五"主要污染物总量减排（地方政府）考核计分办法

分阶段检查及计分	分值设置
一季度检查与计分（15 分）	"十二五"考核起始年度。将污染减排指标纳入本地区经济社会发展"十二五"规划（1 分），环境保护主管部门会同相关部门结合本地实际，制定污染减排"十二五"规划（1 分），并落实到下级政府（1 分）和重点减排企业（1 分）。依据各地区批准的经济社会发展"十二五"规划和污染减排"十二五"规划文本及审批文件，有各得 1 分，没有不得分；依据各地区政府与下级政府和本级重点减排企业签订的"十二五"减排目标责任书，有各得 1 分，没有不得分
	"十二五"考核常规年度。将污染减排专项资金列入年度财政预算（2 分），并逐年增加（2 分）。按经批准的年度财政预算，列入得 2 分，未列入不得分；按当年公布的财政预算与上年对比，有显著增加得 2 分，有增加不显著得 1 分，没有增加不得分

分阶段检查及计分	分值设置
	按时、保质报送污染减排计划（1分）和环境统计资料（1分）。依据各地区实际报送计划和统计资料的送达时间，按时报送且质量合格各得1分，按时报送质量较差各得0.5分，不能按时报送不得分，不报送各倒扣1分
	将自治区下达的年度污染减排目标任务分解，明确下达下一级政府、部门、重点减排企业（1分），召开年度污染减排工作会议（1分），与下一级政府和部门（1分）、本级重点减排企业（1分）签订目标责任书。依据各地区政府下发的减排计划文件、会议召开实际，与下一级政府和部门、本级重点减排企业签订的目标责任书，有各得1分，没有不得分
一季度检查与计分（15分）	农业污染源减排计划（规划）编制与目标任务分解。（2分）（1）"十二五"考核起始年。制定各地区农业污染源减排"十二五"规划（1分）和年度污染减排工程计划（1分）。依据各地区编制的规划文本和发布文件，编制、发布并落实到企业得1分，编制、发布但未落实到企业得0.5分，未编制发布不得分；编制正式文件，下达地区年度农业污染源减排工程计划，并落实到企业项目，得1分，编制、下达但未落实到企业项目得0.5分，未编制下达不得分。 （2）"十二五"考核常规年度。制订并正式下达年度农业污染源减排计划（1分），工程计划落实到企业项目（1分）。依据各地区下达的年度农业污染源减排计划正式文件，有得1分，没有不得分；依据地方下达的年度农业污染源减排计划工程项目，现场抽查企业，大部分企业落实计划得1分，大部分企业没有落实不得分
	机动车减排年度计划制订与分解。（3分）制订各地区机动车减排年度计划（1分），出台地区机动车环境标志管理制度（1分），对达到国家规定的机动车报废标准的车辆，下发强制报废文件（1分）。根据各地区机动车减排下达的年度计划，出台的机动车环境标志管理制度和机动车强制报废文件，结合现场检查，有计划和制度且工作得到落实的各得1分，有计划和制度没有全部落实工作的各得0.5分，计划和制度没有文件且没有落实工作的不得分
半年核查与计分（15分）	半年约束性指标核查核算。（1）对国家重点减排工程计划项目、自治区重点工程、结构减排计划项目进行核查。（2）对各地区计划重点减排工程项目、结构减排项目进行抽查。（3）对上半年主要污染物排放（新增）量、削减量、削减比例进行核算。（4）按时间过半、减排任务过半原则，评价各地区上半年主要污染物减排结果，并提出减排调度意见
	按计划时间，全面开工建设国家、自治区下达的工业、集中式减排工程项目和结构减排项目。（5分）工业、集中式工程减排和结构减排项目按期、全面开工建设得5分；未按时开工，每项工程扣0.5分，扣完为止；计划工程项目不开工，又无申报且通过批准的替代项目，每项扣1分，扣完为止

分阶段检查及计分	分值设置
半年核查与计分（15分）	对已有减排项目的运行和污染减排监管状况进行抽查式现场检查，按减排项目自动控制设施和运行（数据保留）规范，在线监测（比对）运行正常，企业无超标、偷排、漏排行为，减排设施在运行效率的规定范围，企业生产运行及时报停报修，减排台账建立6个方面检查。（6分）抽查减排各项目中6项内容均规范、完整得6分；违反一项扣0.2分，扣完为止；不运行减排设施的每个减排项目扣2分，扣完为止
	按计划、全面开工建设农业污染源计划减排工程项目。（2分）采取抽查式核查方式，核查项目均能按计划、全面开工建设得2分；不按计划开工每项扣0.2分，扣完为止；不开工又无申请批准替代项目扣0.5分，扣完为止
	开展汽车环保标志管理和尾气检测工作，按规定向污染减排领导小组办公室报送通过检测软件检测的汽车环保标志明细表（1分）和汽车环保检测明细表（1分）。（2分）按时报送得1分，未按时报送不得分，不报送倒扣2分
三季度检查与计分（15分）	对已有和新投运全口径减排核算企业、重点减排项目运行状况进行检查。（5分）按减排项目自动控制设施和运行（数据保留）规范，在线监测（比对）运行正常，企业无超标、偷排、漏排行为，减排设施在运行效率的规定范围，企业生产运行及时报停保修5个方面检查。（5分）抽查减排各项目中5项内容均规范、完整得5分；违反一项扣0.2分，扣完为止；不运行减排设施的每个减排项目扣1分，扣完为止
	建立完善规范的减排台账。（4分）各地区排污单位减排台账规范、翔实，能够支撑核查核算工作，得4分，有不完善、不真实、无法支撑核查核算等情况，每个项目扣0.5分，扣完为止
	污染减排能力建设状况检查。（6分）（1）污染减排"三大体系"制度建设状况检查。（3分）依据各地区污染减排"三大体系"制度建设情况（各1分，共3分）；采取资料核查的方式，检查监测、统计、考核"三大体系"制度建立批准文件，采取现场检查方式掌握落实情况，有制度并落实各得1分；有制度未落实各得0.5分；没有制度不得分。（2）污染减排基础能力建设状况检查。（3分）依据各地区设立专门的污染减排日常工作机构（1分），有专门工作人员（1分），有污染减排业务经费支持，能够保障减排工作正常开展（1分）；采取资料核查方式，检查相应的机构设立、岗位人员落实、资金财政预算或拨付文件，三项均落实各得1分，未全部落实各得0.5分，未落实不得分
	上半年核查提出整改和调度意见督查。（不加分或倒扣分）已全面落实整改和调度意见，不加分也不扣分；对明确提出的整改意见未按要求整改或调度意见不落实又无申报批准替代项目，有一项倒扣0.5分，最高倒扣3分

分阶段检查及计分	分值设置
年终综合核查核算与计分（55分）	全年约束性指标核查核算。（1）对前三季度没有核查或核查提出整改意见的国家重点工程减排项目和自治区重点工程减排项目、结构减排项目等进行核查。（2）对前三季度没有抽查的各地区重点工程减排项目、结构减排项目进行抽查式核查。（3）对全口径减排管理行业进行重点减排项目核查和非重点项目抽查式核查。（4）对照年度减排目标任务和目标责任书内容，核算各地区年度主要污染物排放新增量、削减量和增减比例，评估各地区年度污染减排目标任务完成绩效
	及时进行地区年度减排自查，按时开展减排核查核算和资料报送。（8分）此项为日常工作，依据全年 4 次检查、核查以及日常资料报送情况进行记录，年终一次计分。按时、保质完成年度减排自查与污染减排核查工作，并及时报送自查报告与相关资料和材料，得 8 分。在污染减排核查核算过程中，不按时、不按要求提供数据、减排档案、核算表或提供的数据、材料、核算表不真实、不完善、不能采用等情况，每项每次扣 0.5 分，扣完为止
	通过严格管理工业和集中式工程、结构减排项目，完成年度减排目标任务。（20分）（1）COD：按工业、集中式 COD 减排量占年度总减排量比例乘以 5 计算得分值，未完成目标任务不得分，超额完成任务另加分。（2）NH_3-N：按工业、集中式 NH_3-N 减排量占年度总减排量比例乘以 5，计算分值，未完成目标任务不得分，超额完成任务另加分。（3）SO_2：按工业、集中式 SO_2 减排量占年度总减排量比例乘以 5，计算分值，未完成目标任务不得分，超额完成任务另加分。（4）NO_x：按工业、集中式 NO_x 减排量占年度总减排量比例乘以 5，计算分值，未完成目标任务不得分，超额完成任务另加分
	全面完成农业污染源工程、结构减排项目建设。（9分）依据现场核查实际完成减排项目数 ÷ 自治区下达减排项目数 ×9 计算得分，实际完成减排项目数小于下达计划数的 80% 时，不得分
	机动车污染减排和管理年终核查。（8分）（1）对已到使用年限、排放不达标的机动车辆，以及按规定淘汰的运营黄标车，全部予以淘汰，做好相应记录并报送至污染减排领导小组办公室，得 4 分；淘汰未按时报送得 1 分；未全部淘汰或未报送不得分。（2）在辖区内开展汽车环保检测，按时报送通过检测软件检测的机动车减排报表得 2 分；未按时报送通过检测的报表得 1 分；不按时报送且报表未通过检测的不得分。辖区内汽车环保定期检测率 ≥80%，汽车环保检验合格标志发放率 ≥90% 得 2 分；检验率 <80% 或汽车环保检验合格标志发放率 <90%，不得分

分阶段检查及计分	分值设置
年终综合核查核算与计分（55分）	落实减排工作取得实际成效，保障群众环境权益。（10分）（1）辖区空气质量。（5分）依据自治区环境保护厅核定的各地区环境空气质量状况，空气质量达标并明显改善得5分；空气质量达标，改善不明显得2分；空气质量恶化或不达标不得分。（2）辖区主要水环境质量。（5分）依据自治区环境保护厅下达的各地区主要水环境保护目标要求和核定的年度水环境质量状况，按项目权重计算，水环境质量达标率达到80%以上得5分，每项达标率每低于1%扣1分，扣完为止
超额完成减排目标任务加分	（1）加分原则。依据各地区年度减排核算结果，按4项主要污染物单项超额完成量所占全年任务量的权重计算加分分值。（2）加分方法。单项超额加分＝超额量÷任务减排量×25。单项超额加分之和为地区超额完成目标任务加分值
其他	自治区政府对各地区年度效能环境保护考核得分（N），以各地区年度污染减排绩效评估计分（W）按权重转换。转换公式为 $$N = W \div 100 \times 3$$ 式中，N——地区年度效能环境保护方面考核得分； W——地区年度污染减排绩效评估得分； 3——地区效能考核环境保护方面主要污染物总量减排分值。 地区年度效能环境保护方面考核得分（N）超过3.3分以3.3分计

附件5-4 宁夏回族自治区"十二五"主要污染物总量减排考核（职能部门）计分方法

部门		减排考核分值
自治区环境保护厅	（1）完成国家下达的年度4项主要污染物减排目标任务（50分）	按与国家污染减排核查核算同步、同口径原则，完成国家下达的4项指标年度任务得50分，4项指标中任何一项未完成不得分，超额完成任务另加分
	（2）制定并发布自治区污染减排"十二五"规划及年度计划，分解落实污染减排目标任务（10分）	在起始考核年，规划、计划分值各5分，依据规划、计划文本及批准发布文件，6月底前发布各得5分，推迟发布一个月内各得2.5分，超一个月发布不得分。在常规考核年，计划分值6分，分解分值4分，依据计划编制文本和批准发布文件，国家减排计划下达之日起15日内发布得6分，推迟15日发布得3分，超一个月发布不得分；计划分解到地区、部门、企业得4分，没有分解或分解不全面不得分

部门	减排考核分值	
自治区环境保护厅	（3）组织各地区、各部门和重点企业开展污染减排工作（8分）	考核年度国家减排计划下达之日起 15 日内召开年度污染减排大会，与各地区、部门、重点企业签订目标责任书得 8 分，推迟 15 天得 4 分，超一个月不得分
	（4）负责污染减排重点项目的监督管理，对未按期建成或不正常稳定运行减排设施的，提出处理意见并予以监督落实（9分）	依据国家、自治区重点减排项目的日常监管和季度检查、督查报告及整改意见，全部项目按季度进行了监管，并落实了整改得 9 分；如有项目未监管，当季一个项目扣 0.5 分，最高扣分额为 5 分；如有项目整改措施未落实，每季一个项目扣 0.5 分，最高扣分额为 4 分
	（5）负责污染减排核查核算工作（8分）	依据国家和自治区半年、全年核查核算结果，按规定时限完成自治区各地区核查核算并报送结果得 4 分，未按规定时限完成不得分；报送核查核算结果国家认可得 4 分，当认可量≥80% 时得 2 分，认可量 <80% 时不得分
	（6）按时向国务院环境保护主管部门报送污染减排年度计划（3分）、更新统计数据（3分）、年度自查报告（4分）等减排资料（10分）	依据国家要求报送资料文本、文件，按时报送被认可各得全分；按时报送，当认可量≥80% 时各得一半分；认可量 <80% 时不得分
	（7）污染减排领导小组安排的其他工作（5分）	依据污染减排领导小组领导批示、会议工作安排、会议纪要明确的工作要求，全部落实得 5 分，未落实每项扣 0.5 分，扣完为止
自治区经信委	（1）完成国家下达全区的淘汰落后产能计划，并逐项落实污染物减排量（50分）	依据国家和自治区政府下达的全区年度淘汰落后产能计划和结构减排目标任务，在落实淘汰的同时配合环境保护部门逐项目核算污染物减排量，逐项目办理污染减排确认手续，经国家和自治区半年、年终核查核算，完成结构减排目标任务得 50 分，完不成不得分，超额完成任务另加分
	（2）对照自治区污染减排"十二五"规划和年度计划，制定并监督落实自治区淘汰落后产能"十二五"规划和年度工作计划（12分）	在起始考核年，规划分值 8 分，计划分值 4 分；编制规划、计划并发布实施各得全分，编制发布规划、计划未实施各得一半分，未编制发布实施不得分。在常规考核年，计划分值 6 分，分解分值 6 分；编制、发布计划得 6 分，未编制和下达计划不得分；计划分解落实到地区和项目得 6 分，没有分解落实不得分

部门	减排考核分值	
自治区经信委	（3）严格执行国家产业政策，提请自治区政府关闭、淘汰不符合国家产业政策的工艺、装备和产品（10分）	编制淘汰计划并及时报送减排领导小组办公室，国家下达计划起15日内报送得10分，推迟15日报送得5分，超一个月报送不得分
	（4）指导督促企业开展清洁生产，组织申报并实施相关重大项目（10分）	制定相应的《"十二五"清洁生产促进规划》和年度计划，在起始考核年规划分值6分，计划分值4分；编制规划、计划并发布实施各得全分，编制规划、计划未落实实施各得一半分，没有编制规划、计划又没落实不得分。在常规考核年计划分值10分，编制计划并全部落实到具体项目得10分，国家、自治区半年和年终核查核算中证实有一个项目未落实扣0.5分，扣完为止
	（5）配合自治区环境保护厅做好淘汰落后产能和清洁生产技术改造项目减排核查核算工作（13分）	提供年度减排项目的证明资料，证明资料完整、翔实、准时且被国家认可得13分，未按时提供或提供资料不被国家考核认可，每个项目扣2分，扣完为止
	（6）污染减排领导小组安排的其他工作（5分）	依据污染减排领导小组领导批示、会议工作安排、会议纪要明确的工作要求，全部落实得5分，未落实每项扣0.5分，扣完为止
自治区农牧厅	（1）完成国家下达的全区年度农业减排目标任务（50分）	按与国家污染减排核查核算同步、同口径原则，完成国家下达的全区农业减排年度目标任务得50分，未完成不得分，超额完成任务另加分
	（2）制定并监督落实自治区农业污染源减排"十二五"规划及年度计划，分解落实农业污染源污染减排目标任务（10分）	在起始考核年，规划、计划分值各5分；编制规划、计划并在5月底前报送减排领导小组办公室各得5分，推迟15日报送得2.5分，超一个月报送不得分。在常规考核年，计划分值6分，分解分值4分；编制计划并在2月底前报送污染减排领导小组办公室得6分，推迟15日报送得3分，超一个月报送不得分；计划分解落实到地区和项目得4分，没有分解落实到项目不得分
	（3）建立健全规范的农业污染源减排台账（12分）	在起始考核年，按照国家要求出台农业污染源减排项目台账规范化管理制度（6分），6月底前出台得6分，推迟一个月出台得3分，超一个月出台不得分；建立健全农业污染源减排项目台账（6分），在三季度和全年检查、核算中，台账建立规范得6分，证实项目台账建立不规范的，一个项目扣0.5分，扣完为止；国家和自治区核查同一个项目时，不重复扣分。在常规考核年度，全部核查核算项目台账健全规范得12分；半年、年终核查核算中，证实项目台账不规范的，一个项目扣0.5分，扣完为止；国家和自治区核查同一个项目时，不重复扣分

部门	减排考核分值
自治区农牧厅	（4）负责农业污染源减排统计（11 分） 按要求报送统计数据和文件，按时报送且被国家认可得 11 分，推迟 15 日报送或数据质量不高得 6 分，超一个月报送不得分
	（5）负责农业污染源减排项目的监督检查和核查核算，按时提供核查核算相关数据资料（12 分） 参加农业源减排项目季度、半年、年终监督检查和核查核算工作，按要求开展监督检查、核查核算（6 分），较好地实施监督检查和核查核算并积极配合国家核查核算得 6 分，工作有组织、配合欠缺得 3 分，组织和配合工作不到位不得分；按规定时限报送核查核算结果文件及附表并得到国家核查核算认可得 6 分，不按时报送或部分结果不被国家认可不得分
	（6）污染减排领导小组安排的其他工作（5 分） 依据污染减排领导小组领导批示、会议工作安排、会议纪要明确的工作要求，全部落实得 5 分，未落实每项扣 0.5 分，扣完为止
自治区公安厅	（1）完成国家下达全区的机动车减排任务（50 分） 按与国家污染减排核查核算同步、同口径原则，完成国家下达全区机动车减排年度目标任务得 50 分，未完成不得分，超额完成任务另加分
	（2）制订并监督落实自治区机动车污染减排"十二五"规划及年度计划，分解落实机动车污染减排目标任务（20 分） 在起始考核年，规划分值 10 分，计划分值 10 分，依据规划、计划正式文本和报送减排领导小组办公室时间，5 月底前报送各得 10 分，推迟 15 日报送各得 5 分，超一个月报送不得分。在常规考核年，计划分值 10 分，分解分值 10 分，依据计划正式文件和报送时间，2 月底前报送得 10 分，推迟 15 日报送得 5 分，超一个月报送不得分；计划分解到地区得 10 分，没有分解不得分
	（3）严格机动车准入，开展机动车强制报废和淘汰监督管理工作（10 分） 严格机动车准入，杜绝黄标车和尾气检测不达标车辆进入我区（2 分），机动车保有量控制在适当水平（2 分），做好应淘汰机动车强制报废工作，下发正式文件、落实淘汰措施、建立淘汰档案得 6 分，未下发正式文件或无淘汰档案不得分
	（4）负责注销车辆，报废车辆，转入、转出车辆等统计数据的报送（10 分） 在半年和年终污染减排核查核算前，按时向自治区污染减排领导小组办公室和国家污染减排核查组提供机动车注销明细表、机动车转出明细表、机动车转入明细表、新车注册明细表、机动车污染减排汇总表，以及其他机动车减排相关统计数据得 10 分，未按时提供或提供数据不被国家核查组认可每次每项扣 2 分，扣完为止

部门	减排考核分值	
自治区公安厅	(5) 配合做好机动车污染减排核查核算工作（5分）	积极组织机动车减排核查核算工作，核算结果得到国家认可得5分，核算结果不被国家认可不得分
	(6) 污染减排领导小组安排的其他工作（5分）	依据污染减排领导小组领导批示、会议工作安排、会议纪要明确的工作要求，全部落实得5分，未落实每项扣0.5分，扣完为止
自治区发改委	(1) 对照自治区污染减排"十二五"规划和年度计划，制订并监督落实自治区污水（中水）处理厂建设和提标改造"十二五"规划及年度计划（20分）	在起始考核年，规划分值10分，计划分值10分，编制规划、计划并下达组织实施各得全分；编制规划、计划并下达，未组织实施各得一半分；未编制规划、计划未实施不得分。在常规考核年，计划分值10分，分解分值10分；编制计划得10分，未编制不得分；计划分解到各地区、项目得10分，没有分解不得分
	(2) 对照自治区污染减排"十二五"规划及年度计划，制定并监督落实自治区垃圾集中式处置"十二五"规划及年度计划（20分）	在起始考核年，规划分值10分，计划分值10分，编制规划、计划并下达组织实施各得全分，编制规划、计划并下达未组织实施各得一半分；未编制规划、计划未实施不得分。在常规考核年，计划分值10分，分解分值10分；编制计划并下达组织实施得10分，编制计划但未组织实施得5分，未编制计划并下达组织实施不得分；计划分解到各地区具体项目得10分，没有具体到项目得5分，不分解不得分
	(3) 推进能源行业减排，推广低硫煤、清洁油品的使用（20分）	建立全区煤炭准入制度，限制劣质电煤进入我区（10分）；建立制度、组织实施、取得较好成效（10分），成效一般得5分，建立制度未组织实施不得分；在全区推广清洁油品的使用（10分），制定制度并组织实施得10分，建立制度未组织实施得5分，未制定制度不得分
	(4) 对照减排目标任务，推动产业合理布局，控制高耗能、高污染、高排放行业发展（15分）	将控制高耗能、高污染、高排放行业内容纳入我区"十二五"发展规划并组织实施得15分，纳入规划未落实得8分，没有纳入规划落实不得分
	(5) 制定绿色电力调度实施细则，并监督电力公司实施绿色电力调度（20分）	在考核起始年，制定绿色电力调度实施细则（10分），并监督电力公司实施调度（10分）；制定细则、监督实施并保留调度记录，各得10分；没有制定细则、实施绿色调度不得分。在考核常规年，依据绿色电力调度实施细则和调度记录，实施绿色调度得20分，没有实施不得分

部门	减排考核分值	
自治区发改委	（6）污染减排领导小组安排的其他工作（5分）	依据污染减排领导小组领导批示、会议工作安排、会议纪要明确的工作要求，全部落实得5分，未落实每项扣0.5分，扣完为止
自治区财政厅	（1）安排污染减排专项资金，加大污染减排监督管理体系和重点减排项目的资金投入（40分）	依据经批准的自治区财政污染减排监督管理资金和污染减排奖励资金年度预算，有各得20分，没有不得分
	（2）按照逐年递增的原则，编制年度污染减排专项资金预算并监督实施（30分）	依据财政污染减排资金预算，有显著递增得30分，有递增但不显著得15分，没有递增不得分
	（3）配合做好减排核查核算工作中财政资金投入等资料的提供（25分）	依据污染减排核查核算要求，按时向污染减排领导小组办公室提供污染减排资金预算、资金使用计划及资金拨付等资料得25分，未按时或未提供资料每次每项扣5分，扣完为止
	（4）污染减排领导小组安排的其他工作（5分）	依据污染减排领导小组领导批示、会议工作安排、会议纪要明确的工作要求，全部落实得5分，未落实每项扣0.5分，扣完为止
自治区住建厅	（1）制定并监督落实城镇污水（中水）处理设施建设规划，推进市政排水管网配套工程建设，提高城镇污水收集率和处理率（40分）	编制规划，按规划实施项目建设得20分，无规划或未实施项目建设不得分；市政排水管网配套建设项目推进，城镇污水收集率提高得10分，没提高不得分；污水处理率提高得10分，没提高不得分
	（2）监督落实城镇污水处理厂中控系统规范化建设和运行工作，实现能随机调阅核查期内运行指标数据及趋势曲线，相关数据保存一年以上（20分）	监督城镇污水处理厂建设规范的中控系统，全部规范得20分，存在接入数据不全、无法调阅数据等不能核查核算污染物减排量的现象，每家每次扣4分，扣完为止
	（3）会同有关部门制定城镇污水处理相关收费政策和减排支持政策并监督实施，确保污水处理厂稳定运行（15分）	制定政策、组织实施、污水处理厂稳定运行得15分，制定政策、推进实施、污水处理厂运行不稳定得10分，没有制定政策、污水处理厂运行不稳定不得分

部门	减排考核分值	
自治区住建厅	（4）积极推进垃圾集中式处置设施规范化建设，不断形成减排能力（20分）	按规划推进垃圾集中式处置设施项目建设得10分，没有新项目建设不得分；建设项目配套建设渗滤液处理设施，形成减排能力得10分，没有不得分
	（5）污染减排领导小组安排的其他工作（5分）	依据污染减排领导小组领导批示、会议工作安排、会议纪要明确的工作要求，全部落实得5分，未落实每项扣0.5分，扣完为止
自治区统计局	（1）组织和指导各地区、各部门开展污染减排统计工作（20分）	依据下发的正式文件和工作开展状况，成效显著，支撑起减排工作得20分，成效一般得10分，未下发正式文件或未开展工作不得分
	（2）会同自治区环境保护厅建立健全自治区污染减排统计管理体系（20分）	按国家减排统计要求，配合自治区环境保护厅建立减排统计管理制度、规程、方法，明确工作机构和人员，健全协作机制，有力保障减排工作得20分，年度协作工作基本完成，工作成效一般得10分，未开展工作不得分
	（3）向自治区污染减排领导小组办公室提供半年和全年污染减排日常统计数据（30分）	依据提供经济社会发展、行业发展、能源消耗、人口增长等污染减排核查核算相关数据的时限，按时提供全部数据得30分，未按时提供相关数据每次每项扣2分，扣完为止
	（4）积极配合污染减排核查核算工作（25分）	为国家核查核算工作及时提供相关资料和数据。按时提供完整的资料和数据得25分；未按时提供或提供的资料和数据不完整每次每项扣2分，扣完为止
	（5）污染减排领导小组安排的其他工作（5分）	依据污染减排领导小组领导批示、会议工作安排、会议纪要明确的工作要求，全部落实得5分，未落实每项扣0.5分，扣完为止
宁夏电力公司	（1）按照污染减排目标责任书要求，实时监测统调电厂脱硫、脱硝设施运行情况（25分）	按要求加强对统调电厂脱硫、脱硝设施的运行管理，确保设施正常运行，运行档案资料和监测数据完整，实时向减排领导小组办公室提供燃煤电厂脱硫、脱硝设施运行情况资料，及时完整得25分，及时不完整或不及时得15分，不及时不完整得10分；不提供不得分
	（2）执行绿色电力调度计划，按季度通报绿色电力调度状况（30分）	执行绿色电力调度计划，实施绿色电力调度得20分，未实施不得分；按季度向自治区污染减排领导小组办公室通报绿色电力调度状况，得10分，一次通报不及时扣2分

136

部门	减排考核分值	
宁夏电力公司	（3）配合对统调电厂脱硫、脱硝进行核查核算，做好脱硫、脱硝电价款结算工作（25分）	依据脱硫、脱硝设施通过验收的统调电厂脱硫、脱硝电价结算正式文件，及时结算，凭据完整得25分，存在结算不及时现象得15分，存在应结算而未结算现象不得分
	（4）配合做好淘汰落后企业的断电工作（15分）	完成淘汰落后企业断电任务得15分，存在淘汰落后企业应断电而未断电现象，不得分
	（5）污染减排领导小组安排的其他工作（5分）	依据污染减排领导小组领导批示、会议工作安排、会议纪要明确的工作要求，全部落实得5分，未落实每项扣0.5分，扣完为止

附件5-5　宁夏回族自治区"十二五"环境保护目标责任书考核细则

各地级市和盐池、同心县政府及宁东能源化工基地管委会《环境保护目标责任书（2010—2015年）》5项目标总分为100分，另外加分、扣分项计入总分。

考核计分公式为

$$W = Q + P + G + N + M + X - Y$$

式中，W——目标责任书考核总分；

Q——环境质量目标考核得分；

P——污染物减排目标考核得分；

G——环境治理目标考核得分；

N——农村环保目标考核得分；

M——环境管理目标考核得分；

X——生态创建加分；

Y——环境安全扣分。

其中：

$Q = Q_1 + Q_2 + Q_3 + Q_4 + Q_5$（$Q_1$——城市空气质量达到二级标准以上天数比例得分；$Q_2$——城市集中式饮用水水源地水质达标率得分；$Q_3$——地表水环境指标得分；$Q_4$——城市噪声状况得分；$Q_5$——辐射环境质量得分。）

$P = P_1 + P_2 + P_3 + P_4 + P_5$（$P_1$——化学需氧量排放量削减得分；$P_2$——氨氮

排放量削减得分；P_3——二氧化硫排放量削减得分；P_4——氮氧化物排放量削减得分；P_5——重金属污染物排放量削减得分。)

$G = G_1 + G_2 + G_3 + G_4$（$G_1$——城市污水集中处理指标得分；$G_2$——城镇生活垃圾无害化处理率得分；$G_3$——危险废物安全处置指标得分；$G_4$——工业固体废物综合利用率得分。)

$N = N_1 + N_2$（N_1——农村集中式饮用水水源地保护率得分；N_2——农村污染治理得分。)

$M = M_1 + M_2 + M_3 + M_4$（$M_1$——工业企业监管指标得分；$M_2$——环境保护能力建设指标得分；$M_3$——机动车尾气专项整治指标得分；$M_4$——重点企业清洁生产执行率得分。)

$X = X_1 + X_2 + X_3$（X_1——创建生态县加分；X_2——创建环保模范城市加分；X_3——工业园区污水集中处理率、工业固体废物综合利用率超过考核指标加分。)

$Y = Y_1 + Y_2 + Y_3$（Y_1——突发环境事件扣分；Y_2——挂牌督办案件扣分；Y_3——规划环评未执行扣分。)

"十二五"环境保护目标责任书的考核工作由自治区人民政府组织，自治区环境保护厅具体负责实施，自治区发改委、经信委、财政厅、国土资源厅、住房和城乡建设厅、农牧厅、卫生厅、公安厅、统计局等部门，按照责任书确定的职责，负责有关考核数据的审核。

附件5-6 银川市2011—2015年环境保护目标责任书指标及分值

类别	序号	指标名称		权重/分	目标值
环境质量目标（20分）	1	城市空气质量达到二级标准以上天数比例		4	>85%（>40%）
	2	城市集中式饮用水水源地水质达标率		4	100%
	3	地表水环境	黄河干流出境断面水质达标率	3	100%
			地表水环境功能区水质达标率	3	80%
	4	城市噪声状况	区域环境噪声平均值	2	达标
			交通干线噪声平均值	2	达标
	5	辐射环境质量		2	天然本底水平

类别	序号	指标名称		权重/分	目标值
污染减排目标（35 分）	6	主要污染物排放量削减	化学需氧量	7	完成自治区下达的减排总量控制目标
			氨氮	7	
			二氧化硫	7	
			氮氧化物	7	
			重金属污染物	7	保持 2007 年水平
环境治理目标（20 分）	7	污水集中处理	城市生活污水集中处理率	3	80%
			工业园区污水集中处理率	3	80%
	8	城镇生活垃圾无害化处理率		4	90%
	9	危险废物安全处置	危险废物重点产生及经营单位规范化管理抽查合格率	3	95%
			乡以上卫生医疗机构医疗废物无害化处置率	3	95%
	10	工业固体废物综合利用率		4	80%
农村环保目标（10 分）	11	农村集中式饮用水水源地保护率		4	100%
	12	农村污染治理	乡镇建成区（中心村）生活污水处理率	2	60%
			乡镇建成区（中心村）生活垃圾无害化处理率	2	70%
			规模化畜禽粪便综合利用率	2	70%
环境管理目标（15 分）	13	工业企业监管	环评执行率	3	100%
			区控以上重点工业企业自动监控设施安装率	2	100%
			区控以上重点工业企业主要污染物排放稳定达标率	2	100%
	14	环境保护能力	环境监察、监测、信息标准化建设达标率	2	80%
			环境质量自动监测系统正常运行率	2	100%

类别	序号	指标名称		权重/分	目标值
环境管理目标（15分）	15	机动车尾气专项整治	机动车环保定期检测率	1	80%
			环保标志发放率	1	90%
	16	重点企业清洁生产执行率		2	100%
加分项目（15分）	17	创建生态县	10		创建1个国家级生态县或环保模范城市加5分，自治区级加3分，启动1个国家级生态县或环保模范城市加2分，自治区级加1分，最高10分
	18	创建环保模范城市			
	19	工业园区污水集中处理率、工业固体废物综合利用率超过考核指标	5		两项指标每提高1个百分点加1分，最高5分
扣分项目（25分）	20	突发环境事件	10		发生1次突发环境事件4级、3级、2级、1级，分别扣1分、2分、5分、10分，10分扣完为止，发生1次涉重金属环境事件扣10分
	21	挂牌督办案件	10		有1件国家级挂牌督办案件扣5分，10分扣完为止
	22	规划环评执行	5		应开展未开展规划环评少一个扣1分，5分扣完为止

第 6 章

甘肃省政府环境绩效评估与管理实践

甘肃省在 2004 年以政府绩效评估为突破口，委托独立的第三方承担非公企业评估地方政府绩效项目，"甘肃模式"开创了我国地方政府绩效评估的"第三方评价模式"。2014 年，甘肃省印发《甘肃省"十二五"主要污染物总量减排考核办法》，进一步推动"十二五"后半期甘肃省主要污染物总量减排工作。该办法主要通过科学设置评估指标及分值以及注重考核结果的运用等措施，不仅促进了甘肃省政府环境绩效管理工作的完善，同时提高了国家重点生态功能区转移支付资金的使用效率，保障了当地环境保护重点工作和任务的落实。同时，甘肃省的环境绩效评估与管理工作也存在着绩效管理缺乏制度保证、技术支持和组织保障缺乏以及绩效考核体系的科学性需要改进等问题，需要加快建立健全并不断完善形成科学统一的环境绩效评估与管理制度。

6.1 基本情况

甘肃省地处我国西北内陆，经济社会发展相对滞后。为了进一步促进当地经济的发展，特别是激发民营经济的活力，甘肃省在 2004 年决定以政府绩效评估为突破口，推行非公有制企业评价政府，以推动政府工作作风的转变，促进地方政府服务非公有制经济的能力提升。2004 年 8 月，甘肃省政府成立省评价领导小组，委托独立的第三方承担非公企业评估地方政府绩效项目。"甘肃模式"开创了我国地方政府绩效评估的"第三方评价模式"，将非公有制企业和其他类型的企业纳入到评价主体的范畴中，内部评估与外部评估有机结合，一定程度上克服了传统内部评估的弊端。该模式的出现开创了我国第三方政府绩效评估的先河。尽管"甘肃模式"在我国政府绩效管理研究与实践领域中形成了重要的影响，但是"甘肃模式"未能持续开展下去，而是在 2006 年第二次评估之后就暂时叫停，截至 2017 年年底依然没有重新启动的迹象。

2011 年，为进一步加强国家重点生态功能区转移支付资金管理，推动《全国主体功能区规划》实施，甘肃省颁布实施《甘肃省国家重点生态功能区转移支付绩效评估考核管理（试行）办法》。一方面，对落实国家重点生态功能区转移支付组织管理工作情况进行评价；另一方面，对资金的使用效益进行评价，侧重在生态环境保护和改善民生方面取得的成效。

为进一步推动"十二五"后半期甘肃省主要污染物总量减排工作，确保完成国家下达的"十二五"减排任务，甘肃省人民政府办公厅于 2014 年印发《甘肃省"十二五"后半期主要污染物总量减排行动计划》和《甘肃省"十二五"主要污染物总量减排考核办法》的通知。

2014 年 1 月 17 日，甘肃省政府印发《关于分解落实 2014 年全省经济社会发展主要指标和重点工作任务的通知》，为切实做好各项目标责任考核工作，确保全面完成全年目标责任任务，各牵头考核部门分别制定单项目标考核办法，甘肃省人民政府办公厅于 2014 年印发《关于省政府 2014 年度目标管理责任考核办法的通知》。

6.2　主要做法

6.2.1　国家重点生态功能区转移支付绩效评估考核

根据甘肃省财政厅、环保厅《关于印发 2013 年甘肃省国家重点生态功能区转移支付绩效评估考核工作实施方案的通知》和《关于印发〈甘肃省国家重点生态功能区转移支付绩效评估考核管理（试行）办法〉的通知》进行评估。

6.2.1.1　考评主体

绩效考评工作的责任主体为市县政府，按照"谁用款，谁负责"的原则，由市县政府具体组织实施绩效考评工作，对考评结果负责，并向省级上报考评结果，省级财政部门会同有关部门进行抽查、巡查和重点检查。

6.2.1.2　考评范围

全省所有享受国家重点生态功能区转移支付的县、市、区。

6.2.1.3　考评内容

考评内容分为组织管理、生态环境质量和公共服务三部分。

组织管理。考评享受转移支付的县级地方政府及相关部门贯彻落实生态功能区保护目标、合理管理使用资金、履行部门职责等情况。包括组织领导、制度建设、政策宣传、使用计划、资金拨付、项目管理、资金监管、会计核算、资料报送、资金成效。

生态环境质量。依据环境保护部制定的生态环境考核指标体系，考评县域环境状况和自然生态状况，并可根据甘肃省实际情况进行调整（表6-1）。

公共服务。主要包括人口自然增长率、学龄儿童净入学率、每万人口医院（卫生院）床位数、参加新型农村合作医疗保险人口比例、参加城镇居民基本医疗保险人口比例等。

6.2.1.4　考评方法

绩效考评实行定量与定性相结合的方式，定量考评由市级财政、环保部门依据考评标准采用百分制进行评分，产生考评结果。定性考评由甘肃省财政厅与环境保护厅根据各市定量考评结果，实施抽查、公众评议及其他监督检查的相关资料，确定考评成绩。

表6-1　甘肃省国家重点生态功能区转移支付绩效评估考核（生态环境质量评价指标）

指标类型	一级指标	二级指标
共同指标	自然生态指标	林地覆盖率
		草地覆盖率
		水域湿地覆盖率
		耕地和建设用地比例
	环境状况指标	SO_2 排放强度
		COD 排放强度
		固体废物排放强度

指标类型		一级指标	二级指标
共同指标		环境状况指标	污染源排放达标率
			Ⅲ类或优于Ⅲ类水质达标率
			优良以上空气质量达标率
特征指标	自然生态指标	水源涵养类型	水源涵养指数
		生物多样性维护类型	生物丰度指数
		防风固沙类型	植被覆盖指数
			未利用地比例
		水土保持类型	坡度大于15°耕地面积比
			未利用地比例

6.2.1.5 考评结果使用

甘肃省财政厅与环境保护厅根据考评结果，研究制定下一年度省财政下达的国家重点生态功能区转移支付资金分配方案，对生态环境明显改善或恶化、基本公共服务能力提升或下降的地区通过增加或减少支付资金等方式予以奖惩。

6.2.2 "十二五"主要污染物总量减排考核办法

6.2.2.1 考核范围

适用于对各地区"十二五"期间主要污染物总量减排完成情况的考核。

6.2.2.2 考核主体

责任主体是各市州、县市区人民政府和甘肃省矿区办事处，其主要负责人是第一责任人。

6.2.2.3 考核内容

考核内容包括主要污染物总量减排目标完成情况、总量减排项目落实情况、主要污染物总量减排管理情况，以及主要污染物总量减排指标体系、监测体系和考核体系建设、运行情况等方面。

6.2.2.4 考核办法

对各地区落实年度主要污染物总量减排情况每半年进行一次核查，出现年度

4 项污染物总量减排目标有一项及以上未完成、重点减排项目未按《"十二五"主要污染物总量减排目标责任书》要求落实、监测体系建设运行情况未达到相关要求等情况之一的，认定为未通过年度考核。

主要污染物总量减排目标完成情况。依据国家核算结果和"十二五"主要污染物总量减排考核办法予以核定。

重点减排项目落实情况。依据污染治理设施试运行或环保验收、关闭落后产能的时间，减排管理措施、计划执行情况等有关材料与数据，以及政府有关部门的督察报告评定。

主要污染物总量减排管理情况。依据年度减排计划、月调度和季考核情况、减排信息资料上报情况、"三表一档"执行情况、减排设施督察检查情况以及排污许可证持证管理情况评定。

主要污染物总量减排指标体系、监测体系和考核体系建设、运行情况。依据各地有关减排指标体系、监测体系和考核体系建设、运行情况的正式文件和抽查复核情况评定。

6.2.2.5　考核结果运用

考核结果作为各地区领导班子和领导干部综合考核评价的重要依据，对考核结果通过的，甘肃省环境保护厅会同财政厅等部门优先加大对该地区污染治理、环保能力建设和减排专项资金的支持力度；对考核结果未通过的，由省政府通报批评，在年度环保目标责任书考核和年度目标管理考核综合评价时实行"一票否决"。省环境保护厅暂停该地区所有新增主要污染物排放建设项目的环评审批，取消该地区参加各种环境保护或环境治理方面先进的评选资格。

未通过年度考核的地区，应在 30 天内向省人民政府作出书面报告，提出限期整改工作措施，并抄送省环境保护厅。

对考核结果未通过且整改不到位或因工作不力造成重大环境污染事故或重大社会影响的，由省监察厅按照监察部和环境保护部相关规定追究有关人员的责任。

6.2.3　甘肃省政府环境保护目标责任考核办法

6.2.3.1　考核指标

考核实行百分制，主要依据《2014 年省政府环境保护目标责任书》中各项内容完成情况进行分项计分。

6.2.3.2 考核方法

考核采取日常考核和年终考评相结合的方式进行，最终考核结果由甘肃省环境保护厅根据日常考核和年终考评得分情况，汇总得出各市州年度环保目标责任书完成情况排序。

表6-2 甘肃省政府环境保护目标责任考核指标

指标类型	具体指标
环境保护主要约束性指标实行"一票否决"制	（1）未完成污染减排约束性考核指标； （2）发生重大环境时间及核与辐射安全事件； （3）发生严重环境违法行为
市州政府所在地城市环境质量目标（20分）	（1）空气环境质量（兰州市、嘉峪关市、金昌市、白银市、酒泉市、庆阳市各8分，平凉市、天水市、武威市、张掖市、临夏州、定西市、陇南市、甘南州各6分）； （2）水环境质量（兰州市、嘉峪关市、金昌市、白银市、酒泉市、庆阳市各8分，平凉市、天水市、武威市、张掖市、临夏州、定西市、陇南市、甘南州各10分）； （3）声环境质量（1分）； （4）国家重点监控企业污染源监督性监测（3分）
主要工作目标（50分）	（1）总量减排（13分）； （2）污染防治（5分）； （3）城市环保基础设施建设、运行（12分）； （4）生态保护及生态文明建设（12分）； （5）核与辐射安全监管（2分）； （6）清洁生产审核（1分）； （7）解决区域突出环境问题（5分）
工作保障目标（30分）	（1）"五项"措施（10分）； （2）经费保障（5分）； （3）依法行政及严格环保执法责任制（10分）； （4）"三大体系"及环保能力建设（5分）

6.2.3.3 考核组织

考核工作由甘肃省环境保护厅负责组织实施。

6.3　主要成效

6.3.1　提高了国家重点生态功能区转移支付资金的使用效率

由于实施国家重点生态功能区转移支付资金绩效年度考核，各地方政府年初就制订工作计划、具体措施，将政府重点工作按照目标管理的思路进行层层的目标分解，年底按照目标的完成程度进行考核，并将考核结果作为领导干部选拔任用、奖惩等方面的重要依据。

6.3.2　能够有效提高部门的工作效率

通过环境保护年度考核明确了各地区的环境保护职责，尤其是通过甘肃省政府环境保护目标责任书，将地区环境保护责任落实到了政府"一把手"头上，减少了互相扯皮、推诿，通过这种自上而下的"压力型"传导机制，督促下级政府和部门有效履行环境保护职责。通过"十二五"主要污染物总量减排考核，能够有效地监督及激励各地区完成"十二五"期间主要污染物总量减排任务。对于进一步落实污染减排责任，强化污染减排目标考核，确保完成甘肃省"十二五"污染减排约束性指标具有重要意义。

6.3.3　保障了环境保护重点工作和任务的落实

各级政府和部门在实际工作中面临着繁杂的工作和任务，尤其是在以 GDP 为中心的政绩考核体制下，环境保护工作长期被忽视。而绩效考评的指标和分值是一个导向标，通过使用浮动分值，针对当年各项工作任务的轻重缓急调节考评内容项目的分值，引导激发单位和工作人员完成中心工作或重点任务的主观能动性和工作积极性。甘肃省为了推进生态文明建设和民生建设，大幅提高了环境保护指标、涉及民生指标的权重，通过这种导向引导各级政府和部门转变发展观念，实施绿色发展、民本发展。通过政府绩效管理为各级政府提供了有效的"推手"，保障了政府重点工作和任务的落实和完成。

6.4 主要特点

6.4.1 科学设置评估指标及分值

科学设计指标考核指标体系，例如，在环境保护目标责任考核中对具有不同资源禀赋的地区（兰州市、嘉峪关市、平凉市、天水市等）设置不同的分值（空气环境质量与水环境质量指标），充分考虑地区资源禀赋的差异性。

6.4.2 注重考核结果的运用

在国家重点生态功能区转移支付绩效评估考核中，甘肃省财政厅与环境保护厅根据考评结果，研究制定下一年度省财政下达的国家重点生态功能区转移支付资金分配方案，对生态环境明显改善或恶化、基本公共服务能力提升或下降的地区通过增加或减少支付资金等方式予以奖惩。将"十二五"主要污染物总量减排考核结果作为各地区领导班子和领导干部综合考核评价的重要依据，对考核结果通过的，省环境保护厅会同财政厅等部门优先加大对该地区污染治理、环保能力建设和减排专项资金的支持力度；对考核结果未通过的，由省政府通报批评，在年度环保目标责任书考核和年度目标管理考核综合评价时实行"一票否决"。

6.5 存在的问题

6.5.1 绩效管理缺乏制度保证

绩效管理是以绩效为导向，是提高政府工作效能和资源使用效益的重要工具。环境绩效管理的实施离不开国家政治体制、政治制度的大环境。总体来说，政府组织结构、运行机制以及职能配置等方面已在原有基础上有了一定的改进，但是有些地市还没有形成政府绩效管理的整体思想体系，绩效管理的效用还没有得到充分、有效的发挥，以至于当绩效目标分解到下级各相关部门时出现目标不明确、职责不清等问题，缺乏较具体、可操作的政策性指导。

6.5.2　技术支持和组织保障缺乏

环境绩效管理涉及统计、管理、法学等在内的多个领域，内容错综复杂，受到多种因素的制约，很多内容难以量化，有的甚至不能量化，同时环境绩效管理见效较慢。我国政府环境绩效管理起步较晚，基本上处于萌芽状态。总体来说，各地政府陆续开展了环境绩效管理的创新和尝试，但目前我国对该领域从基本概念、作用程序、实施原则、实际操作过程以及综合使用等都未形成共识。

6.6　政策需求

6.6.1　需要建立科学统一的环境绩效评估与管理制度

建立科学的绩效指标体系是有效开展绩效管理工作的关键。要促进环境绩效指标体系科学化；要按照生态文明建设的要求科学设计二级指标；要按照环境管理战略转型的要求，增加 $PM_{2.5}$、饮用水水源地水质等环境质量指标的数量和权重；要根据不同地市的特点确定有差异的环境指标，建立"自上而下"与"自下而上"相结合的"博弈"机制，确定各项指标的标准和权重；要科学确定政府绩效考评主体，建立内部考评与外部评议相结合的考核机制，在做好内部指标考评的同时，加大外部评议力度，让公众、服务对象、权力机关、第三部门和专家参与考评全过程，实现对政府工作的立体考评。

6.6.2　需要建立各类环境绩效评估考核的衔接机制

目前，甘肃省除了开展整体的政府绩效管理，还开展了环境保护年度考核、主要污染物总量减排考核等。这些评估考核是存在有机联系的，所以需要加强衔接，避免多头考核、标准不一等问题。要建立政府绩效管理与环境保护年度考核的衔接机制，建立环境保护年度考核与主要污染物总量减排考核的衔接机制。

6.7　附件

附件6-1　兰州市"十二五"主要污染物总量减排考核办法（试行）

为深入贯彻落实科学发展观，强化污染防治监督管理，控制主要污染物排放，确保圆满完成我市"十二五"期间主要污染物总量减排目标，根据《国务院批转节能减排统计监测及考核实施方案和办法的通知》（国发〔2007〕36号），结合我市实际，制定本办法。

第一条　本办法所称主要污染物，是指国家、省、市下达的污染物控制因子（"十二五"期间为化学需氧量、氨氮、二氧化硫、氮氧化物）。我市"十二五"期间主要污染物总量减排目标任务，除机动车尾气治理外，全部按地域分配到各县区。

第二条　本办法适用于市政府对各县（区）政府、各相关部门、在兰①企业"十二五"期间年度主要污染物总量减排目标任务完成情况的考核。各年度主要污染物总量减排目标任务，以各县（区）政府、各相关部门及相关企业与市政府签订的年度主要污染物总量控制目标责任书（以下简称目标责任书）或市政府下发的年度主要污染物总量减排计划为依据。

第三条　主要污染物总量减排的责任主体是各县（区）政府及相关企业，机动车尾气氮氧化物减排责任主体是公安部门，其他市直相关部门严格按职能落实牵头或配合工作。公安部门每年1月30日前制订本年度各类机动车淘汰计划，各县（区）政府应依据市政府下达的年度主要污染物总量控制目标任务，制定本辖区的年度污染减排实施方案，将主要污染物总量减排目标任务分解落实到有关部门和排污单位，上报市政府，并抄送市环境保护主管部门备案。

第四条　各县（区）政府依照国家发布的《主要污染物总量减排统计办法》《主要污染物总量减排监测办法》《主要污染物总量减排考核办法》以及市政府的相关要求，负责建立本地区的主要污染物总量减排指标体系、监测体系和考核

---

① 指兰州。

体系（以下简称"三大体系"）以及主要污染物排放总量台账，及时掌握主要污染物排放量数据、主要减排措施进展情况。

　　第五条　各县（区）辖区内市属工业企业减排项目的环境监管工作由市环境监察局牵头负责，各县（区）必须按"十二五"期间要求落实配合监管责任；县（区）属工业企业减排项目的环境监管工作由各县（区）负总责。

　　第六条　远郊三县一区城市污水处理厂建设和运行由各县区政府负责；工业企业污染源治理工程由环保部门组织实施；淘汰落后产能和关停项目由工信委组织实施；农业污染源治理工程由农业部门组织实施；老旧机动车和黄标柴油车淘汰工作由公安部门组织实施。主要污染物的削减量由环保部门统一组织实施考核。

　　第七条　主要污染物总量减排考核内容：（一）主要污染物总量减排目标完成情况。减排目标完成情况依据国家制定的主要污染物总量减排统计办法、监测办法、核查办法、核算细则以及我市制定的相关规定予以核定。（二）主要污染物总量减排管理机构的设立情况，"三大体系"的建设和运行情况。依据各县（区）有关"三大体系"建设、运行情况的正式文件和有关抽查复核情况进行评定。（三）主要污染物总量减排措施的落实情况。依据污染治理设施试运行或竣工验收文件、关闭落后产能时间和当地政府减排管理措施、老旧机动车和黄标柴油车淘汰计划执行情况、污染减排建设项目年度计划执行情况有关材料和统计数据，以及政府有关部门的督查报告进行评定。（四）主要污染物年度减排计划或实施方案制定情况和日常信息数据的调度情况。根据是否按照市环保部门的要求，制订年度污染减排计划或实施方案，建立主要污染物排放总量台账，及时落实月调度制度，准确上报减排信息资料等进行评定。（五）主要污染物总量减排项目环境监管落实情况。根据国家、省、市有关规定，对本辖区内减排项目落实现场监察频次，并做好相关笔录，对发现的问题提出合理的处理意见。

　　第八条　主要污染物总量减排考核包括减排核查和年度考核。减排核查结果参与年度考核计算。减排核查分为日常核查和定期核查。日常核查重点核查工程减排项目的建设和运行情况、结构减排项目的实施情况、监督管理减排措施的落实效果，对未按计划落实进度的项目实施预警，提出限期整改；定期核查采用资料审核和现场随机抽查相结合的方式进行，分为半年核查和年度核查。

第九条 对县（区）政府、相关企业落实年度主要污染物减排情况的日常核查和定期核查工作，由市环保部门牵头负责，同时接受国家、省的日常督查和定期核查工作。各县（区）政府每半年对本行政区域内主要污染物总量减排计划执行情况进行自查，分别于每年 7 月 1 日前和次年 1 月 1 日前向市政府上报半年和年度主要污染物总量减排工作自查报告，并抄送市环保部门。市环保部门对各县（区）政府半年度和年度主要污染物总量减排工作情况进行核查。

第十条 市环境保护主管部门会同市发改、统计、工信、农业和监察部门，对各县（区）政府上一年度主要污染物总量减排情况进行年度考核。主要污染物总量减排年度考核采用查阅资料和现场重点抽查相结合的方式进行。国家、省对我市年度污染减排项目的核查、抽查结果自动纳入市对相应县（区）、相关企业的考核结果中。主要污染物总量减排指标未达到年度主要污染物总量减排目标要求、未完成减排项目年度建设任务以及考评分值不及格的县（区）、相关部门、相关企业，认定其为未通过年度考核（未通过年度考核是指：1. 有一项控制指标未达到年度减排目标要求者；2. 考评分值低于 60 分者）。未通过年度考核的县（区）政府、市直相关部门、市属相关企业应在 10 天内向市政府做出书面报告，提出限期整改措施，并抄送市环保部门。未通过年度考核的县属相关部门和相关企业由各县区政府执行。

第十一条 经市政府审定后的考核结果，交人事、组织和监察部门，依照《体现科学发展观要求的地方党政领导班子和领导干部综合考核评价试行办法》相关规定，作为对各县（区）政府领导班子和领导干部综合考核评价的重要依据，实行问责制和"一票否决"制。对通过年度考核的县（区），市环保局、发改委、工信委、财政部门优先加大对该地区污染治理和环保能力建设的支持力度，并进行表彰奖励；对未通过考核的县（区）、相关企业，市环保部门暂停该县（区）、相关企业所有新增主要污染物排放建设项目的环评审批，并提出限期整改。对未通过年度考核且整改不到位、未按要求建设必需的污染治理设施及采取有效措施减排的，或因工作不力影响国家、省对我市减排工作核查考核的，由监察部门按照有关规定追究有关领导和相关责任人员的责任。

第十二条 对在主要污染物总量减排考核工作中瞒报、谎报情况的，市政府予以通报批评；对直接责任人员依法追究责任。

第十三条　所辖行政区域新建项目违规问题突出（未批先建、建非所批、"三同时"执行率低等）的县（区），在年度新增量核算中将单独核算附加其新增排放量。

第十四条　主要污染物总量减排年度考核评定采用量化计分方法（量化计分方法见附件）。依考评分值由高到低顺序，公布年度考核的结果。

第十五条　本办法由市环保局负责解释，自发布之日起施行。

附件6-2　兰州市"十二五"主要污染物总量减排考核计分办法

围绕完成总量减排的年度目标，设置考核计分满分100分，分为4项：

1. 总量减排年度目标的完成情况（50分）；
2. 治理工程减排项目建设及运行情况（20分）；
3. 结构调整减排项目的完成情况（15分）；
4. 污染减排其他工作完成情况（15分）。

一、总量减排年度目标的完成情况（50分）

依据市政府和各县（区）下达的主要污染物总量减排年度目标，对照实施的治理工程减排项目、结构调整减排项目、监督管理减排项目清单逐项核算，并汇总主要污染物减排总量，减排总量在扣除新增量后满足年度减排目标要求的得50分，否则直接认定其未完成年度减排目标，不再往下计算考评分值。

二、治理工程减排项目建设及运行情况（20分）

（一）城市污水处理厂（10分）：按照规定要求完成城市污水处理厂年度建设任务的计5分，未完成的扣5分；各县（区）辖区内运行的城市污水处理厂达到污染减排核查要求、正常运行的计5分。城市污水处理厂被国家、省、市核查发现有不正常运行的，每家每次扣1分，扣完为止（注：不正常运行情况的判定按照《"十一五"主要污染物总量减排核查办法（试行）》执行，下同）。

（二）企、事业单位和农业污染源治理减排工程（10分）：按照要求建成污染减排工程的计5分，有1个污染减排工程未建成，扣1分，扣完为止；建成的污染减排工程达到污染减排核查要求、正常运行的计5分，国家、省、市核查发现投入运行的污染减排工程有不正常运行情况的，每户每次扣1分，扣完为止。

三、结构调整减排项目的完成情况（15分）

完成污染减排计划年度实施方案中企业关停、淘汰任务的计15分，有未关停、未淘汰情况的或者其完成结果达不到结构调整减排核算标准要求的，发现1户扣5分，扣完为止（注：结构调整减排标准执行《"十一五"主要污染物总量减排核查办法（试行）》中的相关规定）。

四、污染减排其他工作完成情况（15分）

（一）污染减排"三大体系"运行情况（3分）：督查核实当地污染减排"三大体系"建设完善、运行情况良好，建立完善的主要污染物排放总量台账，计3分；日常督察中发现"三大体系"未能正常运行的，不正常运行一个体系即扣1分，扣完为止。

（二）污染减排能力建设（3分）：设立专门的主要污染物总量减排日常办公机构，有人员编制且能保证污染减排管理工作需要的计1.5分；有污染减排专项资金支持、能够保障减排工作正常开展的计1.5分。

（三）按时报送主要污染物总量减排计划年度实施方案的计2分。

（四）按照要求及时落实月调度制度，准确上报减排信息资料的计2分。

（五）污染减排项目监管情况（5分）：按要求对辖区内所有减排项目落实监管措施到位，笔录齐全的得5分；发现每少一次扣0.5分，扣完为止。

第7章

江苏省政府环境绩效评估与管理实践

江苏省是国内开展绩效评估较早的省份之一，环境绩效评估与管理工作也在不断完善。江苏省通过科学合理设置指标、重点实施专项绩效管理以及把配套的组织建设作为基础工作来抓等举措，提高了地方政府的环境管理效率，保障了重点工作和任务的落实，同时提高了环境政策的执行力和公信力，但也存在着绩效评估办法需要创新、评估结果运用有待加强以及相关制度需要完善等共性问题。

7.1　基本情况

江苏省政府环境绩效评估主要有以公众满意度为主要内容的绩效评估、以目标考核为主要内容的绩效评估、以绩效督查考评为主要内容的绩效评估3种基本类型。其中，"万人评政府"的南京模式、"三位一体"（职能目标管理、机关作风建设和综合评议相结合）的南通模式、战略导向型绩效评估的邳州模式、立体式的"大绩效"管理的张家港模式最为引人关注。2007年，南通市被人事部确定为全国唯一的地级市政府绩效评估工作联系点；2010年，灌南县被全国政府绩效管理研究会授予"全国政府绩效管理创新示范点"称号，成为全国获此称号的首个县级城市。江苏省在开展政府绩效管理实践探索过程中，将环境绩效管理作为主体内容之一，也开展了很多相关工作，如生态省建设、污染治理、节能减排、农村环境连片整治示范等环境保护项目绩效考核。

7.1.1　政府绩效管理

2011 年 7 月，江苏省政府发布《省政府关于印发江苏省人民政府部门绩效管理办法（试行）的通知》（苏政发〔2011〕94 号），并成立省绩效管理领导小组（办公室的日常工作由省监察厅承担），积极推进省政府部门绩效管理工作。

根据稳步推进的原则，2011 年 8 月，江苏省政府在省司法厅、新闻出版局、质监局、海洋渔业局 4 家单位率先开展绩效管理试点工作；2012 年，试点范围进一步扩大到省发改委、司法厅、财政厅、国土资源厅、环境保护厅、农委、文化厅、质监局、新闻出版局、海洋渔业局 10 个部门；2013 年起，绩效管理工作在省政府所有部门全面推开。

2013 年 11 月，江苏省委、省政府印发《关于加强机关绩效管理的意见》的通知，围绕省委、省政府工作大局，突出加强机关高效履职、依法行政、创新创优能力建设和提升机关综合服务水平的"三加强一提升"目标，明确将机关绩效管理融入行政体制改革和机关作风建设的整体进程。

2014 年 1 月 10 日，为了加强机关绩效管理工作，江苏省委、省政府决定建立省绩效管理工作联席会议制度，联席会议办公室设在省编办，省编办主任兼任办公室主任，联席会召集人为省委常委、常务副省长，副召集人为省委常委、省委秘书长、省政府秘书长，成员包括省纪委副书记、省监察厅厅长、省委组织部常务副部长、省发改委主任、省财政厅厅长等。

2014 年 5 月，根据省绩效办要求，江苏省环境保护厅印发《2014 年度省环境保护厅绩效管理目标规划》的通知，主要包括 2014 年度省环境保护厅绩效管理目标规划（职能工作目标规划）及创新创优目标规划。其中 2014 年度省环境保护厅绩效管理目标规划（职能工作目标规划）主要包括二级指标、三级指标、年中与年末的考核内容及完成时限、建议权重、设定依据及责任处室，创新创优目标规划主要包括项目、工作进度、预期效果及责任部门。

2014 年 5 月，为了进一步完善省环保系统绩效管理考评体系，江苏省环境保护厅印发《2014 年度省环境保护厅部门（单位）绩效管理工作指标及评估办法》的通知。通知要求各处室及直属单位根据省厅 60 项重点任务和《2014 年度省环境保护厅绩效管理目标规划》及本部门（单位）重点工作分解细化职能工作目标，作为年终对各处室、直属单位实施绩效考核的重要部分，连同绩效考核共性指标一并考核；要求对绩效管理各项指标完成情况进行严格考核，加强日常督查和考评，及时评估分析指标完成的质量和效益。

7.1.2　环境绩效评估与管理

第一，江苏省大力推进生态省建设考核和生态文明建设工程考核。2012 年 2 月，为落实《关于加快推进生态省建设全面提升生态文明水平的意见》和《关于推进生态文明建设工程的行动计划》，统筹推进生态省建设和生态文明建设工程，江苏省委、省政府制定了《江苏省生态省建设考核办法（试行）》，同时成立江苏省生态省建设领导小组及成员单位。2013 年印发《江苏省生态文明建设工程（生态省建设）考核细则（试行）》，考核指标包括总体目标、重点工作、保障措施 3 个方面 45 个大项 115 个小项，共计 400 分。2014 年，江苏省生态办组织有关部门对全省 13 个省辖市进行了 2013 年度生态文明建设工程综合考核。

第二，随着国家对环境污染治理投资力度的不断加大，环保专项资金的使用效益已成为社会公众关注的焦点。自 2009 年 11 月以来，根据财政部和江苏省财政厅的要求，江苏省环境保护厅先后组织开展了太湖水污染治理专项资金一期两批重点行业提标改造项目、淮河流域水污染防治专项资金项目等绩效评价工作。2010 年，江苏省环境保护厅、财政厅开展了 2009 年省级节能减排（重点污染排放治理）专项引导资金项目绩效评价和监督检查工作。2011 年 1 月 1 日，江苏省实施《江苏省财政专项资金绩效管理办法》，从绩效目标、绩效跟踪、绩效评价、结果应用等方面作出明确规定，使绩效管理改革有章可循。

第三，开展专项环保工作实施绩效考核。2011 年，江苏省环境保护厅、省财政厅印发《江苏省农村环境连片整治示范工作考核验收暂行办法》的通知，省连片办制定了《2011 年度农村环境连片整治示范项目绩效评价工作方案》，对高淳、宜兴、海安、金湖、吴中和丹阳等县（市、区）2010 年度农村环境连片整治示范工作进行了考核。

第四，开展重点企业清洁生产审核绩效评估。2012年7月，江苏省环境保护厅印发《江苏省重点企业清洁生产审核绩效后评估实施细则（试行）》，在各省辖市选取2～3家（合计30家）近两年内完成清洁生产审核验收的重点企业进行评估，抽取的企业涉及化工、电镀、印染、钢铁、重金属、造纸、建材、稀土、白酒等18个行业。受江苏省环境保护厅委托，江苏省清洁生产中心于2012年9月开展了对全省30家重点企业绩效后评估工作，着重对企业清洁生产审核的实施情况进行现场评估并出具现场绩效评估报告，将此作为对环保部门、咨询机构和企业考核的重要依据。

7.2　主要做法

7.2.1　政府部门绩效管理

江苏省人民政府制定出台的《江苏省人民政府部门绩效管理办法（试行）》，对开展省政府部门绩效管理的指导思想、基本原则、绩效评估、组织实施等进行了明确，并制定详细的省政府部门绩效评估指标体系。

7.2.1.1　绩效管理对象和流程

确定开展绩效管理的范围为江苏省政府部门：省政府办公厅、省政府组成部门、直属特设机构和直属机构、省政府派出机构。待积累经验后，再以"参照执行"的方式扩大对象范围。该办法根据绩效管理的基本原理，明确了绩效管理的目标规划、过程监管（目标实施）、绩效评估、持续改进4个主要环节和流程。

7.2.1.2　绩效管理目标和指标体系

突出绩效目标设定坚持4个原则：突出重点，围绕中央重大决策部署和江苏省委、省政府重点工作设定绩效目标；考虑各部门工作的不同特点，根据政府部门的职能职责设定绩效目标；体现绩效导向，围绕服务型政府建设的要求设定绩效目标，鼓励创新争一流，注重群众满意度；简便易行，具有可操作性和可测量性，便于考核和评估。根据实际情况，还确定了由4个一级目标、13个二级指标和若干个三级指标组成的绩效评估指标体系，并根据重要性和导向作用确定了各项指标的具体分值和权重（具体指标见表 7-1）。

7.2.1.3　绩效评估的过程监督

要求江苏省政府各有关部门结合部门实际情况，抓好绩效目标分解和责任落实，按照可量化、可评估、可操作的要求，对职能工作目标任务进行细化分解，制订具体实施计划，明确时序进度、工作质量、预期效果和成本控制等要求，逐级分解落实到各职能处室和责任人。要求责任部门抓好行政管理优化，建立和完善科学的决策机制、高效的执行机制、畅通的协调机制和快速的反馈机制，提高管理效率和水平，并抓好实施过程的监督检查。

7.2.1.4　绩效评估的程序和办法

江苏省政府部门绩效评估采取工作考核、公众评议和日常督查相结合的办法进行。按部门职能相近、便于评估的原则，将绩效管理对象分为社会管理和执法监督、经济管理和市场监管两类，分别进行评估。

7.2.1.5　绩效评估的结果运用

建立与绩效评估结果衔接的表彰和年度考核机制，与绩效评估结果挂钩的公务员选用机制、政府绩效评估奖励机制、财政预算机制、行政问责机制，完善一系列配套的奖惩制度，形成以评估结果促进行政管理创新的长效机制。

7.2.1.6　持续改进的方法和要求

对绩效评估结果进行分析和反馈；参与绩效管理的政府各部门要认真制定改进和提升措施；各部门工作改进情况将纳入下一年度绩效管理和评估内容，以进一步推动改进措施的落实，促进行政管理水平的不断提升。

表 7-1　江苏省政府部门绩效评估指标体系

一级指标	权重/%	二级指标	权重/%	三级指标	权重/%
职能工作目标	50	重点工作	40	根据省政府年度重点工作确定	根据工作重要程度确定
		常规工作	40	部门根据"三定"规定主要职能自行确定	根据工作重要程度确定

一级指标	权重/%	二级指标	权重/%	三级指标	权重/%
职能工作目标	50	其他工作	20	根据省委、省政府和上级部门交办的其他工作任务确定	根据工作重要程度确定
管理工作目标	30	依法行政	40	依法履行职责	15
				科学民主决策	15
				加强制度建设	14
				规范行政执法	14
				强化行政监督	14
				防范化解社会矛盾	14
				落实依法行政保障措施	14
		高效行政	30	机关作风和效能建设	20
				行政审批制度改革	20
				电子政务建设	20
				处理突发事件	20
				降低行政成本	20
		廉洁行政	30	惩防体系建设	20
				落实廉政建设责任制	20
				执行廉政准则	20
				纠风专项治理	20
				遵纪守法	20
创新创优目标	20	创新创优成果体现	50	部门申报,按项计分	
		年度工作改进	30	制定整改方案	20
				整体改进	50
				单项改进	30
		健全激励机制	10	完善相关制度	50
				有效执行	50
		干部职工素质提高	10	学习情况	30
				组织培训	40
				岗位练兵	30

一级指标	权重/%	二级指标	权重/%	三级指标	权重/%
工作满意度目标	分值另计	领导满意度	30	省长评价	40
				分管省领导评价	30
				其他领导评价	30
		服务对象满意度	40	根据民意调查确定分值	
		社会公众满意度	30	根据民意调查确定分值	

7.2.2　江苏省环境保护厅绩效管理

2014 年，江苏省环境保护厅根据省绩效办的要求，结合环境保护厅系统实际研究制定了《2014 年度省环境保护厅绩效管理目标规划》和《2014 年度省环境保护厅部门（单位）绩效管理工作指标及评估办法》。要求省环保厅各处室、直属单位根据省厅 60 项重点任务和《2014 年度省环境保护厅绩效管理目标规划》及本部门（单位）重点工作分解细化职能工作目标，作为年终对各处室、直属单位实施绩效考核的重要部分，连同绩效考核共性指标一并考核（具体指标见表 7-2）。

7.2.2.1　考核对象

江苏省环境保护厅各处室、直属单位。

7.2.2.2　考核组织实施

各处室（局）、直属单位根据省厅重点任务和《2014 年度省环境保护厅绩效管理目标规划》及本部门（单位）分解细化工作目标，报省环保厅绩效办审核。省环境保护厅绩效办按照省绩效办的要求和《省环境保护厅绩效管理考核办法》，对绩效管理各项指标进行严格考核。同时加强督查和平时考评，及时评估分析指标完成的质量和效益。

表 7-2　江苏省环境保护厅部门（单位）绩效管理共性指标及考评方法

一级指标及权重	二级指标及权重	三级指标
职能工作目标（50 分）	重点工作（20 分）	根据省厅重点任务和《2014 年度环境保护厅绩效管理目标规划》及本部门（单位）重点工作分解细化制定职能工作目标
	常规工作（20 分）	
	其他工作（10 分）	

一级指标 及权重	二级指标及权重	三级指标
管理工作 目标（35分）	依法履职（4分）	规范性文件制定及管理
		行政执法规范年活动
		行政执法监督
		法律学习培训
	高效履职（12分）	行政审批
		政务管理
		降低行政成本
		内部管理
	廉洁履职（5分）	落实廉政建设责任制
		执行廉政准则
		廉政文化建设
	组织建设（5分）	党务工作
		群团工作
		双结对工程
		凝聚力工程
	作风建设（5分）	处以上领导干部开展专题读书调研活动
		积极开展省级机关看市县活动
		组织党的群众路线实践活动回头看及抓好整改措施落实
		处以上领导干部深入开展"三解三促"活动
		提高服务质量
	干部教育培养（4分）	教育培训
		理论学习
创新创优工作目标（10分）	机制创新①	完成体制改革任务
	工作创新②	创新工作方法和措施
	创新创优③成果体现	扎实开展创先争优活动
满意度目标（5分）	开展以"群管群评群防群控"和"千家评机关、万人评企业"为内容的"四群""双评"活动	

①②③ 文件中无分值。

7.2.3　生态文明建设工程（生态省建设）考核

7.2.3.1　考核对象

各省辖市人民政府。各省辖市人民政府对所辖县（市、区）人民政府进行考核。

7.2.3.2　考核主体

江苏省生态省建设领导小组每年下达任务书，对各省辖市人民政府推进生态省建设和生态文明建设工程的情况进行考核。年度任务书由生态省建设领导小组办公室（以下简称省生态办）会同省相关部门和各省辖市人民政府拟定，报生态省建设领导小组审定。省生态办会同省有关部门负责制定考核实施细则，并具体组织实施年度考核工作。

7.2.3.3　考核内容

江苏省委、省政府关于生态省建设和生态文明建设工程的机制保障、政策措施的贯彻落实情况；生态省建设和生态文明建设工程监测指标目标值达标情况；生态文明建设工程重点推进项目的进展情况；年度任务书确定的其他相关任务完成情况。

7.2.3.4　考核方式

实行定性考核和定量考核相结合。考核采取总结自查和省检查考评相结合。各省辖市人民政府应将自查报告和年度工作总结于次年 1 月底前报省生态办。省生态办对各省辖市的考核工作在次年 3 月底前完成。省生态办根据自查与考评结果进行综合考核评估，对排名情况提出建议，报生态省建设领导小组审定后，每年定期向各省辖市人民政府通报并向社会公布。

7.2.3.5　考核结果应用

考核排名靠前的，由生态省建设领导小组予以通报表彰和奖励；考核排名靠后的，予以通报批评。考核中发现有弄虚作假、隐瞒事实的，由生态省建设领导小组给予通报批评。

7.2.4 农村环境连片整治示范工作考核

根据《国务院办公厅转发环境保护部等部门关于实行"以奖促治"加快解决突出的农村环境问题实施方案的通知》《中央农村环境保护专项资金管理暂行办法》（财建〔2009〕165号）、《中央农村环境保护专项资金环境综合整治项目管理暂行办法》（环发〔2009〕48号）、江苏省政府与各示范县（市、区）政府签订的《农村环境连片整治目标责任书》等制定该考核办法。

7.2.4.1 考核对象和内容

考核对象为江苏省政府确定的连片整治示范县（市、区）人民政府。考核验收内容主要包括以下6个方面：组织领导和工作推进；工程建设和项目管理；资金投入和财务管理；农村环保体制机制建设；示范工作实施成效；其他考核内容。

7.2.4.2 考核组织实施

由江苏省环境保护厅和省财政厅联合组织实施，实行县级自验、市级复核、省级考核。程序是县级自验—市级复核—省级考核。示范县（市、区）人民政府应在《农村环境连片整治目标责任书》规定的示范工作完成时限之日起20日内完成自验工作，并向省辖市环保、财政部门申请市级复核。省辖市环保、财政部门收到连片整治示范县（市、区）复核申请后，组建复核组开展市级复核工作，并出具书面复核意见下达示范县（市、区）人民政府。省环境保护厅、财政厅收到示范县（市、区）省级考核申请后，应在60日内组建考核组完成省级考核工作。

7.2.4.3 考核评价方法

考核验收采用计分法，根据国家、江苏省关于连片整治示范工作的基本要求设置基本指标，基本指标总分为100分。为鼓励示范县（市、区）加强示范工作管理、加大资金投入、创新农村环保体制机制、联动开展环境综合整治工作，特设置加分指标，加分指标总分为12分。考核结果分为优秀、良好、合格、不合格4个等级，考核评分合计90分以上为优秀，80～89分为良好，60～79分为合格，59分以下为不合格。

7.2.4.4　考核结果运用

依据江苏省有关规定进行奖励；对考核结果为不合格的示范县（市、区）提出限期整改意见，并视情况采取通报批评、取消下一年度申报资格、停止安排或追缴已拨付资金等措施。对于违反规定，有截留、挤占、挪用、骗取专项资金或其他违规违纪行为，按国家有关规定处理。

7.2.5　重点企业清洁生产审核绩效后评估

7.2.5.1　评估目标

开展清洁生产审核绩效后评估的企业需要通过清洁生产审核验收并实施全部中/高费清洁生产工程技术方案，能稳定达到国家或地方的污染物排放标准、核定的主要污染物总量控制指标和减排指标，落实了有毒有害物质减量、减排指标，实现清洁生产审核预期目标并通过竣工（环保）验收。

7.2.5.2　评估方法

对于重点企业清洁生产审核绩效后评估程序分四步走：一是听取清洁生产审核工作的汇报，审阅相关的文件资料。二是资料查询与对比。查询对比关于清洁生产中/高费方案实施过程的档案资料，企业相关历史统计报表（包括企业台账、物料使用、能源消耗等基本生产信息），方案实施设备购销合同，方案竣工验收资料及环境监测报告等。三是现场考察与核实。实地考察、核实清洁生产中/高费方案运行现场、运行状况和效果。四是绩效验证。企业能否稳定达到国家或地方的污染物排放标准，能否实现核定的主要污染物总量控制指标和减排指标，能否落实有毒有害物质减量、减排指标，能否实现清洁生产审核预期目标，能否对清洁生产中/高费方案实际运行效果进行验证与评估，得出结论。

7.2.5.3　评估结果使用

公布开展清洁生产绩效后评估的企业，拒不开展评估或评估不达标的，视情况由江苏省环境保护厅在地方主要媒体公开曝光，要求其重新进行清洁生产审核，并可根据具体情况依法进行处罚。评估不达标的，其清洁生产咨询服务机构要承担技术责任，并由江苏省环境保护厅根据情况严重程度予以警告或取消其审核咨询资质的处罚。

7.2.6 省级环境保护专项资金绩效评价

7.2.6.1 水污染治理专项资金绩效评价

《江苏省太湖流域水环境综合治理实施方案》要求建立太湖治理项目绩效审计制度，规范项目资金使用，保证投资效益。江苏省环境保护厅规财处等有关处室、单位积极组织，密切配合，先后多次组织专家论证绩效评价工作方案，分别召开了太湖流域、淮河流域各有关市、县环保部门资金项目管理负责人参加的环境绩效评价培训班，按照"企业自评，市县环保和财政部门审核，省环境保护厅再评价和现场审查"的模式稳步推进绩效评价工作，基本摸清了上述两项资金的落实情况和使用效果，改变了以往环保专项资金重审批、轻监管的做法，形成项目审批、资金安排、绩效评价和监督检查的闭路管理，促进了资金项目监管水平的提升。

7.2.6.2 节能减排专项引导资金项目绩效评价

2008 年，江苏省财政厅、江苏省环境保护厅印发《省级环境保护引导资金和省级节能减排（治理污染排放）专项引导资金项目申报的通知》。2010 年，江苏省环境保护厅、财政厅开展了对 2009 年省级节能减排（重点污染排放治理）专项引导资金项目绩效评价和监督检查工作。要求各市县财政局、环保局及各项目单位要立即对专项资金使用管理情况进行全面清查，分项目出具自查报告，省环境保护厅、财政厅将根据各地自查情况抽取部分项目委托中介机构进行实地检查。

7.3 主要成效

7.3.1 提高了地方政府的环境管理效率

各地区、各单位在推行绩效考评时，年初就制订工作计划、具体措施，将政府重点工作按照目标管理的思路进行层层的目标分解，年底按照目标的完成程度进行考核，并将考核结果作为领导干部选拔任用、奖惩等方面的重要依据。同时，通过绩效考核明确了各地区、各部门的岗位职责，减少了互相推诿，督促下级政府和部门有效履行职责和完成上级交办的任务，使机关作风得到改进，办事速度大大提高。

7.3.2　保障了重点工作和任务的落实

各级政府和部门在实际工作中面临着繁杂的工作和任务，而绩效考评的指标和分值是一个导向标，通过使用浮动分值，针对当年各项工作任务的轻重缓急调节考评内容项目的分值，引导激发单位和工作人员完成中心工作或重点任务的主观能动性和工作积极性。

7.3.3　提高了政府环境政策执行力和公信力

通过绩效评估工作，有效提升了各地市环保主管部门信息公开的水平，进一步激发了各级政府生态环境建设的积极性。如江苏省对地市环保政府网站绩效评估，促使建立起了省环保政府网站群，不断提升各地市环保局网站对社会公众的服务质量，促进各地市环保局公众网站为社会公众提供更优质的服务。

7.3.4　提高了环保投资的效益和效率

运用水污染治理专项资金绩效评价体系进行省级环境保护专项资金项目的绩效评估工作，能有效分析项目结果与预定环境目标之间的差距，评估项目对环境改善的效果，辨析项目成败的原因，发现项目管理与执行过程中存在的不足，有利于建立规范化和制度化的省级环境保护专项资金项目评估制度，有利于避免污染防治投资的低效、无效等问题的产生。

7.4　主要特点

7.4.1　科学合理设置指标

注重各考核指标体系的衔接。生态文明考核指标紧扣《江苏基本实现现代化指标体系》，将生态建设与全省经济社会发展的大局紧密结合。现代化指标涉及的林木覆盖率、空气环境质量、水环境质量、单位 GDP 能耗降低比例等考核内容，全部被纳入生态文明建设工程的考核范畴。生态文明建设工程监测指标与国家生态市建设指标、生态省建设指标进行了通盘考量、有机衔接，力求使考核指标覆盖全面、内容扎实、有理有据，同时保证各项指标之间不因政出多门而互相矛盾。兼顾指标绝对值与相对量变化。考核标准的设定不仅考核绝对量，还将相对的变化纳入了计分范畴。此外，城乡生活垃圾无害化处理率、自然湿地保护率等不少类项，都兼顾了绝对值和相对量的变化。

7.4.2　绩效管理彰显民意

围绕服务型政府建设的要求设定绩效目标，注重社会导向，重视对群众利益需求的回应，发挥群众在绩效评估中的主体作用，逐步加大社会评议力度，绩效管理全过程向社会公开，保证绩效评估结果客观公正，突出了环保考核工作"为民、便民、利民"的民本理念。

7.4.3　重点实施专项绩效管理

协调有关部门对涉及重大公共决策、政策投资项目、财政资金的各类专项工作开展绩效考评。为推动重大项目前期工作进展和建设过程，积极推行重大项目绩效管理，建立健全各项制度，加强财政支出管理，提高财政资金使用效益，强化绩效责任。

7.4.4　把配套的组织建设作为基础工作来抓

随着绩效管理探索的不断深入，设立专门机构，已经成为深化行政管理体制改革的必然要求。江苏省委、省政府建立的省绩效管理工作联席会议制度，全面导入绩效管理理念和方法，深化推动党委政府管理革新。

7.4.5　实现全过程绩效管理

率先探索绩效管理新制度，遵循"过程导向"的管理理念，既重视结果，又重视过程，对整个管理过程进行追踪和控制，对绩效目标设定、绩效跟踪、绩效评价及结果反馈运用有机结合的管理新机制进行了有益的尝试，初步实现了事前、事中、事后的全过程绩效管理。

7.5　存在的问题

7.5.1　评估结果运用有待加强

将绩效评估结果作为评价机关及工作人员的重要依据，能够不断完善激励约束机制，使绩效管理工作成为发现问题、解决问题、提高绩效、推进发展的有效载体。但是，目前的评估结果运用不足，还有待加强。

7.5.2　相关制度需要完善

绩效评估缺乏目标审核、责任分解、过程监督、评估方法、改进提升、结果运用等相关配套制度体系，亟须注重创新理念思路、方式方法，推动绩效管理在发展中不断完善，建立有效机制，统筹整合和运用现有各类考核考评结果。

7.6　政策需求

7.6.1　需要形成多部门评估合力

环境绩效考核能否打破"自己考核自己"的模式，建立由江苏省环保厅、监察厅会同省发改委、经贸委、财政厅、建设厅、农业厅、国土资源厅、卫生厅、统计局、海洋与渔业局、质量技术监督局、交警总队等部门共同组成的考核主体。以上各部门根据考核方案的职能分工，结合环保目标责任书的相关目标，于每年年初对各自牵头考核的相关指标细化考核办法，报省环保厅汇总下达。省环保厅、监察厅要牵头形成对全省各市、县（区）上一年度环境保护工作的考核评价报告上报省政府。

7.6.2　需要有效衔接政府绩效考核与环境绩效评估考核

目前，江苏省除了开展整体的政府绩效管理，还开展了农村环境整治示范工作考核、省级环保专项资金绩效评价、生态文明建设工程考核等。这些评估考核存在着有机联系，需要加强衔接，要避免多头考核、标准不一等问题。要建立政府绩效管理与环境保护考核的衔接机制，将环保考核指标纳入政府绩效整体考核中，并增加环保指标的分量。

7.7 附件

附件 7-1　江苏省生态文明建设工程（生态省建设）考核细则（试行）

为深入贯彻落实科学发展观，大力推进生态文明建设工程，努力实现"2020年基本建成生态省"的奋斗目标，打牢率先全面建成小康社会，基本实现现代化的环境基础。根据《江苏省生态省建设考核办法》，制定本细则。

一、考核原则

坚持标准、实事求是、公开公平公正。

二、考核对象

各省辖市人民政府。

三、考核依据

1. 省人大批准实施的《江苏省生态省建设规划纲要》；

2. 省委、省政府《关于加快推进生态省建设全面提高生态文明水平的意见》《关于推进生态文明建设工程的行动计划》；

3. 环保部《关于印发〈生态县、生态市、生态省建设指标（修订稿）的通知〉》、江苏省生态省建设主要监测指标（修订稿）、江苏省"八项工程"监测统计年报和江苏省全面达小康、基本实现现代化指标体系（试行）；

4. 生态省建设领导小组下达的生态文明建设五年目标任务书和各市分解细化的年度目标任务书。

四、考核程序与方法

1. 考核采取各市总结自测自评与省检查考评相结合的方式进行。

2. 各省辖市政府在对全年生态文明建设情况进行回顾总结的基础上，依照《年度生态文明建设工程（生态省建设）考核评分表》完成自评打分，形成年度总结和自评报告，于次年 3 月底前报省生态办，同时按照考评内容准备"总体目标"、"重点工作"和"保障措施"落实情况的档案资料备查。

3. 省级考评由省生态办牵头，生态省建设领导小组主要成员单位领导任组长，有关部门和专家参加，必要时请纪检监察部门全程参与监督。

4. 省级考评采取专题汇报与实地考察、资料档案核查相结合的方式进行，实地考察内容由考核小组与被考核市政府确定，考核时间原则上不超过两天。考核工作在次年 4 月前完成。

5. 考核的最终评分由省生态办会同省有关部门认定。

五、考核结果运用

考核结果于 5 月上旬上报生态省建设领导小组，经过审批后适时公布。对考核排名前 5 名的省辖市进行表彰，对工作不力的进行批评。凡不能完成节能减排年度任务的省辖市，取消表彰资格。

六、指标体系与评分细则

考核指标包括"总体目标""重点工作""保障措施"3 个方面共 400 分，具体评分细则见《年度生态文明建设工程（生态省建设）考核评分表》。

年度生态文明建设工程（生态省建设）考核评分表

序号	考核目标	分值	计分说明	认定部门
一	总体目标	140		
1.1	非化石能源占一次能源消费比例	10	基本分 8 分，未达到当年目标要求不得分。 比例的绝对值 2 分，按从高到低顺序计分，第一名 2 分，第二名 1.8 分，余推，最后 3 名不得分	发改委
1.2	单位 GDP 能耗下降率	20	未达到当年目标要求不得分	经信委
1.3	单位工业增加值能耗下降率	10	基本分 6 分，未达到当年目标要求不得分。 能耗的绝对值 2 分，按从低到高顺序计分，第一名 2 分，第二名 1.8 分，余推，最后 3 名不得分。 能耗下降率 2 分，按从高到低顺序计分，第一名 2 分，第二名 1.8 分，余推，最后 3 名不得分	经信委

序号	考核目标	分值	计分说明	认定部门
1.4	单位 GDP 水耗	10	基本分 8 分，未达到当年目标要求不得分。 年度下降率 2 分，按从高到低顺序计分，第一名 2 分，第二名 1.8 分，余推，最后 3 名不得分	水利厅
1.5	万元地区生产总值二氧化碳排放降低率	10	基本分 6 分，未达到当年目标要求不得分。 万元地区生产总值二氧化碳量的绝对值 2 分，按从低到高顺序计分，第一名 2 分，第二名 1.8 分，余推，最后 3 名不得分。 年度下降率 2 分，按从高到低顺序计分，第一名 2 分，第二名 1.8 分，余推，最后 3 名不得分	发改委
1.6	主要污染物削减率	20	化学需氧量、氨氮、二氧化硫、氮氧化物四类主要污染物减排指标完成每项 5 分，未完成目标不得分	环保厅
1.7	空气环境质量	8	2012 年，各市空气环境优良以上天数比例完成目标 8 分，每少一个百分点减 1 分，2013 年度启用新标准后另行通知计算方法	环保厅
1.8	地表水水质	10	省控重点监测断面水质好于 III 类比例达标 5 分，每少一个断面减 0.5 分，减完为止。 省控重点监测断面水质劣于 V 类比例达标 5 分，每多一个断面减 0.5 分，减完为止	环保厅
1.9	城镇污水集中处理率	12	城市（县城）与建制镇污水集中处理率达标各 6 分，每少一个百分点减 1 分	住房和城乡建设厅
1.10	城乡生活垃圾无害化处理率	8	基本分 6 分，未达到当年目标要求不得分。 处理率的绝对值 2 分，按从高到低顺序计分，第一名 2 分，第二名 1.8 分，余推，最后 3 名不得分	住房和城乡建设厅

序号	考核目标	分值	计分说明	认定部门
1.11	城镇建成区绿化覆盖率	8	城市（县城）建成区与建制镇绿化覆盖率达标各4分，每少一个百分点减0.5分	住房和城乡建设厅
1.12	林木覆盖率	8	基本分6分，未达到当年目标要求不得分。 年度林木覆盖率增加值2分，按从高到低顺序计分，第一名2分，第二名1.8分，余推，最后3名不得分	林业局
1.13	自然湿地保护率	6	基本分4分，未达到当年目标要求不得分。 本年度新增自然湿地面积的绝对值2分，按从高到低顺序计分，第一名2分，第二名1.8分，余推，最后3名不得分	林业局
二	重点工作	140①		
2.1	深入推进节能减排行动	32		
2.1.1	落实节能减排各项措施	22	COD、SO₂排放强度达标各得5分	发改委
			推进重点用能单位节能工作得2分	经信委
			淘汰落后产能任务全面完成得2分	发改委经信委
			推进建筑节能工作得2分	住房和城乡建设厅
			万元工业增加值用水量降低幅度达标得2分。工业用水重复率达标得2分。农业灌溉用水有效利用率提高幅度达标得2分	水利厅
2.1.2	加快城镇环境基础设施建设	10	城镇污水厂运行负荷率达标得2分。建制镇污水处理设施覆盖率达标得2分。城镇污水处理厂尾水再生利用率达标得2分。污水处理厂污泥规范处理率达标得2分	住房和城乡建设厅
			规模化畜禽养殖场和养殖小区污染治理设施覆盖率达标得2分	环保厅

①文件为140，应为乘以一定权重系数所得。

173

序号	考核目标	分值	计分说明	认定部门
2.2	大力推进绿色增长行动	42		
2.2.1	实施最严格的环境准入和土地管理制度	14	制定落实相关规划，优化产业区域布局得2分	发改委
			建设项目环保"三同时"执行率达到98%得4分，达到95%以上得1分，出现重大项目环保违规不得分	环保厅
			单位GDP建设用地占用率达标得4分。耕地保有量达标得4分	国土厅
2.2.2	加快产业结构调整	6	高新技术产业产值占规模以上工业产值比重达标得2分	科技厅
			服务业增加值占地区生产总值比重达标得2分	发改委
			发展生态旅游，建成生态旅游示范区、省级旅游度假区、三星级以上乡村旅游点和国家3A以上旅游景区之一得2分	旅游局
2.2.3	积极发展循环经济与促进清洁生产	4	制定落实再生水利用、中水回用、各类再生资源回用等政策得2分	发改委 水利厅
			清洁生产企业通过验收比例达标得2分	经信委 环保厅
2.2.4	大力发展低碳经济	2	制定落实相关政策，加快建立以低碳排放为特征的产业体系、生产方式和消费模式得2分	发改委
2.2.5	积极发展生态农业	12	化学氮肥施用强度达标得2分。化学农药施用强度达标得2分。全面推广测土配方施肥得2分。推广施用高效低毒低残留农药、生物农药得2分。"三品"基地占耕地比例达标得2分。秸秆综合利用率达标得2分	农委
2.2.6	培育壮大节能环保产业	2	出台落实措施，促进节能环保产业健康发展得2分	经信委 环保厅

序号	考核目标	分值	计分说明	认定部门
2.2.7	推进环保科技创新	2	加大资金投入，组织开展生态文明建设相关基础和应用研究得 2 分	科技厅 环保厅
2.3	全面推进"碧水蓝天宜居行动"	58		
2.3.1	加强水污染防治	10	近岸海域水环境质量达标得 2 分	海洋渔业局 环保厅
			强化水质监控预警和应急能力建设得 2 分	住房和城乡建设厅、环保厅
			出台落实船舶污染防治政策措施得 1 分	交通厅
			按要求完成乡镇饮用水保护区划分保护工作得 1 分	环保厅
			集中式饮用水地表水源水质达标率达 100% 得 2 分，高于 95% 得 1 分。加快城乡统筹区域供水工程建设，达到年度目标得 2 分	住房和城乡建设厅 水利厅 环保厅
2.3.2	深入实施"蓝天工程"	18	开展 $PM_{2.5}$、O_3 监测系统构建得 2 分。加油站、油库、油罐车油气回收治理扎实推进 2 分。酸雨频率达标得 2 分，高于每 2 个百分点减 0.5 分，减完为止。机动车环保检测率达标得 2 分	环保厅
			按计划实施钢铁、水泥等行业烟气脱硫工程得 2 分。按计划实施火电厂等重点行业烟粉尘提标改造得 2 分。按计划开展挥发性有机物污染防治工作得 2 分。按计划实施 13.5 万 kW 以上燃煤机组和电力、水泥行业脱硝工程得 2 分	发改委 经信委 环保厅
			全面治理工地、道路、堆场、裸地扬尘得 2 分	环保厅 住房和城乡建设厅 国土厅

序号	考核目标	分值	计分说明	认定部门
2.3.3	强化重金属、固体废物和辐射污染防治	10	工业固体废物处置率达标得 2 分。强化对涉重企业的监管，重金属污染得到有效控制得 2 分。加强电磁环境监管，确保核与辐射安全得 2 分	环保厅
			实施餐厨垃圾利用、建筑垃圾利用、污泥资源化利用等项目得 2 分	住房和城乡建设厅
			规范医疗废物、危险废物处置得 2 分	卫生厅环保厅
2.3.4	全面实施农村环境综合整治	16	积极推进农村生活污水收集处理得 2 分。积极开展垃圾分类试点工作得 2 分	农委
			村庄环境整治率达标得 2 分。规划布点村庄生活污水覆盖率达标得 2 分	住房和城乡建设厅
			全面完成农村环境连片整治任务得 4 分	环保厅
			农村改厕达标得 2 分。扎实开展农村生活饮用水卫生监测得 2 分	卫生厅
2.3.5	持续改善城市人居环境	4	按期完成相关工程，改善城市内河水环境得 2 分	住房和城乡建设厅
			噪声环境质量达到功能区标准得 2 分	环保厅
2.4	扎实推进植树造林行动	12		
2.4.1	构建绿色屏障	8	规划实施沿江、沿海、沿湖、沿路、沿山体、沿河道绿化工作得 2 分。按期实施次生天然林、重要生态公益林保护重点工程任务得 2 分。在产业集中区建设绿化隔离带得 2 分。加强林木保护与抚育工作得 2 分	林业局
2.4.2	加强村庄绿化建设	2	完成绿色村庄建设任务目标得 2 分	林业局
2.4.3	提高城市绿化水平	2	城镇人均公共绿地面积达标得 2 分	住房和城乡建设厅

序号	考核目标	分值	计分说明	认定部门
2.5	积极推进生态保护与建设行动	26		
2.5.1	强化重要功能区保护和建设	4	受保护地面积占全市国土面积比例达标得 2 分	环保厅 国土厅
			积极加强自然保护区建设管理得 2 分	环保厅
2.5.2	加大湿地建设和保护力度	6	规划实施退耕退渔退养、还林还湖还湿地及湿地公园建设等工程得 2 分	林业局 海洋渔业局 农委
			建设恢复湿地面积达标得 2 分	林业局
			水面率达标得 2 分	水利厅
2.5.3	加大生态修复力度	6	开展地质灾害防治工作，落实相关防治措施得 2 分。完成关闭露采矿山地质环境治理年度工作任务得 2 分	国土厅
			积极开展土壤污染检测修复得 2 分	环保厅
2.5.4	加大生物多样性保护力度	6	积极组织实施生物多样性保护得 2 分。建立生物物种资源数据库得 2 分	林业局 环保厅
			实施珍稀濒危野生动植物拯救、乡土树种及地方园艺品种等特有物种保护工程得 2 分	林业局
2.5.5	完善生态补偿机制	4	积极组织研究生态补偿政策措施得 2 分。开展各类生态补偿机制试点得 2 分	发改委 财政厅 环保厅
2.6	继续推进生态示范创建行动	30		
2.6.1	深入开展生态示范创建活动	20	本市及下辖市（县、区）80% 以上建成生态市（县、区）得 15 分，50% 以上建成生态市（县、区）得 10 分，20% 以上建成生态市（县、区）得 5 分。本年度每新建成一个生态市（县、区）加 4 分，每新通过一个生态市（县、区）省级验收加 3 分。每新建成一个国家级生态乡镇得 2 分，每新通过一个生态乡镇省级验收加 1 分。出台得力措施，积极开展生态创建与生态文明建设试点的最高加 4 分。本条上限为 20 分，超过 20 分按 20 分计	环保厅

序号	考核目标	分值	计分说明	认定部门
2.6.2	提高全社会生态文明意识	10	积极开展"生态江苏在行动"等大型生态文明宣传教育活动得2分	环保厅文化厅
			推动绿色社区、绿色学校等"细胞创建"得2分	环保厅
			在中小学普及生态文明教育得2分	教育厅
			出台落实措施推进节约型、环保型机关建设得2分	机关管理局
			在党校等干部培训基地开设生态环保讲座得2分	省委组织部
三	保障措施	60		
3.1	加强组织领导	9	设立专门生态文明建设工程（生态市）领导机构得2分，定期召开相关生态文明建设工程（生态市）推进会议得1分	环保厅
			与省生态办等有关部门沟通协调密切，政令上行下达渠道畅通得1分。每月按时报送《生态文明建设工程简报》信息得1分。制订生态文明建设工程年度推进计划得2分	环保厅
			积极加强农村环保机构队伍建设得2分	环保厅省编办
3.2	严格监督考核	6	制定针对本市的生态文明建设工程考核管理办法，定期考核生态文明建设工程2分。把生态文明建设工程相关任务纳入全市总体奋斗目标考核体系中2分	环保厅
			考核结果与党政领导班子政绩评价挂钩2分	省委组织部
3.3	推进工程建设	5	结合"十二五"环保规划，梳理编制生态文明建设重点工程项目目录得2分。建立重点工程目标责任体系得1分。年度重点项目建设任务全面完成得2分	发改委环保厅

序号	考核目标	分值	计分说明	认定部门
3.4	拓宽投入渠道	6	环保投入占 GDP 比重达标得 4 分	统计局 环保厅 住建厅
			完善政府引导、市场运作、社会参与的多元化投入机制得 2 分	发改委 财政厅
3.5	强化监测监管	6	环境监测、监察、宣教、信息、应急、核与辐射、固废管理等标准化建设达到国家、省有关标准得 4 分，一项不达标减 0.5 分。加强生态环境监控平台建设，切实提高监控预警能力得 2 分	环保厅
3.6	强化执法监管	12	重大环境信访事项全部办结得 4 分，发生 1 件重大环境信访未办结的减 1 分，减完为止。年度未出现上级主管部门挂牌督办污染事件得 2 分。年度未出现因环境问题引发的重大群体性或群访事件得 2 分。年度未出现因监管不力导致的饮用水水源污染事件得 2 分。年度未被区域限批得 2 分	环保厅
3.7	完善经济政策	9	制定落实差别化环境价费政策得 2 分。推广排污权有偿使用和试点交易得 2 分	环保厅 财政厅
			对脱硫设施投运率不达标的电厂扣减脱硫电价得 1 分	物价局
			开展"绿色信贷"等业务，将企业节能减排、环保法律法规执行情况与金融信贷挂钩得 2 分	银监局 环保厅
			扩大化工、印染、造纸等高环境风险行业环境污染责任保险推行范围得 2 分	保监局 环保厅
3.8	引导公众参与	7	在政府网建立生态文明建设工程（生态市建设）专栏得 1 分	环保厅 省委宣传部
			群众对环境满意度得 6 分，高于全省平均值的六市按从高到低依次得 6 分至 1 分	统计局 环保厅
	总分	400		

附件7-2 江苏省农村环境连片整治考核验收评分标准

类别	指标名称	分值	评分标准
一、组织领导和工作推进	基本指标（17分）		
	1. 成立领导和工作机构	6	成立了政府主要领导或分管领导任组长、各有关部门和镇村共同参与的连片整治领导小组或联席会议，得2分；下设办公室，有固定办公场所和工作人员，得2分；落实专项工作经费，得2分
	2. 开展农村环境综合整治目标责任制试点	5	召开相关部门和镇村参加的连片整治动员大会，得1分；与有关部门和乡镇签订《农村环境连片整治目标责任书》，得1分；按照《关于开展农村环境综合整治目标责任制试点工作的通知》要求开展试点工作，得3分
	3. 工作推进和现场调度	4	领导小组组长召集各有关部门和镇村召开工作推进会或协调会，有效解决示范工作推进中遇到的各种问题，得2分；领导小组办公室建立定期现场调度制度，有效加快示范工程进度，得2分
	4. 执行信息上报制度	2	每月5日前，及时上报月度信息，得1分；每季度第一个月的5日前，及时上报上一季的季度分析报告，得1分
	加分指标（1分）		
	5. 成立现场指挥机构	1	成立由政府分管领导统一指挥、有关部门负责同志现场集中办公、示范镇村积极参与的连片整治前线指挥部，加1分
二、工程建设和项目管理	基本指标（24分）		
	6. 工程项目完成情况	8	示范工程项目按照备案计划和《农村环境连片整治目标责任书》的要求按时完成，得4分；工程规模和受益人口不缩水、不打折，得4分
	7. 执行基本建设程序和建设项目管理制度	8	严格履行立项、可研（或初步设计）、规划许可、土地使用许可、环境影响评价等基本建设程序，相关文件保存完备，得4分；严格履行招投标制（政府采购制）、公告制、监理制、合同制等建设项目管理制度，相关文件保存完备，得4分

类别	指标名称	分值	评分标准
二、工程建设和项目管理	8. 县级自验连片整治示范工作	8	按照《江苏省农村环境连片整治示范工作考核验收暂行办法》的有关要求，制定县级自验实施办法或细则，按时完成连片整治工作的县级自验，并及时申请市级复核和省级考核，得4分；示范工程项目建设质量合格，达到工程建设相关标准，有完备的工程质量验收材料，且污水处理设施和畜禽粪污处理设施尾水达标排放，有县级以上环境监测部门出具的验收监测报告，得4分
	加分指标（2分）		
	9. 建立示范工程项目管理相关制度	2	示范县（市、区）制定连片整治工程项目管理办法，加1分；省辖市环保、财政部门制定了市级复核实施办法或细则，所属示范县（市、区）加1分
三、资金投入和财务管理	基本指标（21分）		
	10. 落实县级财政配套资金	7	按照《农村环境连片整治目标责任书》和备案计划的要求足额落实县级财政配套资金，得7分
	11. 合法、合规使用专项资金	8	示范工作结束后，县级以上审计部门组织专项资金审计工作，得2分；未发现截留、挤占、挪用专项资金的情况，得4分；按照政务公开的要求，将专项资金使用情况在当地政府门户网站和受益村庄进行公示，得2分
	12. 执行县级财政报账制度	6	严格执行县级财政报账制度，连片整治专项资金设置专账管理，各项财务档案齐全，得4分；根据工程项目建设进度，适时拨付专项资金，保证项目顺利实施，得2分
	加分指标（5分）		
	13. 加大资金投入力度	3	县级财政配套资金超过应配套数额较多，加1分；整合涉农部门资金较多，集中投入示范片区，联动开展农村环境综合整治，加1分；镇村自筹资金用于连片整治示范工程建设，加1分

类别	指标名称	分值	评分标准
三、资金投入和财务管理	14. 建立专项资金管理相关制度	2	示范县（市、区）制定连片整治专项资金管理办法，加1分；制定县级财政报账办法（或实施细则），加1分
四、农村环保体制机制建设	基本指标（24分）		
	15. 建立农村基层环保机构和队伍	4	示范片区涉及乡镇设立环保办公室，配备专职环保工作人员，得2分；行政村设有环保监督员，得2分
	16. 建立农村污染防治设施长效管理制度	10	农村生活垃圾、生活污水、畜禽养殖、医疗废物等污染防治设施纳入农村集体资产统一管理，并指定管理责任部门，得2分；制定了农村污染防治设施运行管理办法，得2分；落实运行维护经费筹措渠道，得2分；落实运行维护队伍，得2分；设施运行正常，能够达标排放，并有台账记录，得2分
	17. 建立农村环境监测、监察制度	4	制定了农村环境质量和污染防治设施例行监测实施方案，开展例行监测，得2分；制定农村环境监察实施方案，开展例行监察工作，得2分
	18. 开展农村环保宣传教育	4	利用各种媒体宣传连片整治，得1分；县级环保部门每年对乡镇环保工作人员、村庄环保监督员进行一次培训，得1分；示范片区乡镇每年开展一次环保宣传活动，得1分；示范工程项目设立永久规范的标志牌，得1分
	19. 推广农村环保实用技术	2	根据地方自然条件和社会经济条件，推广费用投入省、运行成本低、处理效果好、操作简便易行、维护管理方便的农村环保实用技术，得2分
	加分指标（2分）		
	20. 农村环保体制机制推广	2	15～19项在全县范围内推广，加1分；农村环保体制机制创新成果在省级以上范围推广，加1分

类别	指标名称	分值	评分标准
五、示范工作实施成效	基本指标（14 分）		
	21. 完成环境治理目标	5	达到《农村环境连片整治目标责任书》和备案的实施计划规定的环境治理目标：开展生活污水治理的区域，污水处理率达到60%，太湖流域规模在 500 t/d 以上的污水处理设施污染物排放应满足《城镇污水处理厂污染物排放标准》一级 A 标准，规模在 500 t/d 以下的污水处理设施污染物排放应满足《城镇污水处理厂污染物排放标准》一级 B 标准；非太湖流域规模在 500 t/d 以上的污水处理设施污染物排放应满足《城镇污水处理厂污染物排放标准》一级 B 标准，规模在 500 t/d 以下的污水处理设施排放的 COD 和氨氮应满足《城镇污水处理厂污染物排放标准》一级 B 标准 开展生活垃圾治理的区域，生活垃圾定点存放清运率达到100%，无害化处理率达到70%，垃圾中转站渗滤液按照《生活垃圾转运站技术规范》要求妥善处理 开展非规模化畜禽养殖污染治理的区域，畜禽粪便综合利用率达到70%，畜禽粪污经处理后达标排放 开展饮用水水源地污染防治、农业面源污染防治和遗留工矿污染治理等项目，应达到备案计划确定的预期治理目标
	22. 解决区域环境问题	3	通过农村环境连片整治示范工作，基本解决示范区域的主要环境问题（限于连片整治专项资金支持的内容），得 3 分
	23. 连片整治专项资金投入效益比	4	评估连片整治专项资金单位投入产出的环境成效： 开展生活污水治理的县（市、区）评估"单位投入新增污水收集、处理能力 [t/（a·万元）]""单位投入新增 COD 减排能力 [t/（a·万元）]""单位投入新增氨氮减排能力 [t/（a·万元）]"； 开展生活垃圾治理的县（市、区）评估"单位投入新增生活垃圾收集、清运能力 [t/（a·万元）]"；

类别	指标名称	分值	评分标准
五、示范工作实施成效	23. 连片整治专项资金投入效益比	4	开展畜禽养殖污染治理的县（市、区）评估"单位投入新增畜禽粪污处理和综合利用能力［t/（a·万元）］"； 开展生活污水、生活垃圾和畜禽养殖污染治理的县（市、区）也可根据实施的工程项目增加环境成效评估指标； 开展饮用水水源地污染防治、农业面源污染防治和遗留工矿污染治理的县（市、区）的单位投入产出的环境成效评估指标根据建设内容自行确定
	24. 群众对环境质量的满意度	2	示范片区90%的群众对环境状况表示满意，得2分
	加分指标（2分）		
	25. 环境综合整治成效显著	2	示范片区内开展连片整治的规划保留村庄配套实施农村环境综合整治，打造示范亮点，加1分；示范区内非规划保留村庄因地制宜解决垃圾的收集工作、运用三格式或四格式化粪池解决生活污水处理，开展投入少、效果好的整治工作，加1分

注：以上各基本指标项未落实的则相应扣分。

第8章

辽宁省政府环境绩效评估与管理实践

2015 年起，辽宁省政绩考核将环保列为重点，并且由相关部门制定了"5 + 2"考核指标体系。2015—2016 年，辽宁省政府相继印发了《辽宁省水污染防治工作方案》及《辽宁省土壤污染防治工作方案》，明确提出对地方环保工作进行严格评估考核。辽宁省的政府绩效考核具有独特的省直部门节点管理系统以及年度指标考核系统等机制，并且其考核结果与干部交流运用密切相关。总结来看，辽宁省的政府绩效考核工作存在着考核指标复杂、考核量化指标没有参考值、考核指标制定不科学以及考核多头、分散、多部门等问题，下一步需要完善环境质量信息的监测数据和政府公开、建立科学统一的环境绩效管理制度以及建立各类环境绩效评估考核衔接机制。

8.1 基本情况

8.1.1 政府绩效管理

2015 年起，辽宁省政绩考核将环保列为重点。辽宁省政府相关部门制定了"5 +2"考核指标体系。"5"即经济建设、政治建设、文化建设、社会建设、生态文明建设，"2"即人民幸福和改革发展。在细化考核的 68 项内容里，将重点考核资源消耗、环境损害、生态效益、产能过剩等指标。考核于每年 4 月开始，不仅细化分解各项指标，还采取每月一调度、一季度一考核并进行排名的方式，年终公布排名结果。同时还首次引进公众评议和专家评估，最大限度调动社会各界给政府绩效打分。考核指标将更加注重转方式、调结构、促改革、惠民生，既看发展成果又看发展代价，使考核由原单纯比经济总量、比发展速度，转变为比发展质量、发展方式和发展后劲，有效引导各市政府根据战略定位、发展重点和区域特色，协调经济发展与人口、资源、环境的关系。对排名靠前的市政府将给予通报表扬，成绩差的予以通报批评，并对主要领导及相关责任人实行约谈和问责，重点整治不作为和慢作为现象。考核结果将作为领导班子和领导干部考核评价和选拔任用的参考依据。

2016 年 4 月 24 日，辽宁省人民政府发布《关于加强县级财政管理的若干意见》，提出加强组织领导。省政府对县级财政管理工作实施绩效考核评价并强化结果运用，省财政转移支付资金在同等条件下优先安排管理绩效较好的县（市、区），对于绩效较差的减少或者停止安排，考核评价具体办法由省财政厅另行制定。

2016 年 9 月 14 日，辽宁省人民政府印发《辽宁省国民经济和社会发展第十三个五年规划纲要》，其中第十五章（强化规划实施　实现宏伟发展蓝图）第一节（发挥党的领导核心作用）提出加强党的各级组织建设。强化基层党组织整体功能，发挥好基层党组织战斗堡垒作用，完善领导班子和领导干部实绩考核评价体系和奖惩机制，激发各级领导干部干事创业的积极性。第二节（加强规划分工落实）提出分解落实任务。分解本规划确定的发展目标、主要任务，明确牵头单位和工作责任，加大绩效考核力度。国民经济和社会发展年度计划、财政预算计划要按照本规划明确的目标和任务，明确年度目标、工作指标和推进措施。第五节（加强实施监督评估）提出依法开展规划实施的监督和评估，强化动态管理，努力提高规划实施的效果。加强规划实施评估。根据有关法律，开展规划实施情况中期评估，评估报告提请省人大常委会审议。创新评估方式，引入社会机构参与评估，增强规划评估的准确性和广泛性。完善规划指标统计制度，为科学评估提供支撑。

2016 年 11 月 20 日，辽宁省人民政府印发《辽宁省权责清单管理办法》，政府及有关部门应当将推行权责清单工作纳入考核指标体系，建立行政问责和绩效考核管理制度。

8.1.2　环境绩效评估与管理

2015 年 12 月 31 日，辽宁省人民政府印发《辽宁省水污染防治工作方案》严格目标任务考核。省政府与各市政府签订水污染防治目标责任书，分解落实目标任务，切实落实"党政同责""一岗双责"。每年分流域、区域、海域对工作方案实施情况进行考核，考核结果向社会公布，并以此作为对领导班子和领导干部综合考核评价的重要依据和水污染防治相关资金分配的参考依据。

2016 年 3 月 4 日，辽宁省人民政府印发的《辽宁省国民经济和社会发展第十三个五年规划纲要》第十一章第四节中提出健全考核评价和责任追究制度。加快构建生态文明建设评价体系，建立和完善生态价值评价、安全评价、环境影响评价制度。建立健全领导干部资源环境离任审计制度、生态文明绩效考核和环境损害责任追究制度。落实省以下环保机构监测监察执法垂直管理制度。

2016 年 6 月 19 日，辽宁省人民政府办公厅发布《辽宁省推进农业水价综合改革方案》以加强监督考核。将农业水价综合改革工作纳入落实最严格水资源管理制度考核的重要内容，对照本方案和各市工作方案确定的年度改革目标任务，每年对各市政府进行考核。对敷衍塞责、拖延扯皮、屡推不动、重视不够、研究甚少、贯彻不力的依法依规问责追责。同时与省农田基本建设"大禹杯"竞赛考核挂钩，通过项目和资金倾斜，奖优罚劣，奖勤罚懒。

2016 年 8 月 24 日，辽宁省人民政府印发《辽宁省土壤污染防治工作方案》，严格评估考核。根据国务院与省政府签订的土壤污染防治目标责任书，省政府适时与各市政府签订土壤污染防治目标责任书，分解落实目标任务，分年度对各市重点工作进展情况进行评估，2020 年对各市土壤污染防治工作方案实施情况进行考核，评估和考核结果作为对领导班子和领导干部综合考核评价、自然资源资产离任审计的重要依据。评估和考核结果作为土壤污染防治专项资金（国家切块下达部分）分配的重要参考依据。

2016 年 9 月 23 日，中共辽宁省委办公厅、辽宁省人民政府办公厅印发《辽宁省党政领导干部生态环境损害责任追究实施细则（试行）》，该细则第十一条规定党委及其组织部门在党政领导班子成员选拔任用工作中，应当按规定将资源消耗、环境保护、生态效益等情况作为考核评价的重要内容，对在生态环境和资源方面造成严重破坏负有责任的干部不得提拔使用或者转任重要职务。第十二条规定实行生态环境损害责任终身追究制。对违背科学发展要求、造成生态环境和资源严重破坏的，责任人不论是否已调离、提拔或者退休，都应当严格追责。

2016 年 9 月 29 日，辽宁省人民政府办公厅印发《辽宁省秸秆焚烧防控责任追究暂行规定》，规定地方政府、相关部门、社区、村自治组织和秸秆焚烧防控工作相关人员如果未将秸秆禁烧工作纳入政府绩效考核指标体系应追究责任。对受到责任追究的地方政府、相关部门及秸秆焚烧防控工作相关人员，取消当年年度考核评优和评选各类先进的资格。

8.2 主要做法

8.2.1 政府绩效管理

8.2.1.1 实施范围

根据"两个考核办法"的要求，按照各市区位条件、发展基础、资源禀赋、功能定位和省直部门工作职能、业务特点，划分为 4 种类型，实施分类考核、分类评价。各市考核对象为特大城市、沿海中等城市、东部山区和辽西北地区市级党委、人大、政府、政协领导班子和领导干部。省直部门考核对象为省直经济建设部门、行政综合服务管理部门、党群部门和政法机关领导班子和领导干部。

1. 各市部门

辽宁省行政绩效考核办按照区位条件、发展基础、资源禀赋和功能定位，把14 个市分为 4 种类型，实行分类考核、分类评价。

第一种类型（特大城市）：沈阳、大连 2 个市。

第二种类型（沿海中等城市）：锦州、营口、盘锦、葫芦岛 4 个市。

第三种类型（东部山区）：鞍山、抚顺、本溪、丹东、辽阳 5 个市。

第四种类型（辽西北地区）：阜新、铁岭、朝阳 3 个市。

4 种类型地区分别设置不同的区域特色指标，每个市设置本市特色指标。

2. 省直部门

1）经济建设部门（32 个）

包括省发展改革委、省经济和信息化委、省科技厅、省财政厅、省国土资源厅、省环保厅、省住房和城乡建设厅、省交通厅、省农委、省水利厅、省林业厅、省海洋渔业厅、省商务厅、省文化厅、省国资委、省地税局、省新闻出版广电局、省体育局、省旅游局、省政府金融办、省中小企业局、省畜牧局、省经合局、省知识产权局、省农垦局、省地勘局、东煤地质局、省有色地质局、省核工业地质局、省供销社、辽宁出版集团、省农信社。

2）行政综合服务管理部门（24 个）

包括省政府办公厅、省教育厅、省民族事务委员会、省民政厅、省人力资源社会保障厅、省卫生计生委、省审计厅、省外办、省工商局、省质监局、省安全生产监管局、省食品药品监管局、省统计局、省政府法制办公室、省政府研究室、省人防办、省机关事务管理局、省物价局、省测绘地信局、省政府发展研究中心、省两岛管委会、省社科院、省农科院、辽宁行政学院。

3）党群部门（31 个）

包括省委办公厅、省委组织部、省委宣传部、省委统战部、省委政法委、省委政研室、省台办、省编委办、省直机关工委、省信访局、省委老干部局、省委党校、省社会主义学院、《辽宁日报》社、辽宁党刊集团、省档案局（馆）、省总工会、团省委、省妇联、省科协、省社科联、省文联、省作协、省贸促会、省残联、省红十字会、省对外友协、辽宁广播电视大学、辽宁经济管理干部学院、辽宁公安司法管理干部学院、辽宁援疆指挥部。

4）政法机关（9 个）

省公安厅、省国家安全厅、省司法厅、省监狱管理局、省法院机关、省检察院机关、大连海事法院、沈阳铁路运输中级人民法院、省检察院沈铁分院。

8.2.1.2　评估内容及指标体系

包括部门评价、民主测评、领导评价、公众评议 4 个方面内容。其中，部门评价即为指标考核，主要是依据党中央、国务院和省委、省政府的重大决策部署以及省委工作要点、省政府工作报告和“十三五”时期目标任务，确定指标考核内容。对于省委、省政府临时交办的重要任务，将设置专项考核实施方案。

1. 各市指标考核内容及权重设置

1）考核内容

（1）个性指标

包括稳增长指标和特色指标。特色指标分为区域特色和各市特色2类指标。

（2）共性指标

包括经济建设、政治建设、文化建设、社会建设、生态文明建设和深化改革、党的建设共7大类指标。

2）权重设置

见表8-1和表8-2。

表8-1　辽宁省领导班子和领导干部工作实绩考核共性指标

一级指标	二级指标	权重	考核主体
稳增长	地区生产总值	30%	省发展改革委
	固定资产投资		省发展改革委
	一般公共预算收入		省财政厅
	规模以上工业增加值		省经济和信息化委
	社会消费品零售总额		省商务厅（省服务业委）
	出口总额		省商务厅（省外经贸厅）
	城乡居民收入		省发展改革委等
深化改革	供给侧结构改革	10%	省经济和信息化委、省发展改革委、省科技厅、省商务厅（省服务业委、省外经贸厅）、省农委、省中小企业局、省政府金融办、省地税局、省住房和城乡建设厅、省财政厅、省工商局等
	行政管理体制及政府审批制度改革		省编委办
	商事制度改革		省工商局
	国有企业、事业单位改革		省国资委、省编委办、省人力资源和社会保障厅、省财政厅
	财税体制和投融资制度改革		省财政厅、省地税局、省发展改革委、省政府金融办
	城乡一体化改革		省农委、省国土厅、省住房和城乡建设厅等

一级指标	二级指标	权重	考核主体
经济建设	项目建设	15%	省发展改革委、省经济和信息化委、省农委、省商务厅（省服务业委、省外经贸厅）、省科技厅、省住房和城乡建设厅、省水利厅、省交通厅等
	传统产业转型升级		省经济和信息化委、省发展改革委、省科技厅等
	战略性新兴产业发展		省发展改革委、省经济和信息化委等
	服务业发展		省商务厅（省服务业委）、省科技厅、省经济和信息化委、省政府金融办、省交通厅、省旅游局、省住房和城乡建设厅等
	新型城镇化建设		省住房和城乡建设厅
	现代农业发展		省农委、省水利厅、省畜牧局等
	民营经济发展		省中小企业局、省发展改革委、省政府金融办、省财政厅等
	创新驱动		省科技厅、省知识产权局等
政治建设	民主政治建设	5%	省委办公厅、省人大办公厅、省政府办公厅、省政协办公厅、省民委等
	法治建设		省委政法委、省政府法制办、省司法厅等
	自身建设		省委组织部、省直机关工委、省政府办公厅、省发展改革委、省人力资源和社会保障厅、省政府法制办、省监察厅等
文化建设	现代公共文化服务	5%	省文化厅、省新闻出版广电局
	文化体育事业发展		省文化厅、省新闻出版广电局、省体育局等
	全民文化素质提升工程		省文化厅、省新闻出版广电局
社会建设	精准扶贫脱贫	5%	省扶贫办、省民政厅、省财政厅等
	就业创业		省人力资源社会保障厅、省教育厅
	民生保障		省人力资源社会保障厅、省民政厅、省交通厅等
	教育卫生		省教育厅、省卫生计生委等
	社会治理		省公安厅等

一级指标	二级指标	权重	考核主体
生态文明建设	蓝天工程	5%	省环保厅等
	碧水工程		省环保厅、省水利厅
	青山工程		省林业厅等
	沃土工程		省农委、省国土厅、省环保厅、省畜牧局等
	生态工程		省环保厅等
党的建设	思想政治建设	20%	省委组织部、省委宣传部
	组织建设		省委组织部
	作风建设		省纪委、省委组织部
	党风廉政建设		省纪委
	落实全面从严治党责任		省委组织部、省纪委
	统战群团工作		省委统战部、省总工会、团省委、省妇联

表 8-2 辽宁省领导班子和领导干部工作实绩考核个性指标

城市类型	权重	类别	指标名称	分值
特大城市	5%	特大城市区域特色	沈大国家自主创新示范区和"双创"示范基地建设	10
			区域性金融中心建设	10
			国家新型城镇化综合试点	5
		沈阳特色	中德（沈阳）高端装备制造产业园建设	10
			沈阳新松智慧园建设项目	5
			全面创新改革试验区建设	10
		大连特色	自由贸易试验区建设	10
			金普新区建设	10
			中日韩循环经济示范基地建设	5
沿海中等城市	5%	沿海中等城市区域特色	临港产业发展	10
			海洋资源开发与优势产业发展	10
			海洋生态环境监测与保护	10
		锦州特色	货物海铁联运	10
			辽西区域金融中心建设	10

城市类型	权重	类别	指标名称	分值
沿海中等城市	5%	营口特色	忠旺（营口）专用车项目开工建设	10
			"营满欧"大陆桥基础设施建设	10
		盘锦特色	湿地生态保护与管理	10
			兵器精细化工及原料工程开工建设	10
		葫芦岛特色	承接京津冀先导区和示范区建设	10
			铝业挤压型材项目建设	10
东部山区	5%	东部山区区域特色	生态功能区保护管理	10
			水源涵养	10
			特色旅游	10
		鞍山特色	钢铁精深加工产业建设	10
			国家新型城镇化综合试点	10
		抚顺特色	大伙房水源保护区综合治理	10
			转型创新试验区创建	10
		本溪特色	本溪药都	10
			绿色钢都建设	10
		丹东特色	国家重点开发开放试验区建设	10
			国家新型城镇化综合试点	10
		辽阳特色	芳烃及精细化工产业基地建设	10
			铝合金精深加工集群建设	10
辽西北地区	5%	辽西北地区区域特色	生态环境建设	10
			特色农业发展	10
			文化旅游产业发展	10
		阜新特色	资源型城市转型发展	10
			液压装备产业集群提升改造	10
		铁岭特色	农村综合产权交易市场建设	10
			保税物流中心运行	10
		朝阳特色	参与京津冀协同发展	10
			农产品加工园区建设	10

2. 省直部门指标考核内容及权重设置

1）考核内容

（1）个性指标

①重点工作：省委工作要点及主要事项，省政府工作报告主要任务，省委、省政府临时交办的重要任务，争取国家政策、项目、资金等支持。省直经济建设部门重点考核"稳增长"指标。

②职责工作：上级部门部署的重点任务，"三定"规定主要职责，"十三五"规划确定的年度重点任务，本部门年度工作要点和主要任务。

（2）共性指标

①规定工作：精准扶贫、生态文明建设、依法履职、"两代表一委员"建议提案办理、生产安全、社会治安综合治理、绩效管理。

②党的建设：思想政治建设、组织建设、作风建设、党风廉政建设、统战群团工作、落实全面从严治党责任。

2）权重设置

个性指标权重占70%，共性指标权重占30%（其中规定工作指标权重占10%，党的建设指标权重占20%），见表8-3。

市级和省直部门领导干部考核内容，包括德、能、勤、绩、廉、作风6个方面。

表8-3　2016年度省直党群部门领导班子和领导干部工作实绩考核指标体系

类别	一级指标	二级指标	权重	考核主体
个性指标	重点工作	省委工作要点及主要事项	70%	省考核办
		省政府工作报告主要任务		
		争取国家政策、项目、资金等支持		
	职责工作	上级部门部署的重点任务		
		"十三五"规划确定的年度重点任务		
		本部门年度工作要点和主要任务		
		"三定"规定主要职责		

类别	一级指标	二级指标	权重	考核主体
共性指标	规定工作	精准扶贫	10%	省直机关工委、省委组织部、省扶贫办
		生态文明建设		省环保厅等
		依法履职		省委政法委、省法制办
		"两代表一委员"建议提案办理		省委办公厅、省委组织部、省政府办公厅
		生产安全		省安全生产监管局
		社会治安综合治理		省委政法委（省综治办）
		绩效管理		省考核办
	党的建设	思想政治建设	20%	省直机关工委、省纪委机关、省委办公厅、省委组织部、省委宣传部、省委统战部、省委政法委、省委政研室、省总工会、团省委、省妇联
		组织建设		
		作风建设		
		党风廉政建设		
		落实全面从严治党责任		
		统战群团工作		

8.2.1.3　考核方式方法及步骤

采取过程考核与年度考核相结合的方式进行。在考核过程中，通过明察暗访、实地查验等方法，对指标任务完成情况进行现场勘验、核验数据、查证实效，加大察访核验力度。

1. 过程考核

考核对象按照"月调度、季小结"的管理频率，对考核指标进行实时跟踪调度，及时发现问题，持续改进提升工作，确保优质高效完成工作任务。省考核部门依据确定的时间节点进度，通过考核信息系统实现全过程动态监控，比对考核信息系统填报内容以及实地察访核验结果，对考核对象节点任务完成情况进行跟踪管理，对考核对象工作完成情况进行半年、第三季度考核。对各市的过程管理由省考核办组织省考核部门实施；对省直部门的过程管理由省考核办会同有关部门实施。

2. 年度考核

采取部门评价、民主测评、领导评价和公众评议相结合的方式进行年度考核。

（1）部门评价：由省直相关部门对个性指标、共性指标进行考核评价。

（2）民主测评：采取召开民主测评大会、述职述廉、填写民主测评表和个别谈话听取意见等方式进行。

（3）领导评价：对各市工作实绩情况，由省领导进行评价；对省直部门工作实绩情况，由分管省领导进行评价。

（4）公众评议：委托第三方机构，从"两代表一委员"、管理服务对象、社会公众中抽取评议人员，对各市经济社会发展、民生改善等重点工作进行评议；对省直部门贯彻落实重大决策部署、履行工作职责、自身建设等方面情况进行评议。

年度考核工作由省考核办牵头组织实施。省考核部门对各市指标和省直部门规定工作指标进行考核；省考核办组织有关人员成立考核组，对各市指标进行察访核验，对省直部门指标进行考核和察访核验，组织召开民主测评大会，开展民主测评和个别谈话；省考核办组织开展省领导评价，委托第三方实施公众评议。

8.2.1.4　考核结果评定和使用

省考核办根据部门评价、民主测评、领导评价、公众评议结果，初步确定考核成绩和等次，报省领导班子和领导干部工作实绩考核领导小组审核后，提请省委常委会审定，最终确定考核等次。

1. 考核结果评定

1）成绩构成

（1）领导班子工作实绩考核得分 = 年度考核得分（部门评价得分 × 75% + 领导评价得分 × 15% + 民主测评得分 × 5% + 公众评议得分 × 5%）× 80% + 过程考核得分 × 20% + 加分 − 减分。

加分减分：获得党中央、国务院综合性表彰奖励的每次加 3 分，获得省委、省政府综合性表彰奖励的每次加 2 分，加分之和不超过 10 分；受到党中央、国务院及有关部门通报批评的每次减 3 分，受到省委、省政府及有关部门通报批评的每次减 2 分，虚报、瞒报或随意更改数据的，每次减 1 分。

（2）领导干部工作实绩考核得分 = 年度考核得分（民主测评得分 × 40% +
领导评价得分 × 40% + 个别谈话得分 × 20%）× 80% + 过程考核得分 × 20%。

2）等次评定

领导班子工作实绩考核结果分为好、较好、一般、较差 4 个等次。领导干部
工作实绩考核结果分为优秀、称职、基本称职、不称职 4 个等次。领导班子中发
生违纪违法行为的不得评为好等次，因工作出现重大失误造成严重后果产生恶劣
影响的，不得评为好和较好等次，主要领导、有关领导不得评为优秀等次。

2. 考核结果使用

考核结果与奖金挂钩、与评先选优挂钩、与干部管理使用挂钩。省委、省政
府对评定为好等次的市级领导班子予以表彰，对评定为一般以上等次的省直属部
门，按等次分别发给奖金。对评定较差等次的领导班子，约谈其主要负责人，连
续两年评为较差等次的，调整其主要负责人工作岗位。对评定为基本称职以下等
次领导干部，对其进行约谈，不得列入拟提拔人选考察对象和后备干部人选；对
评定为不称职或连续两年为基本称职等次的，进行组织调整。

8.2.2　环境绩效考核

8.2.2.1　考核内容

环境绩效考核属于政府实绩考核，包括省考核办对省环保厅的工作实绩考核
个性指标（表 8-4）和省环保厅代表省政府对各市部门的环境绩效考核。

表 8-4　省环保厅工作实绩考核个性指标

指标类别	指标名称	分值
量化指标	争取中央资金拉动投资	6
	淘汰黄标车和老旧车	6
	化学需氧量下降	6
	氨氮排放量下降	6
	二氧化硫排放量下降	6
	氮氧化物排放量下降	6
	细颗粒物（$PM_{2.5}$）浓度	6

指标类别	指标名称	分值
重点任务	依法加强环境监察执法，清理整顿环保违法违规建设项目	4
	实施水污染防治行动计划，推进水污染防治	4
	水生态保护	4
	水资源管理	4
	推进大伙房水源保护区综合治理	4
	加强入海排污口环境整治	4
	推进燃煤和主要污染物总量控制	4
	推进工业提标改造工程，提高秸秆禁烧管控	4
	组织实施监测预警工程	4
	农村环境综合整治	4
	加强重点生态功能区保护与管理	4
	加强边境地区跨界水质监测和应急能力建设	4
	推进松辽平原等重点湿地保护，全面禁止湿地开垦，在有条件的地区开展退耕还湿	4
职责工作	危险废物集中安全处置	2
	加快在线监控能力建设，实现国控企业自动监控系统建设全覆盖	2
	省、市、县三级联动环评审批平台建设	2

2016 年度，省环保厅对各市的环境绩效考核共有 5 个共性指标，一是淘汰黄标车和老旧车（10 分）；二是化学需氧量、氮氧化物排放量下降 2%，二氧化硫、氮氧化物排放量下降 3%（10 分）；三是城市空气质量优良天数与细颗粒物（$PM_{2.5}$）浓度（10 分）；四是饮用水水源、河流断面、水功能区水质（10 分）；五是生态功能区保护与生态县创建（5 分）。

8.2.2.2 考核方式

市级领导班子工作实绩考核，采取年度考核和过程考核相结合的方式进行。

年度考核一般在每年年底或翌年年初组织实施，采取部门评价、民主测评、领导评价和公众评议方式进行。省环保厅有针对不同部门的评价，其他评价由省考核办组织实施。

过程考核主要是根据工作标准确定的时间节点进行，通过考核信息系统实现动态监控，确保重点工作任务全面、高质、高效完成。省环保厅 2015 年度每项考核指标的过程评价是每季度开展一次，为减轻各市工作量，2016 年度简化了设置节点的指标和考核频次，仅第二、第三季度开展节点考核。

8.2.2.3　考核结果评定

考核结果按百分制计算，其中，年度考核权重占 80%，过程考核权重占 20%。

受到党中央、国务院和省委、省政府综合性表彰奖励和通报批评的可加分和减分。

领导班子工作实绩考核结果分为好、较好、一般、较差 4 个等次。

8.2.2.4　考核结果的应用

市级领导班子工作实绩考核结果与奖金挂钩、与评先选优挂钩、与干部管理挂钩。

8.3　主要成效

2015 年，全省城市环境空气质量达标天数比例平均为 71.5%，超标天数比例平均为 28.5%，其中重度以上污染天数比例为 4%。全省 PM_{10} 年均浓度与 2006 年相比下降了 10.6%；二氧化硫年均浓度与 2006 年相比下降 23.1%；二氧化氮年均浓度与 2006 年持平。2016 年上半年，辽宁空气质量有所改善，$PM_{2.5}$ 和 PM_{10} 浓度较上年同期分别改善了 16.4% 和 16.5%；平均达标天数为 133 天，环境空气质量达标比率为 74.3%，同比改善了 4.8%。其中，抚顺、辽阳和葫芦岛 $PM_{2.5}$ 和 PM_{10}，上半年改善幅度均位于全省前列；朝阳、本溪、大连、阜新和鞍山的达标天数，分列全省前 5 位；鞍山、沈阳、朝阳、阜新和葫芦岛，达标天数比例改善幅度较大。

辽河流域水质为中度污染，首要污染物仍为氨氮，水质总体比"十一五"末期明显改善；15 座水库水质总体保持良好，54 个城市集中式生活饮用水水源地水质总达标率为 98.9%；近岸海域水质以优良为主，丹东、大连、锦州和葫芦岛海域功能区水质达标率为 100%；道路交通声环境质量等级为好；全省生态环境质量为良，长海、新宾、清原等9个县域生态环境质量为优。

经环保部核查核算，到2015年年底，辽宁省全面完成"十二五"主要污染物总量减排目标。全省化学需氧量排放量116.75万t，比2010年下降了15%；氨氮排放量为9.63万t，比2010年下降了14.41%；二氧化硫排放量为96.88万t，比2010年下降了17.34%；氮氧化物排放量为82.81万t，比2010年下降18.83%。

2016年上半年，辽宁省环境执法人员累计检查燃煤锅炉共2 535台，其中工业燃煤锅炉803台、供暖燃煤锅炉1 359台、服务业燃煤锅炉373台。发现环境违法问题248个，立案查处217件，下达罚款1 500余万元，其中按日连续处罚5件，罚款总额1 370万元。2016年供暖期以来，辽宁各级环保部门对全省涉气排污企业进行执法检查。根据环保部《环境违法案件挂牌督办管理办法》（环办〔2009〕17号）要求，部分企业违反新修订的《大气污染防治法》等相关法律规定，存在大气污染防治设施不完善、大气污染物超标排放、违反建设项目环境保护管理规定等问题。省环保厅对沈阳炼焦煤气有限公司、鞍山盛盟煤气化有限公司等7起涉气环境违法案件实施挂牌督办。

8.4 主要特点

8.4.1 省直部门节点管理系统

节点考核又称过程考核，按节点时间间隔不同可分为：半年考核、季度考核、年度考核。每年的9月30日、12月30日分别上报重点任务承诺完成内容、时间，并需要提交证明材料，系统会进行严格核实。提交完成后，会出现三种不同的亮灯提示：通过——绿灯；警告、资料不全——黄灯；超期、到点未完成——红灯。

8.4.2 年度指标考核系统

各考核对象提交年度重点任务、完成情况后，由省环保厅绩效办统一对照审核，对省委组织部负责。对全年任务进行认定。两个系统与环保厅绩效考核挂钩。绩效考核结果以部门为单位，分为A、B、C三类，绩效奖依次降低，省直属各部门、省办公厅各处室对此项工作高度重视。

8.4.3　考核结果与干部交流运用密切相关

实绩考核影响领导干部的任用。目标考核影响处级干部的提拔使用和整个机关的奖金效益。对各市的绩效考核影响各市政府领导班子的交流任用，也对各市政府的财政补贴等有一定影响。目标办会对考核对象进行一月一次的行政相关督查，及时了解现状、问题、做法。

8.5　存在的问题

8.5.1　考核指标的设置仍须完善

省里设置的总量考核如重点流域、规划的考核细则，比较复杂、全面，考虑到各省的差异性，指标均不一样，各个指标的科学性有待商榷。国家层面的技术单位的考核结果与实际有较大出入，且没有与目标内容管理对应。

8.5.2　考核量化指标没有参考值

水、大气质量监测站的数据资料由国家相关部门管理，不公开，地方没有获取资料的渠道，导致地方没有明确的工作目标，如土壤污染地块的具体分布位置、污染程度、治理标准。另外，当绩效考核无法量化水、大气、土壤等环境质量指标是否改善时，工作推进难度增大。

8.5.3　考核指标制定不科学

在全国污染状况、改善层次（治理/防控/监测）和各省工作进度不清楚的条件下就提出了出台污染治理目标和考核指标，然后下拨资金，实行考核，使实际工作变得被动。

8.5.4　考核多头、分散、多部门

领导班子的实绩考核和环保工作考核分别由省人事处和环保厅污防处负责，

多个部门参与、工作界限模糊、投入精力多、实际效能低。另外，不同考核如环境绩效考核和流域规划考核之间相互交叉；增加了各省、环保部确定指标的难度，指标的合理性无法体现。

8.6　政策需求

8.6.1　需要完善环境质量信息的监测数据和政府公开

绩效指标的量化离不开地区环境质量实测数据的支持，因此指标的制定和考核必然滞后于现有环境质量信息的采集。在不清楚现有污染状况的情况下，不宜建立一系列考核指标。另外，应调整现有环境质量信息的公开对象、减少政府部门获取数据成本，为考核部门指标量化提供数据的技术支撑。

8.6.2　需要建立各类环境绩效评估考核的衔接机制

目前辽宁省除了开展整体的政府绩效管理，还开展了流域规划考核、主要污染物总量减排考核等。这些评估考核是存在有机联系的，所以需要加强衔接，要避免多头考核、标准不一等问题。要建立政府绩效管理与环境保护年度考核的衔接机制，建立环境保护年度考核与重点流域水环境综合整治考核、主要污染物总量减排考核的衔接机制。

8.7　附件

辽宁省2013年度省政府对各市政府绩效管理工作实施方案

为全面完成省委、省政府重点工作任务，促进全省经济社会平稳较快发展，大力推进我省政府绩效管理工作开展，特制定2013年度省政府对各市政府绩效管理工作实施方案。

一、指导思想

坚持以邓小平理论、"三个代表"重要思想和科学发展观为指导，全面贯彻落实党的十八大精神，按照中央经济工作会议和省第十一次党代会部署，围绕国家与省"十二五"规划、省政府工作报告中提出的目标任务，落实稳中求进的工作总基调，着力保障和改善民生，大力推进生态文明建设，扎实促进文化繁荣发展，全面加强民主政治建设，实现经济持续健康发展和社会和谐稳定，为全面振兴辽宁老工业基地和提前建成小康社会的宏伟目标提供有力保障。

二、绩效管理主要内容

（一）内部考评（1 000 分）。考评主体为省政府，由省政府绩效管理工作领导小组办公室（以下简称省绩效办）组织 51 个考评部门（含数据采集部门）代表省政府实施考评；考评对象为省辖的 14 个市政府。指标体系采用千分制模式，从经济振兴、社会和谐、文化繁荣、生态文明、自身建设以及体现辽宁特色的战略发展、人民幸福 7 个维度进行考评，见下表：

考评维度	考评类别	考评内容
一、战略发展	（一）创新驱动战略	1. 科技创新
		2. 创新人才队伍建设
	（二）区域发展战略	3. 一区一带
二、人民幸福	（三）生活富庶	4. 生活水平
	（四）民生改善	5. 民生工程
	（五）公共服务	6. 就业创业
		7. 社会保障
		8. 教育发展
		9. 医疗卫生
三、经济振兴	（六）经济增长	10. 经济增长水平
		11. 经济开放水平
		12. 重大项目建设
	（七）结构优化	13. 工业化
		14. 城镇化
		15. 农业现代化
		16. 服务业发展
		17. 非公经济发展

考评维度	考评类别	考评内容
四、社会和谐	（八）社会管理	18. 公共卫生安全
		19. 生产安全
		20. 社会安全
		21. 防灾减灾
		22. 权益保障
		23. 人口发展
		24. 民族团结
		25. 诚信建设
五、文化繁荣	（九）文化强省	26. 文化事业发展
		27. 文化产业壮大
		28. 文化经费投入
		29. 体育事业发展
六、生态文明	（十）美丽辽宁	30. 青山工程
		31. 碧水工程
		32. 蓝天工程
	（十一）资源节约	33. 土地资源集约利用
		34. 水资源节约
		35. 节能降耗
	（十二）生态环保	36. 生态治理
		37. 环境保护
七、自身建设	（十三）职能转变	38. 审批改革
		39. 机构管理
	（十四）依法行政	40. 行为规范
		41. 政务公开
	（十五）勤政廉政	42. "五大系统"建设
		43. 队伍建设
		44. 作风改善
		45. 民主监督

实行全过程管理，在半年、第三季度和年终 3 个时间节点上，由省考评部门依据考评细则和工作完成情况进行评分。指标年度总分 = 半年得分 × 10% + 第三季度得分 × 10% + 年终得分 × 80%（对于不进行第三季度考评的指标，指标年度总分 = 半年得分 × 20% + 年终得分 × 80%；对于不进行半年和第三季度考评的指标，年终得分即为年度总分）。考评细则由省政府绩效管理工作领导小组（以下简称省领导小组）另行下发。

（二）公众评议（100 分）。组织人大代表、政协委员、管理和服务相对人、基层单位、城乡居民等参与公众评议，对各市政府工作的效率、效果、效益等进行评价。

（三）领导评价（100 分）。由省政府领导对各市政府年度工作绩效进行综合评价。

实行全过程管理，在半年、第三季度和年终 3 个时间节点上，由省考评部门依据考评细则和工作完成情况进行评分。指标年度总分 = 半年得分 × 10% + 第三季度得分 × 10% + 年终得分 × 80%（对于不进行第三季度考评的指标，指标年度总分 = 半年得分 × 20% + 年终得分 × 80%；对于不进行半年和第三季度考评的指标，年终得分即为年度总分）。考评细则由省政府绩效管理工作领导小组（以下简称省领导小组）另行下发。

三、绩效管理实施步骤

（一）申报考评指标。2013 年 1 月，由省绩效办负责制定申报标准、流程和组织申报工作，由省考评部门申报 2013 年度政府绩效考评指标，所有申报指标必须依据充分、量化可行、分解合理、奖惩分明，体现重落实、促改进、保提升等特点。

（二）形成指标体系。2013 年 1 月至 3 月，由省绩效办牵头组织有关专家设计指标体系架构、会审修改省考评部门申报的考评指标，形成省政府对各市政府绩效考评指标体系和细则，征求省考评部门及各市任务承接部门意见并达成共识后，报省领导小组审定下发。

（三）开展半年、第三季度、年终考评工作。2013 年 7 月、10 月、12 月，由省绩效办组织实施 3 次考评工作。先由各市通过辽宁绩效考评系统上报自评信息，由省考评部门前往实地察访核验，核实指标完成情况，通过辽宁绩效考评系统上报完成情况与得分。省绩效办依据省考评部门上报的完成情况复核分数，将考评结果报省领导小组审定，并组织省考评部门逐项分析各项指标，向各市下发半年、第三季度考评结果分析报告。

（四）开展公众评议工作。2013 年 10 月至 12 月，由省绩效办委托第三方专业机构组织开展公众评议并评分。

（五）开展领导评价工作。2013 年 12 月，由省政府领导对各市工作进行综合评价并评分。

（六）通报反馈考评结果。2014 年 1 月至 3 月，由省绩效办汇总内部考评（半年、第三季度、年终）、公众评议、领导评价得分得出年度总分，并将年度考评结果与表彰建议报省领导小组审定，由省政府召开工作会议，通报考评结果与表彰决定，评出绩效考评综合排名奖、重点工作优胜奖和晋位突出奖。省绩效办根据各市考评情况，分析问题，总结经验，提出改进建议，向各市下发年度考评结果分析报告。

四、组织领导

省政府绩效管理工作领导小组为负责省政府对各市政府绩效管理工作的领导机构，由省长任组长，常务副省长任常务副组长，省政府秘书长、省人力资源社会保障厅厅长任副组长。省领导小组下设省政府绩效考核办公室。省政府绩效考核办公室设在省人力资源社会保障厅，主要负责拟定政府绩效考评内容、方法和指标体系并组织实施。

第 9 章

新疆维吾尔自治区环境
绩效评估与管理实践

新疆维吾尔自治区于 2011 年初步建立起以绩效指标考评为主体，以过程管理、公众评议、效能问责和电子监察为重要手段的"五位一体"绩效管理模式。目前，新疆维吾尔自治区绩效评估与管理工作正在稳步推进，各相关部门单位正在探索科学制定绩效综合评价体系，逐步实现行政管理的科学化、精细化、规范化。新疆维吾尔自治区的绩效管理工作具有注重顶层设计，着力构建绩效管理制度框架、注重导向作用，着力优化绩效管理指标体系、注重职责落实，着力强化绩效目标过程管理、注重改革创新，着力完善绩效管理考评机制以及注重外部监督，着力提高人民群众满意度等鲜明特点，同时也存在绩效管理的目标尚需明确以及绩效管理需多部门协调与配合等问题。

9.1 基本情况

9.1.1 政府绩效管理

为深入推进绩效管理，2011 年 3 月经国务院批准，建立了由监察部牵头，中共中央组织部、中央机构编制委员会、国家发展和改革委员会、财政部、人力资源和社会保障部（国家公务员局）、审计署、国家统计局、国务院法制办公室为成员单位的政府绩效管理工作部际联席会议（以下简称联席会议）制度。6 月，国务院选定北京、吉林、福建、广西、四川、新疆、杭州、深圳 8 个地区和国家发展和改革委员会、财政部、国土资源部、环境保护部、农业部、质检总局 6 个部委作为试点部署开展了政府绩效管理工作。2012 年绩效管理范围进一步扩大，截至 2017 年全国共有 24 省（区、市）和 20 个部委按照国务院要求开展了政府绩效管理工作。

作为全国试点地区之一，新疆维吾尔自治区于 2011 年开始推行绩效管理工作，范围涉及 42 个直属厅局。2012 年范围扩大，拓展为 50 个部门单位和 14 个地州（市）。对于此项工作，自治区党委和人民政府高度重视，各厅局、部门单位也按要求做了大量工作。

2011 年以来，新疆维吾尔自治区有步骤、分层次开展政府绩效管理工作，初步建立以绩效指标考评为主体，以过程管理、公众评议、效能问责和电子监察为重要手段的"五位一体"绩效管理模式，在服务保障和促进新疆科学跨越、后发赶超，与全国同步建成小康社会方面发挥了积极作用。

2016 年，根据自治区党委组织部《关于印发〈改进自治区党委管理的领导班子和领导干部年度（绩效）考核工作方案（试行）〉的通知》（新党组〔2016〕42 号）和环保部《关于印发 2016 年各省（区、市）环境约束性指标计划的通知》（环办规财函〔2016〕1579 号）的考核要求，为做好对各地州市环境保护的考核工作，新疆环保厅根据当前环境保护工作的实际需要，结合实际，制定了 2016 年自治区环境保护考核评价方案。

目前，自治区绩效管理工作正在稳步推进，各部门单位都在科学制定绩效综合评价体系，逐步实现行政管理的科学化、精细化、规范化，最终彻底解决"懒、散、庸、拖、贪"等现象，提高政府机关形象。这是一项系统、长期的工作，今后会不断深入开展下去，各单位充分认识到这一点，科学进行工作规划，切实抓好组织实施，做到打基础、利长远。

9.1.2 环境绩效评估与管理

2014 年，按照自治区绩效考评工作领导小组印发的《关于印发 2014 年自治区绩效考评工作方案的通知》（新绩发〔2014〕1 号），明确由新疆环保厅负责对 14 个地州市人民政府（行署）2014 年度生态文明建设中生态保护（四项主要污染物减排和城市大气环境、水环境污染防治）方面的考核工作。为确保考核工作按期完成，考评结果有据可依、公平合理，新疆环保厅制定了《2014 年生态文明建设（生态保护）工作考核方案》，考核内容主要包括基本前提条件和考核指标两部分。其中有所列情形之一的，生态保护工作考核涉及指标不得分，主要包括：未完成年度自治区下达的主要污染物总量减排任务，有一项减排指标没有完成；辖区发生重大环境突发事件，影响恶劣，后果严重；地州市或县（市）人民政府履行环保职责不力，环境问题突出，被上级环境保护主管部门约谈。

为贯彻落实《国务院关于印发大气污染防治行动计划的通知》（国发〔2013〕37 号）、《关于印发新疆维吾尔自治区大气污染防治行动计划实施方案的通知》（新政发〔2014〕35 号）、《关于加强乌鲁木齐、昌吉、石河子、五家渠区域环境同防同治的意见》（新政发〔2016〕140 号），推进 2017 年大气污染防治工作，全面完成国家和自治区大气污染防治目标任务，结合地区实际制订本年度实施计划。

一是制定下发了《2016 年自治区大气污染防治工作要点》（新环发〔2016〕326 号），各地州市根据本地实际均制定实施了《2016 年大气污染防治方案》。

二是印发《关于加强乌鲁木齐、昌吉、石河子、五家渠区域环境同防同治的意见》（新政发〔2016〕140 号），将乌鲁木齐区域联防联控范围扩大到乌鲁木齐市、昌吉市、石河子市、阜康市、五家渠市、呼图壁县、玛纳斯县、沙湾县（以下简称乌昌石区域），按照"统一规划、统一政策、统一标准、统一要求、统一推进"的原则，施行区域同治、兵地同治。

三是印发了《关于重点区域执行大气污染物特别排放限值的公告》（环保厅公告 2016 年 45 号），提高了重点区域污染物排放标准。自 2017 年 7 月 1 日起，重点区域内火电、钢铁、石化、水泥、化工等行业以及燃煤锅炉执行大气污染物特别排放限值。印发《新疆维吾尔自治区全面实施燃煤电厂超低排放和节能改造工作方案》（新环发〔2016〕379 号），对 30 万 kW 及以上燃煤发电机组和大气污染联防联控区域及环境同防同治区域内 10 万 kW 及以上自备燃煤发电机组，全面实现超低排放和烟气脱硝全工况运行。

四是建立乌昌石区域环境空气质量预报预警平台；开展塔里木盆地南缘区域沙尘对空气质量影响及对策研究；出台《关于印发新疆维吾尔自治区重污染天气应急

预案的通知》（新政办发〔2017〕108 号），建立了较为完善的应急响应体系。

9.2 主要做法

9.2.1 政府绩效考核

9.2.1.1 考核评价指标

1. 环境质量指标

（1）地州市政府行署所在城市空气质量达标天数比例；

（2）地州市政府行署所在城市细颗粒物（$PM_{2.5}$）浓度下降比例；

（3）达到或好于Ⅲ类水体比例；

（4）劣Ⅴ类水体比例。

2. 总量控制指标

考核《2016 年各地州市环保约束性指标计划》确定的二氧化硫、氮氧化物、化学需氧量、氨氮四项主要污染物减排比例和重点工程减排量。

（1）二氧化硫、氮氧化物、化学需氧量、氨氮四项主要污染物减排比例；

（2）二氧化硫、氮氧化物、化学需氧量、氨氮四项主要污染物重点工程减排量。

9.2.1.2 考核评价方法

考核评价方法实行百分制，指标分值见表 9-1。环境质量指标每项 9 分，共 36 分；四项主要污染物减排比例和重点工程减排量每项 8 分核，共 64 分。

以单项指标考核，达到目标值或控制目标的，按指标分值计分，否则不得分。

表 9-1　2016 年新疆维吾尔自治区环境保护考核评价指标

	考核项目	分值
（一）	环境质量指标	36
1	地州市政府行署所在城市空气质量达标天数比例/%	9
2	地州市政府行署所在城市细颗粒物（$PM_{2.5}$）浓度下降比例/%	9

	考核项目	分值
3	达到或好于Ⅲ类水体比例/%	9
4	劣Ⅴ类体比例/%	9
（二）	总量控制指标	64
1	二氧化硫减排比例/%	8
2	重点工程二氧化硫减排量/万 t	8
3	氮氧化物减排比例/%	8
4	重点工程氮氧化物减排量/万 t	8
5	化学需氧量减排比例/%	8
6	重点工程化学需氧量减排量/万 t	8
7	氨氮减排比例/%	8
8	重点工程氨氮减排量/万 t	8

9.2.1.3　指标解释

1. 环境质量指标

1）地州市政府行署所在城市空气质量达标天数比例

地州市政府行署所在城市空气质量指数（AQI）达到二级标准的天数占全年监测天数的比例。

2）地州市政府行署所在城市细颗粒物（$PM_{2.5}$）浓度下降比例

地州市政府行署所在城市细颗粒物（$PM_{2.5}$）年均浓度较 2015 年下降比例。

3）达到或好于Ⅲ类水体比例

各地州市河流、湖库、饮用水水源地水质达到Ⅲ类或以上的断面（点）数占考核断面（点）的比例。

4）劣Ⅴ类水体比例

各地州市河流、湖库水质为劣Ⅴ类的断面（点）数占考核断面（点）的比例。

2. 总量控制指标

1）减排比例

二氧化硫、氮氧化物、化学需氧量、氨氮四项主要污染物排放量较 2015 年减少的比例。

2）重点工程减排量

通过工程治理、淘汰关停、加强管理等方式重点固定污染源二氧化硫、氮氧化物、化学需氧量、氨氮四项主要污染物排放量较 2015 年减少的比例。

9.2.2　环境绩效考核

9.2.2.1　考核指导思想

坚持以科学发展观为指导，按照自治区环境保护工作的部署和要求，坚持"环保优先、生态立区"，以减少污染物排放、改善环境质量、保障环境安全、解决影响人民群众健康的突出环境问题为重点，加强监管，提升能力，为推进"两个可持续"和建设大美新疆奠定坚实的基础。

9.2.2.2　考核基本原则

遵循"客观公正，实事求是，公正透明，规范有序"的原则，突出重点亮点的原则，体现保证环境安全的原则，认真履行职责，确保考核取得实效。

9.2.2.3　考核基本内容

根据自治区《关于印发 2014 年自治区绩效考评工作方案的通知》（新绩发〔2014〕1 号）要求，2014 年生态文明建设（生态保护）工作考核内容主要包括基本前提条件和考核指标两部分，具体如表 9-2 所示。

其中有所列情形之一的，生态保护工作考核涉及的指标不得分。

（1）未完成年度自治区下达的主要污染物总量减排任务，有一项减排指标没有完成；

（2）辖区发生重大环境突发事件，影响恶劣，后果严重；

（3）地州市或县（市）人民政府履行环保职责不力，环境问题突出，被上级环境保护主管部门约谈。

考核指标部分，总分 100 分。城市大气环境污染防治 40 分，水环境污染防治 30 分，环境执法 30 分（表 9-2）。

表9-2　2014年生态文明建设（生态保护）工作基本前提条件和考核指标

一、	基本前提条件	备注
1	未完成年度自治区下达的主要污染物总量减排任务，有一项减排指标没有完成	有所列情形之一的，生态文明建设中生态保护指标四项主要污染物减排和城市大气环境、水环境污染防治指标不得分
2	辖区发生重大环境突发事件，影响恶劣，后果严重	
3	地州市或县（市）人民政府履行环保职责不力，环境问题突出，被上级环境保护主管部门约谈	
二、	考核指标	分值
（一）	城市大气环境污染防治	40
1	主要城市空气质量优良日数比例	16
2	同比上年城市空气质量优良日数变化情况	12
3	PM_{10}年均浓度下降比例	12
（二）	水环境污染防治	30
1	辖区水质达到相应水体环境功能要求	10
2	集中式饮用水水源地水质达标	10
3	城市生活污水集中处理率≥80%	10
（三）	环境执法	30
1	辖区年内建设项目是否存在"越级审批""未批先建"等环境违法行为	15
2	辖区年内建设项目是否存在"未验先投"环境违法行为	15
	总计	100

9.2.2.4　考核指标（100分）

1. 城市大气环境污染防治（40分）

1）主要城市空气质量优良日数比例（16分）

指标解释：各地州市辖区城市主要污染物日平均浓度达到二级标准的天数占全年监测天数的比例。达到目标，得分为16分，未达到，不得分。

各地确定的城市空气质量优良日数比例：伊犁州、塔城地区、阿勒泰地区、博尔塔拉蒙古自治州、克拉玛依市、昌吉州的主要城市空气质量优良率＞85%；

乌鲁木齐市、哈密地区的主要城市空气质量优良率≥80%；

吐鲁番地区、巴州①、阿克苏地区的主要城市空气质量优良率≥60%;

喀什地区、克州②的主要城市空气质量优良率≥50%;

和田地区主要城市空气质量优良率≥40%。

注:沙尘暴发生时城市环境空气质量不达标日数不计入统计计算。乌鲁木齐考核监测点位为收费所、监测站、铁路局。

2)同比上年城市空气质量优良日数变化情况(12分)

指标解释:各地州市辖区城市本空气质量优良日数比例与上一年优良日数比例之差。结果对照该项指标得分依据计分。

得分依据:−3%~+3%,属于基本稳定,得6分;

<−3%属于明显变差,得分为0;>+3%属于明显变好,得分为12分。

3)PM_{10}年均浓度下降目标较基准年(2012年)完成情况(12分)

指标解释:各地州市辖区城市考核年度PM_{10}年均浓度下降比例是否达到确定的目标值,达到目标值,得分为12分,未达到,不得分。

各城市目标值:乌鲁木齐市可吸入颗粒物(PM_{10})较基准年(2012年)下降5%以上;昌吉市、阜康市、五家渠市、奎屯市可吸入颗粒物(PM_{10})浓度比2012年下降2%以上;乌苏市、石河子市、伊宁市、和田市、喀什市、阿克苏市、阿图什市、库尔勒市、吐鲁番市、哈密市可吸入颗粒物浓度比2012年下降1%;克拉玛依市、塔城市、博乐市、阿勒泰市可吸入颗粒物浓度保持基准年(2012年)水平。

2. 水环境污染防治(30分)

1)辖区水质达到相应水体环境功能要求(10分)

指标解释:指各地州市地表水体各监测断面水质达到相应水体环境功能要求。

2)集中式饮用水水源地水质达标(10分)

指标解释:各地州市辖区内,向市(区、县)供水的集中式饮用水水源地。集中式饮用水水源地水质(包括补充项目和特定项目)均达到《地表水环境质

---

① 巴音郭楞蒙古自治州简称。

② 克孜勒苏柯尔克孜自治州简称。

量标准》（GB 3838—2002）、《地下水质量标准》（GB/T 14848—1993）中的Ⅲ类标准（补充项目和特定项目均达标。饮用水水源新标准颁布后，从其要求）。

同时，饮用水水源地保护区管理符合《中华人民共和国水污染防治法》要求，按照《饮用水水源保护区划分技术规范》（HJ/T 338—2007）或地方条例、标准规定组织开展了乡镇集中式饮用水水源地保护区的划定。

其中，集中式饮用水水源地水质达标，分值为 5 分（不考虑天然背景值超标因素）。

满足下列所有条件的，得分为 5 分，有一项不满足的 5 分全部扣减：①各地州市人民政府完成了本辖区乡镇集中式饮用水水源地保护区的划分，并将划分方案报自治区人民政府批复。②各地州市人民政府制定了本辖区集中式饮用水水源地专项整治方案，并分解落实到各县市。

数据来源：集中式饮用水水源地水质由自治区环境监测总站提供，其他涉及乡镇保护区划分和整治方案由各地州市人民政府（行署）提供。

3）城市生活污水集中处理率（10 分）

指标解释：城市生活污水集中处理率是指城市市辖区经过城市集中式污水处理厂二级处理达标的城市生活污水量与城市生活污水排放总量的百分比。

3. 环境执法（30 分）

1）辖区年内建设项目是否存在"越级审批""未批先建"环境违法行为（15 分）

指标解释：各地州市辖区，按照国家和自治区环评审批分级管理规定，应由国家和自治区环保部门审批的建设项目是否存在"越级审批""未批先建"等环境违法行为，发现一起扣除 5 分，直至"环境执法"分数扣完为止。

2）辖区年内建设项目是否存在"未验先投"环境违法行为（15 分）

指标解释：各地州市辖区建设项目是否存在"未验先投"等环境违法行为，发现一起扣除 5 分，直至"环境执法"分数扣完为止。

9.3　主要成效

新疆维吾尔自治区有步骤、分层次开展绩效评估与管理工作，初步建立以绩效指标考评为主体，以过程管理、公众评议、效能问责和电子监察为手段的绩效管理模式，在服务保障和促进新疆科学跨越、后发赶超，与全国同步建成小康社会中发挥了积极作用。

新疆维吾尔自治区作为全国开展政府绩效管理工作 8 个试点省区之一，重点围绕建立健全领导体制和工作机制、完善绩效考评指标体系、创新评估手段、强化结果运用等进行实践探索，为提高地方绩效管理水平积累经验。在新的形势下，各地、各部门、各单位要按照中央的要求和自治区的统一部署，从深入贯彻落实科学发展观、全面加强政府自身建设的高度，切实增强开展政府绩效管理工作的责任感和紧迫感，积极稳妥地推进政府绩效管理工作。

9.4 主要特点

9.4.1 注重顶层设计，着力构建绩效管理制度框架

新疆维吾尔自治区党委、政府高度重视绩效管理工作，专门成立绩效考评工作领导小组，自治区党委副书记和自治区党委常委、纪委书记分别担任正副组长，全区 14 个地（州、市）、76 个参评职能部门均组建绩效管理工作机构，形成了"党委、政府统一领导，领导小组具体负责，绩效管理工作机构组织考核，社会公众参与，内考与外评相结合"的领导体制和工作机制。同时，按照"廉洁高效、优化环境、服务发展、群众满意"的绩效管理目标要求，制定印发《行政机关效能考评实施办法》《绩效考评工作方案》等制度规范，使绩效管理工作更加科学化、精细化、常态化。

9.4.2 注重导向作用，着力优化绩效管理指标体系

新疆维吾尔自治区紧扣民生改善、环境保护、资源节约、社会管理、政务优化等目标任务，构建质量、经济、效益、民生、创新、稳定相结合的动态指标体系。2011 年，围绕改进机关作风、提高工作效能的目标，设置了履行职能职责、加强制度建设、提高效能效率和改进工作作风 4 项指标，着重对机关作风效能情况进行考评。2012 年，按照中央对新疆工作的要求，设置了经济发展、社会和

谐、生态优美、民生保障改善、对口援疆、区域特色等 10 项一级指标，凸显了新疆特色。2013 年，全面落实党的十八大提出的"五位一体"总体布局，将一级指标调整为经济建设、政治建设、文化建设、社会建设和生态文明建设 5 项。在指标体系设置方面，紧紧盯住关键环节，对规范行政行为、改进工作作风、提升行政效率和服务质量等指标进行量化优化，确保了中央和自治区重大决策部署、重点工作贯彻落实不走样、不搞变通、不打折扣。

9.4.3　注重职责落实，着力强化绩效目标过程管理

新疆维吾尔自治区加强效能监察，对绩效目标实行全过程规范化管理。一方面，寓监督于管理、以监督促管理。自 2011 年起，每年从社会各阶层选聘 100 名效能监督员，确定 50 个效能监测点，不定期对各地区各部门及其服务窗口进行明察暗访。另一方面，坚持"民生优先、群众第一、基层重要"理念，突出对各地区各部门保障和改善民生职责履行情况的监督检查，督促和推动自治区重大民生实事工程的落实。通过明晰目标、全程监控、强令纠错、结果通报等措施，加强过程监管，确保每项工程的工作进度、经费来源、责任领导、承办主体等要求分解细化，履职效率和质量明显提升，绩效管理的服务保障作用得到发挥。

9.4.4　注重改革创新，着力完善绩效管理考评机制

新疆维吾尔自治区坚持定性与定量、内考与外评、过程与结果相结合的原则，采用自评、指标考评、公众评议、领导评价、察访核验和加分减分 6 种方式，建立完善绩效台账登记、目标数据采集等质量保障体系，加强对指标完成情况的日常审核、专项评议、重点核验，保障考评真实、准确、有效、公正。采用科技手段不断创新考评方式，建设自治区电子监察系统综合平台，对行政审批、绩效考评、民生实事工程察访核验、效能投诉、援疆项目监督检查等开展网上监察，进一步提高推进绩效管理信息化水平。

同时，新疆维吾尔自治区还注重绩效考评结果运用，坚持公开通报年度绩效考评结果，将其作为评价工作、领导班子考评、干部选拔任用、公务员评优评奖的重要依据，书面反馈每个参评地区和部门，督促整改问题，健全管理制度，促

进服务水平和群众满意度的不断提高。坚持动态运用考评结果，对考评不合格单位的主要负责人进行诫勉谈话；对发生重大工作失误和行政不作为、慢作为、乱作为产生恶劣影响等问题，严格实施问责。2011 年，对公众评议问题突出的 6 个部门处室负责人作出免职处理，对 12 个处室负责人进行诫勉谈话，对年度考评排名靠后的 6 个部门主要领导进行约谈。两年来，全区共有 2 124 名行政机关公务员被行政问责。

9.4.5　注重外部监督，着力提高人民群众满意度

建立以人民群众为主体的监督和评估机制，加强对政府绩效管理的外部监督。通过报纸专栏、电视访谈、网络监督、手机信息等渠道，把绩效管理从机关延伸到全社会，使社会公众逐步参与到政府管理中，为推进绩效管理营造了良好的社会氛围。

同时，委托社情民意调查机构，采用 CATI（计算机辅助电话调查系统）和社情民意调查热线"12340"，组织"两代表一委员"、普通群众、企业负责人和基层干部 4.2 万人次，对各地区各部门公众效能满意度情况进行民主测评，梳理存在的问题，明确整改要求，通报测评结果。采取座谈会、问卷调查、网上评议等方式，广泛征求社会各界对政府部门的意见建议，并通过单位内部征集和社区广泛征集两种途径，开展征求基层群众不满意事项试点工作，督促各地各部门加大政务公开力度，切实转变工作作风。

9.5　存在的问题

实际工作中，由于管理理念不到位，一些部门、单位对环境绩效管理的认识还存在误区，不能正确处理好环境绩效评估与管理与生态环境保护工作的关系，还需要强化能力建设、完善实施机制，尽快发挥环境绩效评估与管理的作用。

9.5.1　环境绩效评估结果运用不足

环境绩效评估是对地方政府履行环境管理职能，完成环境领域的工作任务以

及实现环境治理目标的过程、实践和效果进行综合考核评价，并根据考评结果改进地方政府环境治理工作、降低环境执法成本、提高政府综合效力的一种管理理念和方式。但是管理部门对环境绩效评估结果的综合运用尚且不够，未能真正与奖惩、干部任免等挂钩，因此需要加强环境绩效评估结果的运用。

9.5.2　环境绩效评估与管理缺乏多部门协调与配合

环境绩效评估与管理是一项综合性的工作，涉及许多部门，环境绩效评估与管理部门对绩效管理的有效实施负有责任，但绝不是完全包干。环境绩效评估与管理部门在绩效管理实施中主要负责流程、程序的制定，工作表格的提供和咨询顾问、工作进程的督导检查等，具体工作要靠各相关业务部门去实施，目前的环境绩效评估与管理亟须加强多部门协调配合。

9.6　政策需求

9.6.1　明确部门责任分工，建立规范机制

明确各相关部门职能，达到责权利相统一，进一步完善环境绩效评估与管理的决策、执行、监督、评估、考核、奖惩、公开等程序。

9.6.2　建立环境绩效评估实施的激励机制

按照公开、公平、公正的原则，对地方政府的环境绩效进行客观、公正的评价，并据其绩效实施有效的奖惩措施，给地方政府改善环境绩效提供动力激励，对主要领导干部可予以一定奖励，激发其责任感、成就感、荣誉感，更好地发挥其主观能动性。

9.6.3　建立环境绩效实施的监管机制

纪检、监察、组织、人事等有关职能部门要发挥监督保障作用，对地方环境绩效评估或考核过程中的运转状况进行监督检查，推进环境绩效评估工作的顺利开展。

9.7 附件

附件9-1 农村环境连片整治示范工程考评细则及标准

一、年度农村环境连片整治示范项目开工率达到100%

（一）年度目标

以自治区财政厅、环保厅下达2013年农村环境连片整治示范专项资金预算文件确定的项目全部开工，作为此项指标的绩效考评目标。

（二）计分方式

采取递减计分法，全部开工得满分，少开工一个扣1分，扣完为止。

（三）评分标准

开工项目需提供中标通知书。

二、落实2011年和2012年农村环境连片整治示范项目配套资金

（一）年度目标

以自治区财政厅、环保厅《关于下达2011年农村环境连片整治示范专项资金预算的通知》（新财建〔2011〕651号）和《关于下达2012年农村环境连片整治示范专项资金预算的通知》（新财建〔2012〕159号）确定的各地2011年、2012年项目配套资金全部到位，作为此项指标的绩效考评目标。

（二）计分方式

采取区间计分法，配套资金足额到位得满分，到位率≥70%得2分，＜70%得1分，未落实配套资金不得分。

（三）评分标准

需提供地州（市）、县市财政局的拨款文件。安居富民、定居兴牧、新农村建设、援疆民生工程等工程建设中符合自治区农村环境连片整治示范支持内容的项目，所安排的资金视为县（市）配套资金（以拨款文件或资金到账凭证为准）。

三、完成 2011 年、2012 年农村环境连片整治示范项目建设和验收

（一）年度目标

以自治区财政厅、环保厅《关于下达 2011 年农村环境连片整治示范专项资金预算的通知》（新财建〔2011〕651 号）和《关于下达 2012 年农村环境连片整治示范专项资金预算的通知》（新财建〔2012〕159 号）确定的各地 2011 年、2012 年项目全部完工并验收合格，作为此项指标的绩效考评目标。

（二）计分方式

采取区间计分法，验收合格率 100% 得 5 分，80%～100% 得 4 分，60%～80% 得 3 分，40%～60% 得 2 分，30%～40% 得 1 分，＜30% 不得分。

（三）评分标准

按规定完成建设内容，达到预期目标，并对项目进行验收。需提供地州（市）环保局、财政局两家出具的项目验收报告。

$$验收合格率 = 验收合格的项目个数/总项目个数 \times 100\%$$

附件 9-2　二氧化硫、氨氮、氮氧化物、化学需氧量减排考评细则及标准

一、四项污染物绩效年度目标

以自治区人民政府下发的《2013 年度新疆维吾尔自治区总量控制计划》确定各地 2013 年重点减排项目和四项主要污染物年度排放（二氧化硫、氮氧化物、化学需氧量、氨氮）强度目标值，作为 2013 年四项主要污染物减排绩效考评目标。

二、计分方式

（一）年度总量控制计划中重点减排项目完成情况按照完成率计分，占权重分值 30%（满分值 4.8 分）。

（二）四项主要污染物年度排放强度目标完成情况按照四项污染物 2013 年度排放强度目标完成率计分，占权重分值 70%（满分值 11.2 分，单项满分值为 2.8 分）。

（三）加分项。

三、评分标准

（一）年度总量控制计划中重点减排项目完成情况

以自治区人民政府下发的《2013年度新疆维吾尔自治区总量控制计划》确定各地本年度应完成的减排项目；依据各地上报的减排项目支撑材料、月调度情况和日常督查结果核定实际完成情况，实际完成项目数与应完成项目数的百分比为完成率。项目是否完成以能否实际发挥减排效益为准。列入国家目标责任书的减排项目权重为2，其他项目权重为1。

重点减排项目完成率 =（实际完成目标责任书减排项目个数 × 2 + 实际完成计划内减排项目个数）/（应完成目标责任书减排项目个数 × 2 + 应完成计划内减排项目个数）× 100%

年度总量求制计中重点减排项目完成情况得分 = 重点减排项目完成率 × 4.8

列入2013年自治区总量控制减排计划中的项目（责任书项目除外）确因不可抗拒的原因无法完成的，可以用累积减排量大于该项目的项目替代，但需以正式文件上报自治区环保厅认可。

（二）四项主要污染物年度排放强度控制目标完成情况

以自治区人民政府下发的《2013年度新疆维吾尔自治区总量控制计划》确定各地本年度四项主要污染物年度排放强度目标值作为2013年四项主要污染物减排绩效考评目标。

实际排放强度 =［（2010年污染物排放基量 – "十二五"头三年减排项目年减排量）/2010年 GDP（不含第一产业和建筑业）］

排放强度目标完成率 =［（"十一五"末排放强度 – 2013年实际排放强度）/（"十一五"末排放强度 – 2013年目标排放强度）× 100%］。完成率大于等于1，按1计。

四项主要污染物年度排放强度目标完成情况得分 = $\sum$（各单项排放强度目标完成率 × 2.8）

（三）加分项

全区减排任务完成情况排名前五名的地州，分别加1分、0.8分、0.6分、

0.4 分、0.2 分。

附件 9-3　2015 年环境保护工作考核指标细则

一、2015 年总量控制目标完成情况（50 分）

（一）年度总量控制计划中重点减排项目完成情况（10 分）

指标解释：以自治区人民政府下发的《自治区 2015 年主要污染物排放总量控制计划》确定的减排项目；依据各地上报的减排项目支撑材料、月调度情况和日常督查结果核定实际完成情况，实际完成项目数与应完成项目数的百分比为完成率。项目是否完成以能否实际发挥减排效益为准。列入国家目标责任书的减排项目权重为 2，其他项目权重为 1。计算公式为：

重点减排项目完成率 =（实际完成目标责任书减排项目个数 ×2 + 实际完成计划内减排项目个数）/（应成目标责任书减排项目个数 ×2 + 应完成计划内减排项目个数）×100%

重点减排项目完成情况得分 = 重点减排项目完成率 ×10

列入年度自治区总量控制减排计划中的项目（责任书项目除外）确因不可抗拒的原因无法完成的，可以用累积减排量大于该项目的项目替代，但需以正式文件上报自治区环保厅认可。

责任处室：自治区环保厅总量处。

（二）四项主要污染物年度排放强度控制目标完成情况（30 分）

以自治区人民政府下发的《自治区 2015 年主要污染物排放总量控制计划》确定的各地本年度四项主要污染物年度排放强度目标值，作为年度四项主要污染物减排绩效考评目标。

计算公式：实际排放强度 =（2010 年污染物排放基量 − 减排项目累计减排量 +2015 年新建目违排放量）/2010 年 GDP（不含第一产业和建筑业）。

排放强度目标完成 =（"十一五"末排放强度 − 年度实际排放强度）/（"十一五"末排放强度 − 年度目标排放强度）×100%。完成率大于等于 1，按 1 计。

四项主要污染物年度排放强度目标完成情况得分 = $\sum$（各单项排放强度目标完成率 ×30）。

2015 年新建项目违法排放量为纳入《自治区 2015 年主要污染物排放总量控制计划》中的"三同时"项目的排放量。按时完成减排工程并稳定运行的,"三同时"排放量为 0;未按时完成减排工程的,其排放量为该项目违法排放量。

城镇污水处理厂按照浓度差和水量核算减排量。如果达不到按人口测算的减排估算量,年终核算时除提供污水处理厂运行支撑材料外,还需提供管网规划和已完成管建设工作量等证明材料,将按减排估算量计算。

责任处室:自治区环保厅总量处

(三)污染源监测信息公开情况(10 分)

1. 污染源自动监控数据传输有效率(4 分)

指标解释:对考核时段内可实施自动监控的国家重点监控企业,其自动监控数据上报至环境保护部污染源自动监控平台后,从数据完整性和数据有效性两方面对数据进行考核的指标,定义为数据传输率和数据有效率的乘积,以环保部污染源监控中心公布的各地州市全面考核结果进行计算。

污染源自动监控数据传输有效率≥75%,计 4 分;<75%,得分为 0。

2. 企业自行监测结果公布率(3 分)

指标解释:各地州市国家重点监控企业在考核时段内,自行监测结果按照求向社会公布情况,以自治区环保厅自行监测信息发布平台公布的各地州市全年发布率进行计算。

企业自行监测结果公布率≥80%,计 3 分;<80%,得分为 0。

3. 监督性监测结果公布率(3 分)

指标解释:各地州市环境保护主管部门在考核时段内,对国家重点监控企业污染源监督性监测结果的公布情况。

监督性监测结果公布率≥95%,计 3 分;<95%,得分为 0。

责任处室:自治区环保厅监测监察处。

二、城市大气环境污染防治(30 分)

(一)17 个城市空气质量达标天数比例(10 分)

指标解释:各地州市辖区城市主要污染物日平均浓度达到二级标准的天数占全年监测天数的比例。

各地确定的城市空气质量优良日数比例：伊犁州、塔城地区、阿勒泰地区、博尔塔拉蒙古自治州、克拉玛依市、昌吉州的主要城市空气质量优良率≥85%；

乌鲁木齐市、哈密地区的主要城市空气质量优良率≥80%；

吐鲁番地区、巴州、阿克苏地区的主要城市空气质量优良率≥60%；

喀什地区、克州的主要城市空气质量优良率≥50%；

和田地区主要城市空气质量优良率≥40%。

责任处室：自治区环保厅监测监察处。

（二）17 个城市同比上年空气质量达标天数比例变化情况（10 分）

指标解释：各地市辖区城市本空气质量达标天数比例与上年优良日数比例之差。结果对照该项指标得分依据计分。

比例之差≥0，记满分；－1%～0，扣 5 分；－2%～－1%，扣 6 分；－3%～－2%，扣 7 分；－4%～－3%，扣 8 分；－5%～－4%，扣 9 分；－5 以下，得分为 0。

责任处室：自治区环保厅监测监察处。

（三）17 个城市可吸入颗粒物（PM_{10}）年均质量浓度下降比例（10 分）

指标解释：各地州市辖区城市考核年度 PM_{10} 年均质量浓度下降比例是否达到确定的目标值，达到目标值，得分为满分。

2015 年度可吸入颗粒物年均浓度考核评分表

城市名称	PM_{10} 年均质量浓度（$\mu g/m^3$）		《大气污染防治目标责任书》核定空气质量改善目标/%	考核要求2014 年下降比例/%	考核要求2015 年下降比例/%	考核要求2016 年下降比例/%	与考核基准年相比2015 年下降比例/%	得分
	考核基准年（2013）	2015 年						
乌鲁木齐市	146		15	1.5	4.5	9		
克拉玛依市	77		15	1.5	4.5	9		
吐鲁番市	190		5	0.5	1.5	3		
哈密市	133		5	0.5	1.5	3		
昌吉市	81		10	1	3	6		
阜康市	95		10	1	3	6		

城市名称	PM$_{10}$年均质量浓度（μg/m³）		《大气污染防治目标责任书》核定空气质量改善目标/%	考核要求2014年下降比例/%	考核要求2015年下降比例/%	考核要求2016年下降比例/%	与考核基准年相比2015年下降比例/%	得分
	考核基准年（2013）	2015年						
博乐市	56		保持	保持	保持	保持		
库尔勒市	140		5	0.5	1.5	3		
阿克苏市	223		5	0.5	1.5	3		
阿图什市	224		5	0.5	1.5	3		
喀什市	346		5	0.5	1.5	3		
和田市	319		5	0.5	1.5	3		
伊宁市	94		5	0.5	1.5	3		
奎屯市	110		10	1	3	6		
塔城市	51		保持	保持	保持	保持		
乌苏市	85		5	0.5	1.5	3		
阿勒泰市	43		保持	保持	保持	保持		

得分说明：PM$_{10}$年均浓度下降比例满足考核要求，计满分；未满足考核要求的，PM$_{10}$年均浓度下降比例与目标相比，相差 0.1%～1% 扣 2 分；1%～2%，扣 4 分；2%～3%，扣 6 分；3% 以上，该项指标得分为 0。

责任处室：自治区环保厅污染防治处。

三、水环境污染防治（30分）

（一）地表水水质达标率（10分）

指标解释：指各地州市地表水体各监测断面水质达到Ⅲ类以上水体或功能区水质要求的比例。

地表水水质达标率 = 达到Ⅲ类水体或功能区水质断面数/实际监测的水质断面数 × 10

责任处室：自治区环保厅监测监察处。

（二）城镇生活污水集中处理达标率（10 分）

指标解释：辖区集中式污水处理厂监督性监测达标次数与实际开展监督性监测的百分比。

城市生活污水集中处理达标率得分 = 监测达标次数/实际监测次数 ×10。

责任处室：自治区环保厅监测监察处。

四、扣分项（20 分）

（一）辖区内发生重大环境污染事故（20 分）

指标解释：重大环境污染事故是指发生的环境污染事故造成重大财产损失、人员伤亡或重大环境污染，影响恶劣。发生一起重大环境污染事故的，扣分项分值全部扣完。

（二）辖区内存在重点投诉案件（10 分）

指标解释：自治区环保部门受理的环保投诉案件中，存在多次投诉，久拖不决，未能得到有效解决，群众反响较大的，发生一起扣 10 分，扣分项分值扣完为止[①]。

（三）辖区内发生环境违法案件被环保部通报（10 分）

指标解释：年度由于辖区内企业发生环境违法行为被环保部予以通报的。通报一次扣 10 分，根据通报次数扣分，不以通报企业数扣分，扣分项分值扣完为止。

责任处室：自治区环保厅监测监察处。

2015 年环境保护工作考核指标

	考核指标	分值
（一）	2015 年总量控制目标完成情况	50
1.	年度总量控制计划中重点减排项目完成情况	10
2.	四项主要污染物年度排放强度目标完成情况	30
3.	污染源监测信息公开情况	10

---

① 文件原文。

	考核指标	分值
（二）	城市大气环境污染防治	30
1.	17 个城市空气质量达标天数比例	10
2.	17 个城市同比上年空气质量达标天数比例变化情况	10
3.	17 个城市可吸入颗粒物（PM_{10}）年均浓度下降比例（%）	10
（三）	水环境污染防治	20
1.	地表水水质达标率	10
2.	城镇生活污水集中处理达标率	10
总分	100 分	
（四）	扣分项	20
1.	辖区内发生重大环境污染事故	20
2.	辖区内存在重点投诉案件	10
3.	辖区内发生环境违法案件被环境保护部通报	10

第 10 章

四川省环境绩效评估与管理实践

四川省从 20 世纪 80 年代开始便相继开展了多种形式的政府绩效评估。四川省政府高度重视社会公众对政府工作的评价，于 2014 年公布实施《四川省人民政府部门绩效管理办法》，推动部门加快职能转变和管理创新。同年，为加强四川省环境统计工作管理、规范绩效评估工作和推动环境统计数据质量的提高，四川省环境保护厅制定了《四川省环境统计工作绩效评估办法（试行）》，以加强环境统计监督，提高环境统计工作的制度化、规范化和科学化，保证环境统计数据的真实性、准确性、完整性和时效性。四川省的政府绩效考核具有引入第三方评价机制及积极推进政务信息公开等主要特点。同时四川省的绩效考核工作也存在基层干部环保认识有待提高、部分地区的环保责任有待落实、部分区域环境质量不升反降以及环保基础设施建设滞后、运行管理问题突出等问题，需要进一步完善绩效评估或考核机制。

10.1 基本情况

10.1.1 政府绩效管理

2014 年 4 月 26 日，四川省人民政府网站公布正式实施的《四川省人民政府部门绩效管理办法》，从绩效管理内容、评价等方面对省人民政府各部门的绩效管理进行了详细规定，推动部门加快职能转变和管理创新。四川省政府高度重视社会公众对政府工作的评价，坚持以执政为民、公开公正、提高效率为工作目标，注意倾听群众的意见，努力做好社会基本公共服务，提高现代社会治理能力，并把这些内容作为政府绩效评价的重要内容，积极探索开展第三方评价。

2017年7月28日，四川省启动施行《四川省环境保护党政同责工作目标绩效管理实施细则（试行）》《四川省安全生产党政同责工作目标绩效管理实施细则（试行）》，以分别进行目标绩效考评的形式，进一步夯实市（州）党委、政府和省直有关部门对本地、本部门环境保护和安全生产工作责任。这两个实施细则提出，环境保护、安全生产党政同责工作目标绩效管理由省委、省政府统一领导，实行责任一体明确、指标一体下达、成效一体考评。

10.1.2 环境绩效评估与管理

2014年10月10日，为加强四川省环境统计工作管理，规范绩效评估工作，推动环境统计数据质量的提高，依据《环境统计管理办法》《四川省统计管理条例》，结合四川省环境统计工作实际，四川省环保厅制定了《四川省环境统计工作绩效评估办法（试行）》，以期规范环境统计工作行为，加强环境统计监督，提高环境统计工作的制度化、规范化和科学化，保证环境统计数据的真实性、准确性、完整性和时效性。

2014年11月18日，为认真贯彻落实《中共四川省委办公厅　四川省人民政府办公厅关于印发〈四川省县域经济发展考核办法（试行）〉的通知》（川委办〔2014〕23号）精神，加快县域经济又好又快发展，建立科学、公正、公平的县域经济发展环境空气质量考核体系，四川省环境保护厅组织制定了《四川省县域环境空气质量考核实施办法（试行）》。县域环境空气质量考核是全省县域经济发展考核的一项重要内容，各市（州）务必高度重视，进一步加强环境空气质量自动监测系统的建设、运行和管理，将监测经费纳入地方财政预算保障，确保监测数据真实、有效。

2015年5月1日，我国第一部专门针对灰霾污染防治的地方政府规章——《四川省灰霾污染防治办法》施行。针对复合型、区域性大气环境问题日益突出，灰霾等重污染天气频发的严峻形势，四川省首次从立法层面对"灰霾污染"进行了界定，并通过构建防治体系、规范制度创新和明确具体措施全方位治理灰霾。该办法明确了治霾责任主体，县级以上人民政府实行环境空气质量目标责任制，并将对环境空气中灰霾的控制作为主要指标纳入目标绩效管理，同时明确了治霾相关部门的职责，特别细化了乡（镇）人民政府和街道办事处的责任范围。

2017 年 3 月 2 日，为贯彻落实《国务院关于印发大气污染防治行动计划的通知》（国发〔2013〕37 号）和《中共四川省委关于推进绿色发展建设美丽四川的决定》（川委发〔2016〕20 号），加快改善四川省环境空气质量，保障人民群众身体健康，提升四川省环境保护和生态文明建设水平，四川省人民政府办公厅提出"十三五"环境空气质量和主要大气污染物总量减排指标目标任务分解计划。根据国家下达的约束性考核目标，分别确定了细颗粒物（$PM_{2.5}$）平均浓度指标、优良天数比例指标和主要大气污染物总量减排目标。

10.2　主要做法

10.2.1　政府绩效考核

10.2.1.1　考核评价指标

绩效管理设置三级指标体系。一级指标和二级指标为共性要求，三级指标是一、二级指标的具体内容，结合部门实际量身定制。一级指标 4 项，分别为职能职责、行政效能、服务质量、自身建设。二级指标 12 项，分别为职责任务、依法行政、政令畅通、效能建设、成本效益、应急管理、服务群众、接受监督、协作配合、党组织建设、政风行风和廉政建设。具体分值见表 10-1。

1. 职能职责

主要评估省政府部门履行法定职责，贯彻省委、省政府决策部署，完成《政府工作报告》目标任务的情况。

1）职责任务。即履行法定职责，做好重点工作，完成核心指标的情况。由被评估部门提供绩效管理报告，省统计局提供评估意见。

2）依法行政。即规范行政决策行为，依法履行部门职责，健全行政执法程序，完善行政复议制度的情况。由省政府法制办公室提供评估意见。

3）政令畅通。即落实省委、省政府交办任务，执行省政府领导指示，令行禁止和真抓实干的态度、能力和效果。由省政府督办室提供评估意见。

2. 行政效能

主要评估省政府部门行政效能建设，转变机关作风，提高工作效率，控制行政成本，为"两个加快"构建良好环境支撑和作风保障的情况。

1）效能建设。即贯彻《政府信息公开条例》，落实首问负责制、限时办结制、问责追究制（以下简称"三项制度"），管理创新和提供优质高效政务服务的情况。由被评估部门提供绩效管理报告，省政府办公厅、省政府法制办公室、省监察厅、省直机关工委提供评估意见。

2）成本效益。即履行职责、完成任务付出的代价，降低行政成本、财政支出绩效的情况。由省财政厅提供评估意见。

3）应急管理。即预防和处置突发事件、落实维稳第一责任，应急能力与应急准备的情况。由省政府应急办公室提供评估意见。

3. 服务质量

主要评估省政府部门维护人民群众根本利益，服务基层、服务群众的意识、能力和接受监督的情况。

1）服务基层、群众。即加强政务服务中心窗口建设，实行"两集中、两到位"，推行并联审批，为群众办实事办好事的情况。由省政务服务中心提供评估意见，被评估部门提供绩效管理报告。

2）接受监督。即办理人大代表建议、政协委员提案，接受监察、审计专门监督以及新闻舆论监督的情况；妥善处理群众来信来访，化解社会矛盾的情况。由省政府督办室、省监察厅、省审计厅、省委省政府信访办公室提供评估意见。

3）协作配合。部门之间工作沟通协商、协作配合的情况。由省政府目标绩效管理委员会办公室（以下简称绩效办）提供评估意见。

4. 自身建设

主要评估省政府部门按照为民、务实、清廉的要求，加强机关自身建设，特别讲大局、特别讲付出、特别讲实干、特别讲纪律的情况。

1）党组织建设。即加强党的思想建设、组织建设、作风建设、制度建设和精神文明建设的情况。由省直机关工委提供评估意见。

2）政风行风。即端正行业作风，纠正不正之风，维护群众合法权益的情况。由省监察厅提供评估意见。

3）廉政建设。即落实党风廉政建设责任制，推进反腐倡廉建设，惩治和预防腐败体系建设的情况。由省直机关工委提供评估意见。

表 10-1　四川省政府部门绩效评估指标体系

序号	一级指标	具体内容	二级指标	具体内容	三级指标	评估依据
1	职能职责（60分）	履行法定职责、贯彻省委、省政府决策部署和完成《政府工作报告》目标任务的情况	职责任务（40分）	履行法定职责，做好重点工作，完成核心指标的情况	结合部门实际量身定制	部门绩效管理报告，省统计局评估意见
			依法行政（10分）	规范行政决策行为，依法履行部门职责，健全行政执法程序，完善行政复议制度的情况		省政府法制办公室评估意见
			政令畅通（10分）	落实省委、省政府交办任务，执行省政府领导指示，令行禁止和真抓实干的态度、能力和效果		省政府督办室评估意见
2	行政效能（15分）	行政效能建设，转变机关作风，提高工作效率，控制行政成本，为"两个加快"构建良好环境支撑和作风保障的情况	效能建设（8分）	贯彻《政府信息公开条例》，落实"三项制度"，管理创新和提供优质高效政务服务的情况		省政府办公厅、法制办公室、监察厅、省直机关工委评估意见
			成本效益（4分）	履行职责、完成目标任务付出的代价，降低行政成本，财政支出绩效的情况		省财政厅评估意见
			应急管理（3分）	预防和处置突发事件、落实维稳第一责任，应急能力和应急准备的情况		省政府应急办公室评估意见

序号	一级指标	具体内容	二级指标	具体内容	三级指标	评估依据
3	服务质量（15分）	维护人民群众根本利益，服务基层、服务群众的意识、能力和接受监督的情况	服务群众（8分）	加强政务服务中心窗口建设，实行"两集中、两到位"，推行并联审批，为群众办实事办好事的情况	结合部门实际量身定制	省政务服务中心评估意见、被评估部门绩效管理报告
			接受监督（4分）	办理人大代表建议、政协委员提案，接受监察、审计专门监督以及新闻舆论监督的情况；妥善处理群众来信来访，化解社会矛盾的情况		省政府督办室、省监察厅、省审计厅、省委省政府信访办公室评估意见
			协作配合（3分）	部门之间工作沟通协商、协作配合的情况		省人民政府目标绩效管理委员会评估意见
4	自身建设（10分）	按照为民、务实、清廉的要求，加强机关自身建设，特别讲大局、特别讲付出、特别讲实干、特别讲纪律的情况	党组织建设（4分）	党的思想建设、组织建设、作风建设、制度建设和精神文明建设的情况		省直机关工委评估意见
			政风行风（3分）	端正行业作风，纠正不正之风，维护群众合法权益的情况		省监察厅评估意见
			廉政建设（3分）	落实党风廉政建设责任制，推进反腐倡廉建设，惩治和预防腐败体系建设的情况		省直机关工委评估意见

10.2.1.2 考核评价办法

绩效管理在部门自我评价的基础上，采取政府领导评价、绩效组织评价和社会公众评价相结合的方式进行。

（1）部门自我评价。部门根据绩效管理办法和绩效管理三级指标，提供年度绩效管理工作报告，作为省政府部门绩效管理的依据之一。

（2）政府领导评价。由省长、副省长对部门年度绩效进行综合评价，按照规定比例，提出部门绩效评价意见。

（3）绩效组织评价。省政府绩效办在部门年度绩效管理工作报告和相关部门评估意见的基础上，召开绩效办全体会议，对部门绩效进行有记名评价。

（4）社会公众评价。由省政府绩效办牵头组织省人大代表、政协委员、服务对象和专家学者的代表，对省政府部门的服务意识、服务能力、服务效率、服务成效进行民主测评。对重要专项工作、民生工程等完成情况可适时组织满意度测评。民主测评或满意度测评的结果作为部门绩效管理的依据之一。

10.2.1.3　考核计分方式

1. 部门绩效评价的权重和计分

省长的评价权重为10%，副省长的评价权重为10%，省政府绩效办的评价权重为60%，社会公众的评价权重为20%。部门绩效管理实行分类计分，职能职责满分为60分，行政效能满分为15分，服务质量满分为15分，自身建设满分为10分。

1）政府领导评价。省长、副省长对部门年度绩效管理的评价结论分为先进、合格、不合格三档，按规定分值分别计分。

2）绩效组织评价。省政府绩效办对部门年度绩效管理的评价结论分为好、较好、一般、差四档，按二级指标的分值分别计分。

3）社会公众评价。社会公众对省政府部门的评价结论分为满意、比较满意、一般、不满意四档，按评价项目的分值分别计分。

2. 部门绩效管理实行创先争优加分和特殊情况扣分

1）创先争优加分。获得省委、省政府表彰，每项计1分。加分由部门提供依据，省政府绩效办审核后提出建议，报省政府绩效办确定。

2）特殊情况扣分。①批评扣分。部门或主管工作受到省委、省政府批评，每次扣1分；被中央主要新闻媒体曝光，造成不良影响，每次扣1分。②问责扣分。根据《关于实行党政领导干部问责的暂行规定》，部门领导班子成员受到问责，每人次扣2分。批评扣分由省政府绩效办提出建议，问责扣分由省监察厅提出建议，报省政府绩效委确定。

10.2.1.4　绩效管理等次确定

（1）省政府部门绩效管理得分 = 政府领导评价得分 + 绩效组织评价得分 +

社会公众评价得分＋创先争优加分－特殊情况扣分。

（2）先进单位按省政府部门总数的1/3产生，其中省政府组成部门、省政府直属特设机构和直属机构、省政府其他机构分类排队，一般各占其1/3。

（3）年度部门绩效管理得分由省政府绩效办汇总，由省政府绩效办提出绩效管理等次，报省政府常务委员会批准。

10.2.2　环境绩效考核

10.2.2.1　绩效评估内容

绩效评估内容包括组织制度建设指标、统计调查指标、统计报告指标和统计监督指标。

（1）组织制度建设指标，即各地环境保护行政主管部门根据国家和省环境统计任务和本地区、本部门环境管理需要，加强对环境统计工作的领导。主要包括建立、健全环境统计机构；制定环境统计工作规章制度和奖惩制度，并组织实施；安排并保障环境统计所需的业务经费、专用设备、网络环境；配置环境统计专职人员并组织业务培训。

（2）统计调查指标，即各地按照统计法律、法规和统计制度，开展环境统计调查工作，如实提供统计资料，准确及时完成统计工作任务。主要包括实行环境统计质量控制和监督，采取措施保障统计资料的准确性和及时性；收集、汇总和核实环境统计资料，建立和管理环境统计档案和数据库；按照规定向同级统计行政主管部门和上级环境保护行政主管部门提供环境统计资料。

（3）统计报告指标，即各地运用统计方法及与分析对象有关的知识，反映并计量本地区社会经济活动引起的环境变化情况，为政府制定环境政策和环境规划提供依据。主要包括开展环境统计分析和预测，开展环境统计科学研究，改进和完善环境统计制度和方法。

（4）统计监督指标，即依法依规主动公开环境统计信息，提升政府公信力，提升公众的监督力，促进政府与公众合作，促使环境保护运行不偏离正轨。主要包括编制发布本地区环境统计公报；编制发布本地区环境统计年报；定期发布本地区其他环境统计信息；涉密环境统计信息的保密管理。

10.2.2.2 绩效评估方法

1）绩效评估年内有下列行为之一的，评估结果计 0 分，并按照相关法律、法规的规定给予处分或行政处罚：

（1）虚报、瞒报、拒报、屡次迟报或者伪造、篡改环境统计资料的；

（2）妨碍环境统计人员执行环境统计公务的；

（3）环境统计人员滥用职权、玩忽职守的；

（4）未按规定保守国家或者被调查者的秘密的。

2）各市（州）环境保护行政主管部门每年年报报送工作结束后应进行自查，并纳入年度工作总结报告，于每年 6 月底上报省环境保护厅，同时抄送四川省环境保护科学研究院。

3）评估结果作为四川省"十二五"主要污染物总量减排综合考核指标体系中"统计体系"指标分值的计算依据，纳入四川省主要污染物总量减排综合考核管理，并向社会公布；同时作为全省环境统计工作创优评先的评比依据，原则上推荐全国环境统计工作先进集体和先进个人的地区需连续三年评估结果为良好以上。

4）评估结果为不合格的市（州），认定为未通过年度评估。未通过年度评估的市（州）应在 30 天内向省环境保护厅作出书面报告，提出限期整改措施。

5）对在评估工作中瞒报、谎报情况的市（州），予以通报批评，对直接责任人严肃处理。

6）各市（州）环境保护行政主管部门根据《四川省"十二五"主要污染物总量减排考核办法》，结合地方实际，对所辖区内各县（市、区）环境统计工作进行绩效评估。

10.2.2.3 绩效评估指标

1. 组织制度建设指标（30 分）

工作领导指标指各市（州）在统计机构、工作机制、经费保障、能力保障、业务培训和人员保障 6 个方面的工作，满分 30 分。

1）统计机构（5 分）

统计机构指各市（州）环境保护行政主管部门根据环境统计任务设置或明

确环境统计技术支持机构（包括内设机构），满分5分。依据相关文件确定，未有相关文件证明的本项计0分。

2）工作机制（4分）

工作机制指工作组织和奖惩制度，即制定环境统计工作规章制度和工作计划，并组织实施；建立环境统计工作奖惩制度，满分4分。依据地方年度工作总结报告、相关文件、环境统计执法检查和抽查结果确定，其中未建立工作规章制度和奖惩制度的，缺一项扣1分，未制订工作计划并组织实施的扣2分，扣完为止。

3）经费保障（2分）

经费保障指市（州）环境保护行政主管部门切实保障统计工作必要的业务经费（包括调研、培训、会议、研究经费等），满分2分。依据市（州）环境保护行政主管部门经费支出计划确定，工作业务经费未得到保障的本项计0分。

4）能力保障（6分）

能力保障指正常开展环境统计工作所需的专用设备保障和网络环境保障，满分6分。依据地方年度工作总结报告、集中培训和环境统计执法检查和抽查结果确定，环境统计设备违规挪用的扣3分；专用设备中软件未安装或更新不及时的，发现一次扣1分；专网建设完成但网络不畅通的扣2分；扣完为止。

5）业务培训（8分）

业务培训指各市（州）自行组织开展的统计业务培训以及参加国家、省组织的统计业务培训，满分8分。依据地方年度工作总结报告、集中培训和环境统计执法检查和抽查结果确定，无会议通知的扣2分；无培训记录的扣1分；参加国家、省组织的统计业务培训、讲座、会议，不认真听课、不遵守会场秩序的，每人次扣1分，无故缺席1人扣1分；扣完为止。

6）人员保障（5分）

人员保障指各市（州）的环境统计专职人员的配置及人员稳定性、专业性，满分5分。依据省环境保护厅年度调查结果确定，专职统计人员配置不足的扣2分，统计人员变更未报告的扣1分，统计工作人员未持证上岗的扣2分，扣完为止。

2. 统计调查指标（40分）

统计调查指标指各市（州）在环境统计报表上报时效性、数据质量、资料管理等方面的情况，满分 40 分。

1）上报时效性（5 分）

上报时效指各市（州）的环境统计数据库和工作总结是否在规定时间内上报，满分 5 分。依据四川省环境保护厅及四川省环科院对各地年报、季报的审核结果确定，统计数据未按规定时间上报的，每超过一个工作日扣 1 分；工作总结未按规定时间内上报的，每超过一个工作日扣 1 分；扣完为止。

2）数据质量（30 分）

数据质量指各市（州）上报的环境统计数据是否与总量衔接、数据是否具有完整性、数据之间是否有逻辑关系和有效性，以及其他指标的相应判断，满分 30 分。依据国家、四川省环境保护厅及四川省环科院对各地年报、季报的审核结果确定，包括以下 6 个方面。

（1）总量衔接（10 分）

总量衔接指各市（州）对上报的工业源、生活源、农业源中的化学需氧量、氨氮、二氧化硫和氮氧化物四项污染物排放量指标与总量减排核定量进行比对，原则上要求每一次上报数据必须和核定量保持一致，满分 8 分。任何一次、任一指标不一致，扣 2 分，扣完为止。

（2）数据完整性（3 分）

数据完整性指上报的环境统计数据库应遵循报表制度的要求，满分 3 分。缺失一张报表扣 1 分；缺填任一指标，扣 0.5 分，扣完为止。

（3）数据逻辑性（3 分）

数据逻辑性指上报的环境统计数据具备完整的逻辑一致性，满分 3 分。任一指标出现数量级、单位的错误，此项计 0 分；同一表格中不同指标之间存在逻辑错误，扣 1 分；不同报表之间相互联系的指标存在逻辑错误，扣 1 分；扣完为止。

（4）宏观数据有效性（3 分）

宏观数据有效性指上报的城镇人口数、煤炭消耗总量（包括生活、工业煤炭消耗量）、生活用水总量等宏观数据需是法定数据或有相关机构证明材料，满分 3 分。无证明材料的此项计 0 分。

（5）其他核定指标（5 分）

其他核定指标指上报的环境统计数据中的全口径行业［包括火力发电行业、

水泥行业、钢铁冶炼行业、制浆及造纸行业等，以及城市污水处理厂、城市垃圾处理厂和危险废物（医疗废物）集中处置场]、农业源、生活源及机动车、环境管理等表中填报的指标与减排核定结果的一致性，满分5分。任一指标与减排核定的指标不一致的，扣0.5分，扣完为止。

（6）指标突变（6分）

指标突变指上报的烟（粉）尘产排量、工业固体废物（包括产生量、综合利用量、贮存量、处置量）、工业危险废物（包括产生量、综合利用量、贮存量、处置量）、工业废气治理设施运行费用和工业废水治理设施运行费用等指标的同比变化情况，满分6分。任一指标同比变化率超过10%，且无合理解释的，扣1分，扣完为止。

3）资料管理（5分）

资料管理指环境统计资料标准化建设和使用两个方面，各地按四川省环境保护厅环境统计档案标准化建设指南要求，对统计资料进行有序的、分类的管理，明确统计资料的使用申请、负责人批准、数据导出的步骤，并由固定负责人进行数据的提供，满分5分。依据地方年度工作总结报告、相关文件、环境统计执法检查和抽查结果确定，环境统计档案管理制度、规定不完整的扣1分；无专人负责数据提供的扣1分；未开展统计资料标准化的，得0分；标准化工作不完善的，根据具体情况扣分；扣完为止。

3. 统计报告指标（20分）

指各市（州）对本地区的环境统计数据进行分析与预测和在环境统计制度、统计方法等方面开展的创新性活动，满分20分。

1）统计应用（10分）

统计应用指利用科学的统计方法，对本年度已完成最终上报的环境统计数据进行分析和预测，找出存在的问题，提出针对性的建议，满分10分。依据地方上报四川省环境保护厅的年度环境统计分析报告确定，包括以下五项内容，缺一项扣2分，扣完为止。

（1）对本年度环境统计数据进行简单的描述性统计分析。

（2）基本完成对本地区的环境污染、治理现状分析，提出存在的问题和合理可行的对策建议。

（3）采用环比、同比等常规技术方法分区县、分行业进行环境统计数据分析。

（4）采用较先进、具有一定创新性的研究方法开展环境统计数据分析。

（5）提出对当地环境管理工作具有技术支撑作用和参考价值的结论与建议。

2）创新发展（10 分）

创新发展指通过开展环境统计专题研究，对环境统计方法、统计制度（如数据分析方法、数据统计方法、统计指标更新、数据采集制度、数据审核制度等）进行改进和完善，满分 10 分。依据地方报送信息、年度工作总结、执法检查和抽查结果确定，包括以下 3 个阶段，每达到一个阶段，即获得对应的分数；未进行科学研究的市（州）得 0 分。

（1）开展并完成环境统计科学研究，得 4 分；

（2）研究成果通过专家验收，得 4 分；

（3）研究成果被四川省环境保护厅认可采纳，并推广应用于实际工作，得 2 分。

4. 统计监督指标（10 分）

统计监督指标指依照法律和相关规定，市（州）级环保部门要做好数据录入质量把关和数据审核等工作，指导企业做好数据填报工作，开展数据质量现场抽查核查。主动公开环境统计信息，提升政府公信力，提升公众的监督力，促进政府与公众合作，促使环境保护运行不偏离正轨。主要包括对外的信息公布、保密信息的管理和现场抽查 3 个方面，满分 10 分。

1）信息公布（6 分）

信息公布指各市（州）对环境统计公报、环境统计年报和其他环境统计信息的公开发布情况，满分 6 分。依据地方政府或环境保护部门门户网站上公开发布的信息确定，未发布环境统计公报的扣 2 分；未发布环境统计年报的扣 2 分；未发布本辖区主要污染物减排信息的扣 1 分；未发布本辖区重点污染源信息的扣 1 分；未发布重点减排项目信息的扣 1 分，扣完为止。

2）保密信息管理（2 分）

保密信息管理指各市（州）依照国家有关统计资料保密管理的法律和规定，对涉密的环境统计资料进行保密管理，满分 2 分。如有违反保密规定的，扣 2 分。

3）现场抽查（2 分）

根据《关于开展国家重点监控企业环境统计数据直报工作的通知》（环办

〔2013〕91号）的要求，市（州）级环保部门每年要对直报企业进行现场抽查核查，不满足要求的扣2分。

5. 其他事项

获得国家级或省级表彰，出台并实施行之有效的环境统计新政策、新措施，对环境统计工作有重大推动，给予2分以内的加分。

表10-2　四川省环境统计工作绩效评估指标体系（试行）

一级指标	序号	二级指标	三级指标	分值	评估依据
			小计	30	
组织制度建设指标（30分）	1-1	统计机构	—	5	机构设置相关文件
	1-2	工作机制	工作组织	2	地方年度工作总结、相关文件和四川省环境保护厅与省统计局联合执法检查情况
	1-3		奖惩制度	2	
	1-4	经费保障	—	2	
	1-5	能力保障	专用设备保障	3	
	1-6		网络环境保障	3	
	1-7	业务培训	开展培训	4	四川省环境保护厅核定数据
	1-8		参加培训	4	
	1-9	人员保障	人员安排	2	四川省环境保护厅年度调查结果
	1-10		从业资格	3	
			小计	40	
统计调查指标（40分）	2-1	上报时效性	数据库	3	四川省环境保护科学研究院上报数据
	2-2		工作总结	2	
	2-3	数据质量	总量衔接	10	
	2-4		数据完整性	3	
	2-5		数据逻辑性	3	
	2-6		宏观数据有效性	3	
	2-7		其他核定指标	5	
	2-8		指标突变	6	
	2-9	资料管理	资料使用	2	地方年度工作总结、相关文件和四川省环境保护厅与四川省统计局联合执法检查情况
	2-10		标准化管理	3	

一级指标	序号	二级指标	三级指标	分值	评估依据
统计报告指标（20分）			小计	20	
	3-1	统计应用	统计分析与预测	10	编制本地区统计分析报告
	3-2	创新发展	改进完善统计制度方法	10	地方相关报告和研究成果
统计监督指标（10分）			小计	10	
	4-1	信息公布	统计公报	2	官方网站和纸质资料
	4-2		统计年报	2	
	4-3		其他信息	2	
	4-4	保密管理	保密信息管理	2	四川省环境保护厅核定结果
	4-5	现场抽查	直报企业抽查	2	环保部相关规定、地方年度工作总结
总计				100	

10.3　主要成效

2015 年四川省政府部门绩效管理社会公众评价调查结果发布，涉及四川省政府 47 个部门、涵盖四类调查对象 31 个评价指标，这是该省首次将第三方评价机制引入省政府部门绩效评价的新尝试，也是贯彻落实党的十八届三中全会提出的"完善发展成果考核评价体系"精神，推进"民考官"机制的新探索。四川省社情民意调查中心通过在数据库中抽样，以计算机辅助电话访问系统和信函方式开展对省政府部门的第三方评价，调查过程全程录音，47 个省政府部门共计完成 14 580 个有效样本测评，平均每个被测评部门完成了 310 个有效样本的测评。

10.4　主要特点

10.4.1　引入第三方评价机制

为确保省政府部门绩效管理第三方评价的科学性，四川省社情民意调查中心受到委托，根据抽样测评工作的需要，分别建立了服务对象样本数据库、下级对口单位样本数据库、部门职工样本数据库以及省党代表、人大代表、政协委员、政风行风监督员样本数据库。并针对参与第三方评价对象的不同，设置了不同的评价指标。2015 年首次将对政府部门绩效评价的权力交到政府部门之外的第三方手中，使绩效评价主体不仅实现了内部与外部的结合，也实现了"面对面"和"背靠背"的结合。第三方评价政府部门绩效的本质是体现公共治理，它不但是体现民意的一种方式，而且找到了民众参政议政、参与公共决策的有序渠道，更是政府部门了解群众诉求、意愿和满意度的途径。

10.4.2 积极推进信息公开

2017 年以来，四川省人民政府网策划推出"全面创新改革""推进绿色发展"等 14 个专栏专题，动态发布政务服务平台、环保督察等政府重点工作推进情况。同时，围绕事关群众切身利益事项，将涉及 10 项民生工程和 20 件民生实事的项目名称、资金、推进情况等信息及时主动向社会公开，并在省政府网站集中公开省级"三公"经费预决算总额、123 个省直部门（单位）预算情况和 120 个决算情况，保障公众的知情权、监督权。

10.5　存在的问题

10.5.1 基层干部环保认识有待提高

个别市（州）和一些县乡干部对环保的认识还停留在口头上，没有落实到行动中。例如，在部分环境质量较好的地区，领导干部盲目乐观，危机感不强。在部分环境质量较差地区，领导干部又认为包袱重、解决难度大，有畏难情绪。甚至有县委常委会，连续三年没有研究过环保工作。

10.5.2 部分地区的环保责任有待落实

部分地区的环保责任未真正压实，具体表现在对本辖区的污染源情况不清，对偷排、漏排、超排企业听之任之，甚至有利益输送不敢执法的情况。

10.5.3 部分区域环境质量不升反降

2016 年，部分市（州）的城市环境空气质量达标天数比例同比下降，个别城市 $PM_{2.5}$ 浓度同比上升。一些突出环境问题未得到根本解决，如农业面源污染，尤其是畜禽养殖量大面广，主要污染物化学需氧量、氨氮排放量远远超过工业排放量等。

10.5.4 环保基础设施建设滞后，运行管理问题突出

四川省县级以上城市仍有 40 多个尚未建污水处理厂，部分已建成的污水处理厂运行不正常。部分县城和多数乡镇污水管网不配套。大量生活垃圾填埋场超负荷、超年限运行，绝大部分乡镇自行设置的堆放场没有污染防治措施，垃圾渗滤液普遍大量积存。

10.6 政策需求

10.6.1 完善绩效考核机制，落实环保责任

四川省正在探索环保部门主导目标绩效考核机制。2017 年在成都、自贡开展了环保局主导的年度绩效目标考核试点，加大环保考核权重，将环保指标分解落实到相关职能部门和各级政府，由环保部门实施考核，进一步传导和压实环保主体责任，让落实环保责任成为习惯。

10.6.2 建立由绩效评估向绩效管理转变的管理思路

绩效评估是绩效管理的一个关键环节，而绩效改进才是绩效管理的逻辑起点和终点。需要将现在的环境保护年度考核由一种"打分排名"的考核工具向一种发现问题、解决问题的绩效管理形式转变。要建立绩效辅导制度、获取和反馈绩效评估信息制度，科学设计环境绩效考评周期，采取周纪实、月跟踪、季调度、半年评估、年终考评等方式，把平时、年度与任期考评有机结合起来，实现环境绩效的全过程管理。

10.6.3 开展增强基层干部人员对环保认识的培训

对于环境绩效管理工作，仅仅靠党政领导特别是"一把手"重视是不够的，基层干部人员的执行落实情况不容忽略。基层干部人员的绩效观及环保意识，决定着环境绩效管理的执行有效性。因此，需要通过各种渠道和形式，培训和深化地方政府特别是党政领导的环境保护观念，扩大增强各级政府对环境绩效评估和管理的认识；并通过交流会，实现不同部门不同地区之间的经验交流。

10.7 附件

四川省"十二五"主要污染物总量减排考核办法

第一条 为贯彻落实科学发展观，推进政府绩效管理，控制主要污染物排放，确保实现全省"十二五"主要污染物总量减排目标，按照《国务院关于印发"十二五"节能减排综合性工作方案的通知》（国发〔2011〕26号）、《国务院关于加强环境保护重点工作的意见》（国发〔2011〕35号）、《国务院办公厅关于转发环境保护部"十二五"主要污染物总量减排考核办法的通知》（国办发〔2013〕4号）和《四川省人民政府关于印发四川省"十二五"节能减排综合性工作方案的通知》（川府发〔2011〕40号，以下简称《方案》）的有关规定，制定本办法。

第二条 本办法适用于对各市（州）人民政府"十二五"期间主要污染物总量减排完成情况的绩效管理和评价考核。

本办法所称主要污染物，是指《四川省国民经济和社会发展第十二个五年规划纲要》确定实施总量控制的四项污染物，即化学需氧量、氨氮、二氧化硫和氮氧化物。

第三条 "十二五"主要污染物总量减排的责任主体是地方各级人民政府。各市（州）人民政府要把主要污染物总量控制指标层层分解落实到本辖区内各级人民政府、各职能部门及重点企事业单位，并将其纳入本市（州）经济社会发展规划，加强组织领导，强化绩效管理，落实项目和资金，严格执法监督，确保实现主要污染物总量减排目标。

第四条　各市（州）人民政府应按照《方案》要求，确定主要污染物年度削减目标，制订年度减排计划，将减排任务分解落实到本辖区内各级人民政府。年度减排计划应于当年 3 月 15 日前报省环境保护主管部门和省发展改革部门。

第五条　各市（州）人民政府应建立本地区主要污染物总量减排统计体系、监测体系和考核体系，及时调度和动态管理主要污染物排放数据、主要减排措施进展以及环境质量变化情况，建立主要污染物排放总量台账，将主要污染物减排纳入经济形势分析，做好分析测算，实施预警调控。

第六条　主要污染物减排考核实行综合考核，主要内容包括 3 个方面：

（一）主要污染物总量减排目标完成情况。按照主要污染物总量减排统计办法、监测办法以及国务院环境保护主管部门制定的总量减排核算细则相关规定予以核定。依据各地环境质量变化情况验证减排工作成效。

（二）主要污染物总量减排统计监测考核体系的建设运行情况。依据国家重点监控企业名单核实主要污染物自动监测设备的建设和联网情况，以省环境保护主管部门污染源自动监控平台数据核实各地污染物自动监测设备运行情况和主要污染物监控数据传输有效率。统计体系和考核体系建设运行情况依据各地相关文件和抽查复核情况以及绩效管理工作情况进行评定。

（三）各项主要污染物总量减排措施落实情况。依据污染治理设施试运行或竣工验收文件、关闭落后产能时间、主要污染物总量减排目标责任书中重点项目的建成投运情况，当地人民政府减排管理措施、计划执行情况等有关材料和统计数据，以及其他各项减排政策措施的制定和落实情况进行评定。

综合考核依据工作情况评定，考核结果分为优秀（85 分及以上）、良好（75 分及以上，85 分以下）、合格（60 分及以上，75 分以下）、不合格（60 分以下），具体考核指标计分细则由省环境保护主管部门另行印发。

第七条　对各市（州）人民政府落实年度主要污染物总量减排情况的核查督查，由省环境保护主管部门结合国家核查督查进行，每半年一次。

省环境保护主管部门于每年 3 月 15 日和 9 月 15 日前，分别将各市（州）上一年度及本年度上半年主要污染物总量减排初步核算数据报告省人民政府，并向社会公布。

第八条　各市（州）人民政府于每年1月底前将上一年度本辖区内主要污染物总量减排情况自查报告报省人民政府。

省环境保护主管部门会同发展改革、统计和监察部门，对各市（州）人民政府上一年度主要污染物总量减排情况进行考核。省环境保护主管部门会同上述部门于每年3月20日前将全省考核结果报告省人民政府，经省人民政府审定后，向社会公布。

主要污染物总量减排采用现场核查和重点抽查相结合的方式进行。出现下列情况之一的，认定为未通过年度考核：

（一）重点减排项目未按目标责任书落实；

（二）监测体系建设运行情况未达到相关要求（污染源自动监控数据传输有效率75%，自行监测结果公布率80%，监督性监测结果公布率95%）。

（三）综合考核得分低于60分。

未通过年度考核的各市（州）人民政府应在1个月内向省人民政府作出书面报告，提出限期整改工作措施，并抄送省环境保护主管部门。

第九条　考核结果报省人民政府审定后，交送省委组织部，依照《关于建立促进科学发展的党政领导班子和领导干部考核评价机制的意见》《地方党政领导班子和领导干部综合考核评价办法（试行）》《关于开展政府绩效管理试点工作的意见》等规定，作为对各市（州）人民政府领导班子和领导干部综合考核评价的重要依据。

对考核结果为优秀的，省人民政府优先加大对该地区污染治理和环保能力建设的支持力度；省环境保护主管部门降低该地区新增主要污染物排放项目的替代系数，并结合全省减排表彰活动依照国家规定进行表彰奖励。

对考核结果为未通过的，实行问责和"一票否决"制。省环境保护主管部门提高该地区新增主要污染物排放项目的替代系数，提请省人民政府撤销授予该市（州）的省级环境保护或环境治理方面的荣誉称号，领导干部不得参加年度评奖、授予荣誉称号等。由省监察机关会同省环保部门依照有关规定，视情节通报批评、责令作出书面检查和问责等。连续两年未通过考核的，依照国家规定暂停该市（州）所有新增主要污染物排放建设项目的环评审批。

对未通过且整改不到位或因工作不力造成重大社会影响的，由省监察机关依照《四川省"十二五"节能减排工作目标考核问责办法》等相关法律法规，追究该市（州）有关责任人员的责任。

第十条 对在主要污染物总量减排考核工作中瞒报、谎报、弄虚作假的市（州），予以通报批评；对直接责任人员依法依纪追究责任。

第十一条 各市（州）人民政府需报经省环境保护主管部门会同发展改革、统计部门审核确认后，方可向社会公布本地区年度主要污染物排放总量数据。

第十二条 各市（州）人民政府根据本办法，对所辖区内各县（市、区）和重点企业的上一年度减排目标责任完成情况进行评价考核，考核结果于每年5月底前向省人民政府报告，抄送省节能减排领导小组办公室和省环境保护主管部门，并向社会公布。

第十三条 本办法自印发之日起施行。

第 11 章

深圳市政府环境绩效评估与管理实践

自 2007 年以来，深圳市把政府绩效管理作为效能监察和效能建设新平台和抓手，不断推进政府绩效管理试点范围的扩大和完善，2011 年深圳市基本实现了政府绩效管理的系统化、电子化、过程化、精细化和标准化。深圳市在完善探索的过程中，通过不断丰富政府绩效考核内涵、扩宽考核范围、创新考核手段、注重公共参与以及强化结果运用等创新手段，使深圳市的环保工作实绩考核不仅成为引导各级领导干部树立科学政绩观、科学评价领导班子和干部、科学选人用人的"绿色"指挥棒，还成为深圳遵循科学发展原则、运用科学发展理论、实现科学发展目标、提升城市发展质量的"助推器"。但是，深圳市的政府环境绩效管理仍存在着生态文明建设考核内容未全面纳入政府绩效管理工作中、环境绩效管理理念体现不充分、环境绩效评估指标体系有待完善以及环境绩效管理缺少相关法律法规和政策的保障等问题。

11.1 基本情况

11.1.1 政府绩效管理

深圳市由市监察局牵头，于 2007—2009 年连续 3 年选择部分单位开展了政府绩效管理试点，2010 年在全市政府系统全面试行。2010 年 3 月 12 日，深圳市人民政府印发《深圳市政府全面试行绩效管理工作实施方案》，决定从 2010 年起，将绩效管理工作从局部的绩效评估试点转向在市政府各部门和各区政府、新区管委会全面试行。

为完善政府绩效管理工作，根据市政府五届七十八次常务会议和 2013 年 2 月 18 日召开的市绩效委第七次全体会议要求，市绩效委对《关于印发深圳市政府绩效评估与管理暂行办法等"1＋3"文件的通知》（深府〔2009〕153 号）的相关文件进行了修订，将原"1＋3"文件合并为一份文件，通过改进政府绩效年度评估结果划分方法，调整政府绩效年度评估结果奖惩规则，扩大年度评估结果奖惩适用范围，强化绩效评估数据采集责任机制和配套制度，明确区分"绩效评估"和"绩效管理"等相关概念及其适用范围，以及其他修改，最终形成《深圳市政府绩效管理办法（征求意见稿）》。为切实做好深圳市 2013 年绩效管理工作，深圳市政府绩效管理委员会（以下简称绩效委）制定了《深圳市 2013 年政府绩效管理工作实施方案》，并结合政府绩效管理工作实际，制定了《深圳市 2013 年政府绩效评估指标体系》，附有《深圳市 2013 年政府绩效评估指标考评标准操作规程》。

11.1.2　环境绩效评估与管理

2007 年 12 月，深圳市委、市政府联合印发《深圳市环境保护实绩考核试行办法》，开始了一年一度的深圳环境保护实绩考核工作。对全市各区，与人居环境相关的政府工作部门以及与环境污染治理有关的大型国有集团公司的环保工作进行考核，考核结果作为评价领导干部政绩、评审年度考核等次和选拔任用的重要依据之一。

为贯彻党的十八大精神，进一步加强生态文明建设，努力实现有质量的稳定增长、可持续的全面发展，打造"深圳质量"，中共深圳市委办公厅和深圳市人民政府办公厅于 2013 年 8 月 22 日印发实施《深圳市生态文明建设考核制度（试行）》（深办发〔2013〕8 号）。由市委组织部牵头将实行了 6 年的考核办法升级为生态文明建设考核制度，使环境保护制度化，有力推进了环保工作。

为建立和完善体现生态文明要求的考核办法和奖惩机制，深圳市生态文明建设考核领导小组办公室制定了《深圳市 2013 年度生态文明建设考核实施方案》，明确了考核对象、考核内容和方式、考核结果评定、考核工作安排及考核机构，并附有各区、市直部门、重点企业生态文明建设考核内容，2013 年度生态文明建设考核指标计分方法，2013 年度现场检查及资料审查操作细则和 2013 年度生态文明建设工作实绩报告评审操作细则。为进一步推进深圳市生态文明建设和打造环境管理的"深圳质量"奠定了坚实的基础。

11.2　主要做法

11.2.1　深圳市政府绩效管理

11.2.1.1　组织机构和职责

市政府成立深圳市绩效委，市长任主任，分管副市长、市政府秘书长任副主任，成员为市委组织部分管负责人、市编办主要负责人和市政府办公厅、发展改革、财政、监察、人力资源保障、审计、统计、法制等部门主要负责人，根据《深圳市政府绩效管理办法》，领导、组织、协调市政府绩效管理工作；市绩效委下设办公室（简称"市绩效办"），为市绩效委的日常办事机构，具体负责组织实施全市政府绩效管理工作。被评估单位各自确定接洽部门并配备工作人员负责本单位的绩效管理工作。完善的工作机制和制度，促进了绩效管理的规范化和常态化。

11.2.1.2　工作程序

（1）市绩效办每年年初制定市政府绩效管理工作实施方案和市政府绩效评估指标体系，报市绩效委批准后印发执行。

（2）被评估单位制定本单位年度绩效管理工作方案和年度公共服务白皮书，据此开展绩效管理工作，及时收集有关目标任务的进展、完成情况等数据资料，并通过"深圳市政府绩效电子评估系统"按时按质报送。

（3）市绩效办检查、监督被评估单位绩效评估指标的完成情况及其效果，并通过"深圳市政府绩效电子评估系统"向被评估单位通报检查结果和有关信息，也可根据工作需要进行符合性验证。

（4）市绩效办于每季度及半年结束后，组织开展政府绩效评估和中期评估，形成单项指标评估结果，于次年初组织年度评估，形成单项指标评估结果和年度绩效评估结果，并根据工作需要，不定期组织专项工作绩效评估。

（5）中期评估单项指标评估结果和年度绩效评估结果报市绩效委审定，中期评估情况向市政府常务会报告，年度评估情况分别向市委常委会和市政府常务会报告。

（6）市绩效办在中期评估、年度评估和专项工作评估完成后，编制政府绩效评估报告，全面、准确地使用绩效评估指标数据，客观反映被评估单位的绩效状况，并提出改进意见和建议。

（7）市绩效委根据实际需要，决定市政府绩效评估结果公布的形式和范围。

（8）市绩效办将已批准的市政府绩效评估结果和评估报告通报被评估单位及其他有关单位，并协调组织绩效评估结果运用。

（9）被评估单位针对落后指标和存在问题提出整改措施，及时改进工作，并将改进情况反馈市绩效办，由市绩效办综合报市绩效委，重要情况报市政府。

政府绩效管理工作流程见图 11-1。

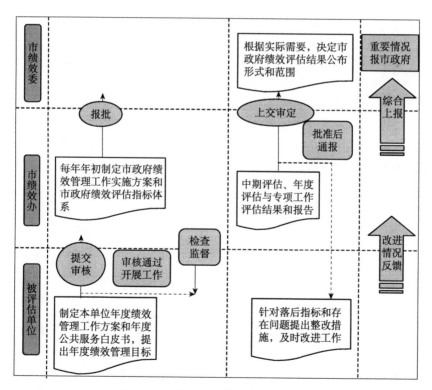

图 11-1　深圳市政府绩效管理工作流程

过程控制是深圳市政府绩效管理工作的基本理念之一。绩效管理实践突出过程控制，即每季度及半年结束后，都组织开展政府绩效季度评估和中期评估，次年年初开展年度评估，给被评估单位留有改进的时间和余地，使其在中期能够对行政过程中的问题及时发现和解决，提升管理与服务效果。

11.2.1.3　指标体系

根据深圳市经济社会发展规划和被评估单位法定职责，围绕市政府工作的中心构建政府绩效评估指标体系。

政府绩效评估指标体系制定的程序：市绩效办拟定年度政府绩效评估指标体系的初步方案；向被评估单位、相关部门、专家学者以及社会有关方面征求意见；吸收各方面合理意见，形成年度政府绩效评估指标体系；报市绩效委审定和发布。

政府绩效评估指标设置上：首先，要遵循通用可比、明细可考（可分析、可量化、可考核）、持续改进三项原则；其次，要用结果性的指标作为重点，而针对过程的指标不进行考核，从而精简指标，选出重点指标；最后，要用日常工作中产生的指标，不给被评估单位增加负担。

持续改进是深圳市政府绩效管理工作的基本理念之一。政府绩效管理是一个实时、动态、持续改善和提高的过程。评估指标中的短板指标是政府及各部门寻求改进的突破口，持续改进的绩效评估指标意味着政府工作的持续改进和工作绩效的提高。

11.2.1.4　政府绩效评估方法

逐步细化评估方法。充分考虑各区、各部门存在的客观差异，加强纵比，弱化横比，突出反映各单位自身工作的进步情况，缩小个体客观差异对评估结果的影响。适当分类评估，将政府工作部门分为两类：市政府部门、区政府和新区管委会，并分别制定绩效评估指标体系。

更加重视公众满意度。政府绩效评估采取客观评估和主观评估相结合的方法，两者所占比例由市绩效委确定。其中，主观评估是指满意度评估，又包括领导评价（10%）和公众评价（25%）。公众评价是指由市统计部门负责组织、独立第三方具体实施，面向社会公众开展的对各被评估单位绩效状况的满意度调查。具体评估规则及计算公式如下：每个被评估单位设若干个问题，分别赋予适当权重；划分不同类别随机选取被调查对象，将不同类别调查对象赋予不同权重，汇总计算被评估单位公众满意度调查分数。另外，对于公众评价，网上评价只是作为参考。

公众满意是深圳市政府绩效管理工作的基本理念之一。政府管理工作需以公众为中心，以公众需求为导向。实现公众满意是构建现代化服务型政府的必然要求，也是衡量政府绩效的终极目标。因此，政府绩效管理应始终把公众满意度作为工作的出发点和归宿。

11.2.1.5　政府绩效评估指标数据采集

绩效评估指标数据由有关业务主管单位和市统计部门（统称"数据采集责任单位"）采集，必要时由被评估单位报送。数据采集责任单位根据国家相关法律法规、政策和行业技术标准、政府工作目标等要求，充分征求被评估单位意见，制定绩效评估指标的评分标准，确定数据采集方式，形成绩效评估指标操作规程，并送市绩效办。市绩效办指导和协助数据采集责任单位制定绩效评估指标操作规程，报市绩效委审定后，与年度政府绩效指标体系一并发布。标准化绩效评估指标操作规程对指标的评分标准、评估规则、计算方法、数据采集流程、审核监督程序等要素进行格式化、标准化，实行指标考核的全部质量控制，通过减少评分的弹性，可以防止工作的随意性，保证了评估结果的真实性和公信力。

绩效评估数据采集责任机制和配套制度的强化，为数据的质量提供了保障。绩效评估最核心的问题是数据质量。深圳市政府绩效管理办法中对数据采集进行了严格规定，为避免出现迟报、漏报、瞒报、虚报、错报数据等现象提供了保障性措施。数据采集责任单位和被评估单位通过"深圳市政府绩效电子评估系统"按照报送周期要求报送数据和资料，同时向市绩效办书面报送，并对数据的及时性、准确性、真实性和完整性负责。数据采集责任单位报送的数据和书面材料应当经单位负责人审核确认，同时，数据采集责任单位应将数据采集工作的联系人告知被评估单位及其他相关单位，并录入"深圳市政府绩效电子评估系统"。期间，市绩效办负责协调和监督管理工作。

为进一步明确对数据采集责任单位的责任和约束规定，建立了评估数据报送工作绩效扣分制度、通报制度、投诉制度和申诉制度。市绩效办在每年度政府绩效评估工作结束后，还要对数据采集责任单位报送数据情况进行年度考评。对考评结果优秀单位，予以通报表扬；对考评结果较差单位，除按规则进行绩效扣分外，给予通报批评。

电子化是深圳市政府绩效管理的特色之处。绩效评估的数据采集、计算处理、分析评估和结果展示等工作都依托电子评估系统完成。数据采集、报送和评估的自动化解决了政府绩效管理工作量大、操作烦琐的难题，能完成非人力所能为的海量数据处理工作。网上调查系统进行的满意度调查为公众评议提供了参考。

11.2.1.6 政府绩效评估结果运用

政府绩效评估结果用来作为领导决策、政策调校、财政预算、公务员提拔任用、考核评优、行政奖励、行政问责的重要依据。主要规定内容包括结果划分、奖惩适用范围和奖惩规则。

1. 结果划分

由于按分数划分政府绩效年度评估结果等次容易受当年指标体系设置及具体评分标准的影响，不尽科学。因此，政府绩效评估结果按一定比例，根据具体情形划分为"A"、"B"、"C"、"D"四个等次；其中"A"和"B"等次的单位数量分别占同类被评估单位总数的15%和30%，"D"等次只规定具体情形而不定比例，其余则为"C"等次。"D"等次包括以下四种情形：一是不履行或不正确履行职责导致市政府年度重点工作和其他重要任务未按照规定目标和进度完成的；二是出现重大、特大安全生产责任事故的；三是发生食品安全、药品安全、环保、维稳等重大突发事件，未及时处理造成恶劣影响和严重后果的；四是绩效状况较差的其他情形。

2. 奖惩适用范围

新修订政府绩效管理办法将提高或降低年度考核优秀人数比例的对象范围由"单位公务员"改为"单位工作人员"，即扩展到职员、雇员等非公务员层面，以更加充分地体现被评估单位全体工作人员对提高绩效的作用，有利于调动全体工作人员的积极性。

3. 奖惩规则

新修订政府绩效管理办法明确了各个等次的具体奖惩措施，进一步明确了评估结果作为公务员提拔任用和行政问责重要依据的要求，规定了绩效奖励与经费节约挂钩的原则。对"A"等次单位，在提高单位工作人员年度考核优秀人数相应比例的同时，加大嘉奖和记功的力度；对"B"等次单位，给予提高单位工作人员年度考核优秀人数比例2%的奖励；对"C"等次单位，不予奖惩；对"D"等次单位，强化问责。行政机关及其工作人员在政府绩效管理工作中不履行或者不正确履行职责的，依照《深圳市党政领导干部问责暂行规定》和《深圳市行政过错责任追究办法》等相关规定，追究有关单位和责任人的行政责任。

市绩效办将政府绩效评估结果和奖惩情况及时抄送市组织部门作为被评估单位领导班子及其成员考核、评价、任用、奖惩的重要参考依据，同时抄送市人力资源保障部门作为被评估单位工作人员年度考核工作的依据。

被评估单位对政府绩效评估总体结果有异议的，可以向市绩效办提出书面申诉；市绩效办核实情况后报市绩效委决定。

结果导向是深圳市政府绩效管理工作的基本理念之一。政府绩效管理是一种管理工具，其目的是追求良好的效果，结果导向是绩效管理的核心理念，而过程控制是实现良好效果的保障。重视结果运用，使绩效评估结果成为领导决策、政策调校、财政预算、公务员提拔任用、考核评优、行政奖励、行政问责的重要依据，可发挥绩效评估结果在进一步提高政府绩效中的导向作用。

11.2.2　深圳市环境绩效管理

11.2.2.1　工作机构及工作安排

深圳市生态文明建设考核领导小组（简称"考核领导小组"）负责领导、组织、协调全市生态文明建设考核工作；考核领导小组实行双常委、双组长，由市委常委、市政府常务副市长和市委常委、市委组织部部长任组长。考核领导小组下设办公室（以下简称"考核办"），负责考核具体实施工作；考核办设在市人居环境委员会，由市人居环境委员会主任兼任考核办主任。考核办负责组建考核组，考核组组长由考核办主任兼任。考核办每年根据业务需要，选取相应领域的专家担任考核组专家，原则上考核组专家不得连续聘用超过3年。深圳市生态文明建设考核工作机构见图11-2。

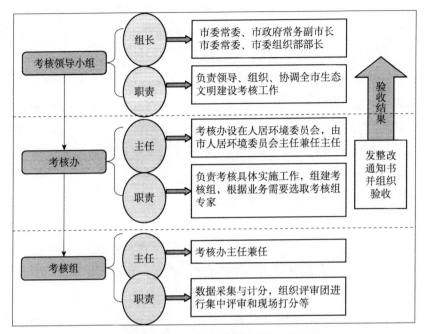

图11-2　深圳市生态文明建设考核工作机构

考核工作安排为：现场检查（日常检查和年终检查）—召开工作部署会—数据采集和计分—成立评审团—生态文明建设工作实绩报告现场评审—考核结果汇总（考核办对考核结果进行复核，考核组起草考核意见，提请领导小组审核）—考核领导小组审核考核结果—市委常委会审定并公布考核结果。

11.2.2.2　考核内容

针对不同考核对象制定不同考核内容。

各区考核内容包括各项考核指标完成情况（包括保护生态环境、促进资源节约、优化生态空间和落实生态制度等），以及生态文明建设工作实绩报告（表11-1）。其中，各区生态文明建设工作实绩报告的主要内容包括本年度工作计划、工作开展情况及成效、2012年度市环保工作实绩考核意见和2013年度经费落实情况、主要问题分析及下年度工作计划等，体现出各区的特色和亮点（具体设有评审操作细则）。

表 11-1　各区生态文明建设考核内容

序号	一级指标	二级指标	分值	三级指标	分值	指标来源
1	保护生态环境（30 分）	空气质量	5	空气质量达标状况	3	市环境监测中心
2				PM$_{2.5}$污染改善	2	市环境监测中心
3		水环境质量	10	河流及近海岸海域水质达标及改善	7	市环境监测中心
4				饮用水水源保护及改善	3	市环境监测中心
5		生态资源	5	生态资源变化状况	5	第三方机构
6	促进资源节约（30 分）	治污保洁工程	10	治污保洁工程完成情况	10	市治污保洁工程领导小组办公室
7		节能降耗	10	节能目标责任考核情况	10	市发展和改革委员会
8		污染减排	10	污染减排任务完成情况	10	市污染减排考核组
9		水资源综合利用	5	节水综合工作完成情况	3	市水务局
10				排水达标单位（小区）创建	2	市水务局
11		绿色建筑发展	5	绿色建筑建设	5	市住房和建设局
12	优化生态空间（20 分）	生态控制线保护	10	生态控制线内违法开发	5	市规划和国土资源委员会
13				生态控制线内违法开发整改	5	市规划和国土资源委员会
14		生态破坏修复	5	地质灾害和危险边坡防治	3	市规划和国土资源委员会
15				水土流失治理	2	市水务局
16		宜居社区建设	5	宜居社区建设	5	市创建宜居城市工作领导小组办公室
17	落实生态制度（5 分）	生态文明制度建设	5	制度落实	3	各区
18				公众生态文明意识	2	市统计局
公众满意率（修正）[1]：1～18 项指标得分总和 $\times K_i$						
19	生态文明建设工作实绩报告[2]				15	市生态文明建设考核评审团

注：1. 按照考核制度中的群众公认原则以及运用公众满意率调查结果验证及修正指标数据考核结果的相关要求，设定公众满意率修正系数 K_i，$K_i = 1 - 20\% \times (1 - S_i)$。式中，$K_i$ 为各考核对象的公众满意率修正系数；S_i 为各区"公众对城市环境满意率"调查结果。数据来源于市统计局。

2. 各区生态文明建设工作实绩报告的主要内容应包括本年度工作计划、工作开展情况及成效、2012 年度市环保工作实绩考核意见和 2013 年度经费落实情况、主要问题分析及下年度工作计划等，要体现出各区的特色和亮点。具体考核内容详见《2013 年度生态文明建设工作实绩报告评审操作细则》附表 1。

市直部门考核内容包括治污保洁工程完成情况、污染物减排任务完成情况和生态文明建设工作实绩报告。其中，市直部门生态文明建设工作实绩报告包括本年度工作开展情况及成效、上一年度市环保工作实绩考核意见落实情况及成效、主要问题分析及下年度生态文明建设工作计划等，体现出各部门的亮点工作（设有评审操作细则）。另外，由于不同部门职责的不同，污染减排任务和治污保洁工程不能涵盖全面的生态文明建设工作，应将这部分列为重点工作内容，集中反映在报告中。因此，根据生态文明建设工作需要和部门职责设定了市直部门生态文明建设特色重点工作内容，并设置了具体考核内容和评审操作细则。

重点企业考核内容包括治污保洁工程完成情况、污染物减排任务完成情况和生态文明建设工作实绩报告。其中，各单位生态文明建设工作实绩报告的主要内容应包括本年度工作计划、工作开展情况及成效，上一年度市环保工作实绩考核意见落实情况及成效，主要问题分析及下年度生态文明建设工作计划等，体现出各单位的亮点工作（设有评审操作细则）。同样根据生态文明建设工作需要和各单位工作性质设定了重点企业生态文明建设重点工作内容，并设置了具体考核内容和评审操作细则。

对各被考核单位生态文明建设考核设置了"一票否决"内容，包括评为不合格的8种情形和不能评为优秀的3种情形。

11.2.2.3　考核形式

深圳市生态文明建设考核方式包括：考核指标数据采集和计分，各指标数据来源单位负责提供数据及单项指标计分，考核组进行汇总；现场检查，检查结果作为生态文明建设工作实绩报告评审参考依据；现场评审，所有被考核单位均提交生态文明建设工作实绩报告及佐证材料，由考核组组织评审团进行集中评审和现场打分，不进行陈述。

为充分体现民意，完善公众参与机制，深圳生态文明建设考核创新性地引入了评审团制度。在全国首创陈述会形式，通过现场陈述、现场答辩、现场评审并现场公布分数，增加了考核结果的认可度。评审团成员由党代表、人大代表、政协委员、环保专家代表、环保监督员和市民代表等组成，体现了专业性和代表性。

11.2.2.4 结果评定及运用

考核结果分为优秀、合格和不合格，根据考核结果得分及综合评价情况排序确定。对各区、市直部门和重点企业分别排序、分别评定考核结果。

考核结果运用中增加了诚勉谈话和黄牌警告，体现了考核结果的刚性。对考核结果不合格的，由考核办予以通报批评；单位主要负责人两年内不予提拔或者重用，并在市内主要媒体上作出公开道歉；连续两年不合格的，对单位主要负责人和分管负责人调整工作岗位或者转任非领导职务。对考核结果排名末位且低于80 分的单位"一把手"和分管领导，由市委常委、组织部部长进行诚勉谈话；对考核得分在 70 分以下且排名末位的单位进行"黄牌"警告。对考核结果为不合格、被"黄牌"警告、在考核过程中发现问题较多的单位，由考核办发出整改通知书，责成考核对象限期整改。考核单位可根据考核结果和责任分工，追究本单位相关责任部门和责任人的责任。

11.3 主要成效

11.3.1 成为科学导向的"绿色"指挥棒，使环境质量得到改善

2013 年，深圳环保绩效考核已走过 6 个年头。6 年来，环保工作实绩考核工作不断创新考核手段，完善考核内容，优化指标体系，扩大考核范围，创新工作机制等。通过不断摸索和自我完善，环保工作实绩考核不仅成为引导各级领导干部树立科学政绩观、科学评价领导班子和干部、科学选人用人的"绿色"指挥棒，还成为深圳遵循科学发展原则、运用科学发展理论、实现科学发展目标、提升城市发展质量的"助推器"。在环保实绩考核的推动下，党政"一把手"亲自督促、落实环保工作，深圳市各区环境质量得到较大的提升。

11.3.2 推动营造"大环保"格局

环保工作实绩考核制度的建立，改变了过去环保部门一家"单打独斗"的局面，从规划统筹、政策扶持、监督管理、执法运营等全方位、多角度入手，把

全市各区和相关部门、国有企业都纳入环保工作体系中来，逐渐形成了"环保部门统一监督管理、有关职能部门齐抓共管、社会公众积极参与"的环保工作新机制，在经济发展中保护环境，在环境保护中实现发展，营造了"大环保"的工作格局。

11.4 主要特点

11.4.1 丰富考核内涵

考核紧密结合深圳发展要求，逐年对指标考核内容、计分方式和权重进行调整和优化，实现指标设置动态化、科学化、精细化。在各区（新区）考核指标设置过程中，把空气质量、水环境质量、生态资源变化情况、节能降耗、污染减排、宜居社区建设等一系列与城市可持续发展密切相关的指标纳入考核，其中空气质量、生态资源变化情况、宜居社区建设 3 个指标分值各占总分的 5%，水环境质量、节能降耗、污染减排 3 个指标分值各占总分的 10%。同时将如今备受关注的指标 $PM_{2.5}$ 首次列入考核范围，树立了"民生环保"新理念。

11.4.2 拓宽考核范围

6 年来环保工作实绩考核的对象不断扩大，特别是 2012 年首次将环保责任较重的 12 家大型国有集团公司及重点企业纳入环保工作实绩考核范围，并对其中的 7 家国有集团公司进行排名、评选优秀单位。

11.4.3 创新考核手段

为强化党政领导干部保护生态控制线的意识，考核还在"生态资源状况"指数测算中引入了扣分环节，对各区生态控制线内的违法开发建设行为扣分。建立政府组织、社会公众、专业机构、媒体等多元化考核主体，在一定意义上解决了过去政绩考核中存在的"重内部考核，轻外部考核"的问题。积极借助媒体平台力量，接受社会各界监督，确保整个考核过程公平公开公正。同时，在全国率先运用生态资源测算指标，运用卫星遥感影像解译技术，客观评价全市各区的生态资源状况，提高了考核的科学性和先进性。

11.4.4　注重公众参与

创新性地将公众满意度作为修正指标考核结果的重要系数，公众满意度调查由考核办或者其委托的专业机构，通过电话、发放问卷、入户调查或者网络评议等方式进行。公众满意度低于 60% 的将被评定为不合格，公众满意度低于全市平均水平的，当年不能列为优秀。

11.5　存在的问题

经过几年的实践摸索，深圳市政府绩效管理和生态文明建设考核工作形成了一些自有特点，取得了初步成效。但由于在国家层面，政府绩效管理还处在试点阶段，深圳市政府绩效工作也处在探索阶段，深圳市政府绩效管理和生态文明建设考核在取得丰富经验的同时也存在着一些问题。

11.5.1　生态文明建设考核内容未全面纳入政府绩效管理工作中，对环境绩效管理理念体现不充分

深圳市没有环境绩效的专项评估，环境绩效评估体现在政府绩效的综合评估中。从政府环境绩效管理指标体系设置中可以看出，在深圳市政府绩效综合评估和管理中体现出了环境绩效管理理念，为环境绩效管理的推行和完善打好了基础。但由于生态文明建设考核内容未全面纳入政府绩效管理工作中，无法充分体现政府环境绩效管理理念。

11.5.2　政府环境绩效评估指标体系有待完善，环境指标比重还需提高

由深圳市政府绩效评估指标体系和深圳各区生态文明建设考核指标可看出，深圳市政府绩效管理虽然将生态文明作为二级指标纳入评估，但万元 GDP 能耗下降率、万元 GDP 水耗下降率及污染减排任务完成情况不能全面反映政府对生态环境保护的情况。生态文明建设考核的 5 个一级指标应逐步纳入政府绩效评估

与管理中，并通过完善政府绩效评估指标体系，转变政府政绩观，落实绿色 GDP 增长的考核，让领导担起生态环境保护与资源节约的责任。另外，生态文明指标占比 6%，在政府绩效评估的比重较低。为突出体现政府绿色政绩观，更好地促进环保工作，生态文明指标在政府绩效评估中的比重还需提高。

11.5.3 考核平台有限，无法完全解决以考核促环保工作的问题

考核不是目的，目的是通过考核促进环保工作。对考核结果不合格、被"黄牌"警告、在考核过程中发现问题较多的单位，由考核办发出整改通知书，责成考核对象限期整改；限期整改完成后，由考核办组织验收，并将验收结果上报考核领导小组。其实，这是一种考核—提要求—再评估—促工作的过程。在深圳市政府绩效管理中，被评估单位针对落后指标和存在问题提出整改措施，及时改进工作，并将改进情况反馈给市绩效办，由市绩效办综合报市绩效委，重要情况报市政府。结果运用缺乏再评估过程，不利于促进政府工作的改善。环境绩效管理中应重视考核结果与再评估，但考核平台有限，应建立一种机制或寻找一种途径促进被考核单位真正解决环保工作中存在的问题。

11.5.4 政府环境绩效管理缺少相关法律法规和政策的保障，使得绩效评估结果的运用不充分、不明晰

在政府环境绩效评估的结果运用中，公务员激励机制和激励措施有限，比较有效的是干部任用与奖励。但干部任用与奖励很大程度上受法律法规和政策的限制。同时，绩效管理的结果运用涉及多个部门，实施难度较大，很多时候结果上报只是流于形式。为保证评估结果的充分和公开运用，需要法律规范和政策支持。

11.6　政策需求

针对深圳市政府环境绩效管理的实践情况与存在的问题，国家需开展一些工作，来推进政府环境绩效管理工作。

11.6.1　开展增强党政领导对政府环境绩效管理理念认识的培训

对于政府环境绩效管理工作，党政领导特别是一把手的重视最为重要。党政领导的绩效观及环保意识，决定着环境绩效管理的实施有效性。因此，从国家层面来说，需要通过各种渠道和形式，培养和深化地方政府特别是党政领导的环境保护观念，扩大增强各级政府对环境绩效评估和管理的认识。并应通过交流会，实现不同部门不同地区之间的经验交流。

11.6.2　完善政府绩效管理相关法律法规，并加强政策导向的明晰

政府绩效管理试点两年来，从深圳成熟的政府绩效管理工作情况以及逐步走上正轨的政府环境绩效管理来看，我国已经到了试着全面推行政府环境绩效管理的阶段。为保障政府环境绩效管理的顺利推行，国家应该在总结试点经验和分析存在问题的基础行上制定相关法律法规，完善相关政策，使之导向明晰。

11.7　附件

深圳市 2016 年度生态文明建设考核实施方案

为深入贯彻党的十八大和十八届三中、四中、五中全会精神，进一步推进我市生态文明建设，打造生态文明建设的深圳质量，根据《中共中央、国务院关于加快推进生态文明建设的意见》（中发〔2015〕12 号）、《中共中央、国务院关于印发〈生态文明体制改革总体方案〉的通知》（中发〔2015〕25 号）、《中共深圳市委、深圳市人民政府关于推进生态文明、建设美丽深圳的决定》（深发〔2014〕4 号）、《关于推进生态文明、建设美丽深圳的实施方案》（深办发〔2014〕9 号）、《深圳市生态文明建设示范市规划》（征求意见稿）、《深圳市贯彻国务院水污染防治行动计划实施治水提质行动方案》《深圳市环境基础设施提升改造工作方案（2015—2017 年)》和《深圳市生态文明建设考核制度（试行)》（深办发〔2013〕8 号）的要求，制定本方案。

一、考核对象

2016 年度生态文明建设考核对象分为各区、市直部门及重点企业。具体如下：

（一）各区

福田区、罗湖区、盐田区、南山区、宝安区、龙岗区、光明新区、坪山新区、龙华新区、大鹏新区。

（二）市直部门

市直部门分两类进行考核。

A 类：市发展和改革委员会、市经济贸易和信息化委员会、市科技创新委员会、市财政委员会、市规划和国土资源委员会、市人居环境委员会、市交通运输委员会、市卫生和计划生育委员会、市市场和质量监督管理委员会、市国有资产监督管理委员会。

B 类：市住房和建设局、市水务局、市城市管理局、市公安局交通警察局、市建筑工务署、市前海管理局、市公立医院管理中心。

（三）重点企业

市地铁集团有限公司、市机场（集团）有限公司、市盐田港集团有限公司、深圳能源集团股份有限公司、市水务（集团）有限公司、市燃气集团股份有限公司、深圳巴士集团股份有限公司，招商港务（深圳）有限公司、深圳赤湾港航股份有限公司、蛇口集装箱码头有限公司、深圳北控创新投资有限公司、深圳市南方水务有限公司。

二、考核内容和方式

（一）考核内容

1. 各区考核内容：贯彻落实市委、市政府《关于推进生态文明、建设美丽深圳的决定》和《关于推进生态文明、建设美丽深圳的实施方案》（以下简称《生态文明决定及其实施方案》）的情况，主要包括改善生态环境质量、提升环境治理水平、促进资源节约利用、优化生态空间格局和完善公众参与机制等方面的各项考核指标的完成情况。

2. 市直属部门考核内容：推进生态文明建设情况、治污保洁工程完成情况、污染减排任务完成情况以及生态文明建设工作实绩。

3. 重点企业考核内容：推进生态文明建设情况、治污保洁工程完成情况、污染减排任务完成情况以及生态文明建设工作实绩。

各区、市直属部门、重点企业生态文明建设考核具体内容见附件 1。

（二）考核方式

1. 考核指标数据采集和计分

由各指标数据来源单位提供数据及单项指标计分，考核办进行汇总（详见附件 2）。

各指标提供单位须按照考核制度要求及时无误报送相关指标数据，并对指标数据的客观性、真实性、准确性负责。考核指标报送情况将作为一项考核事项由考核办向考核领导小组汇报。

2. 现场检查和通报

现场检查：包括日常检查和年终检查。重点工程项目的日常检查和年终检查与治污保洁工程现场检查工作同步进行；其他考核指标涉及的现场检查按照各指标考核内容要求进行（详见附件 3）。

定期通报：考核办定期对各区环境质量状况和裸土地治理现场检查结果进行通报，以促进各区相关工作的开展。

3. 资料审查和评分

考核指标的资料审查和评分：市直属部门和重点企业"推进生态文明建设情况"指标，由考核组组织专家对被考核单位提交的材料进行资料审查和评分。

生态文明建设工作实绩的资料审查：由考核组组织第三方机构对考核对象所提供的佐证材料进行资料审查，审查结果作为生态文明建设工作实绩报告评审的参考依据（详见附件 4）。

4. 工作实绩现场评审

2016 年度生态文明建设考核召开现场评审会，所有被考核单位均需提交生态文明建设工作实绩报告，并由负责人进行现场陈述。考核办组织评审团进行现场评审和打分（详见附件 5）。

三、考核结果评定

考核结果分为优秀、合格和不合格，根据考核结果得分及综合评价情况排序确定。各区、市直部门 A 类、市直部门 B 类和重点企业分别排序、分别评定考核结果，并根据考核结果进步情况设立进步奖。

（一）奖项设置

1. 优秀单位：优秀名额为各类别考核对象总数的 15%。

有下列情形之一的，当年考核不能评为优秀：

（1）履行职责不力，未能完成年度生态文明建设重点任务的；

（2）因环境污染或者生态破坏引发群体性事件的；

（3）公众满意率低于全市平均水平的。

2. 进步单位：2016 年度考核结果与 2015 年度相比，排名前进 3 名以上且考核结果为合格的，可评为进步奖，进步奖名额原则上不超过各类别考核对象总数的 15%。

（二）末位警示及诫勉

1. 考核得分在各考核类别中排名末位且低于 80 分的，由考核领导小组组长对其单位主要负责人和分管负责人进行诫勉谈话。

2. 考核得分在各考核类别中排名末位且低于 70 分的，由考核领导小组对其给予"黄牌"警告。

3. 考核得分连续两年（2015 年和 2016 年）在各考核类别中排名末位的，由考核领导小组组长对单位主要负责人和分管负责人进行约谈。

4. 有下列情形之一的，当年考核评定为不合格：

（1）考核材料弄虚作假的；

（2）年度考核得分低于 60 分的；

（3）公众满意率低于 60% 的；

（4）未能完成节能减排年度任务的；

（5）治污保洁工程考核不合格的；

（6）发生生态环境违法事件并造成严重影响，或因管理不善造成重大、特大环境污染或生态破坏事故的；

（7）因环境污染或者生态破坏受到省级以上部门通报批评的；

（8）被上级挂牌督办的环境污染或生态破坏问题未在规定期限内解决的。

5. 重点企业考核结果报送企业上级管理单位。

6. 对考核结果为不合格、被"黄牌"警告、在考核过程中发现问题较多的单位，由考核办发出整改通知书，责成考核对象限期整改。限期整改完成后，由考核办组织验收，并将验收结果上报考核领导小组。

四、考核工作安排

（一）现场检查和通报（2016 年全年）

日常检查在全年内按照定期检查和不定期抽查方式开展，年终检查在 2016 年年末或 2017 年年初开展。

重点工程项目的日常检查和年终检查与治污保洁工程现场检查工作同步进行；其他考核指标涉及的现场检查按照各指标考核内容要求进行。

考核办定期对各区环境质量状况和裸土地治理现场检查结果进行通报，以促进各区对相关工作的开展。

（二）召开工作部署会（2016 年 8 月）

组织全市各有关单位召开 2016 年度生态文明建设考核工作部署会，部署 2016 年度考核工作。

（三）资料审查和评分（2017 年 3 月前）

考核办组建生态文明建设考核组。考核组组织专家对市直部门和重点企业提供的"推进生态文明建设情况"佐证材料进行资料审查和评分。考核组组织第三方机构对考核对象所提供的"生态文明建设工作实绩"佐证材料进行资料审查。

（四）数据采集、计分和复核（2017 年 3 月前）

考核办完成除"生态文明建设工作实绩"外的所有指标数据的采集和计分工作，并将指标得分告知各考核对象。

考核对象如有异议，应在接到指标得分结果后 7 个工作日内向指标提供单位提出书面复核申请，同时抄报市考核办。指标提供单位在接到复核申请后的 7 个工作日内进行研究核实，将复核结果书面报送市考核办。

（五）成立评审团（2017 年 3 月下旬）

考核办组建生态文明建设考核评审团，并开展评审团培训工作。

（六）生态文明建设工作实绩现场评审（2017 年 4 月前）

2016 年度生态文明建设考核召开现场评审会，所有被考核单位均需提交生态文明建设工作实绩报告，并由负责人进行现场陈述。考核办组织评审团进行现场评审和打分。

（七）考核结果汇总（2017 年 4 月底前）

考核办完成对各单位考核结果的复核及审议，考核组针对各单位生态文明建设工作提出考核意见，报领导小组审核。

（八）考核领导小组审核考核结果

考核领导小组对考核结果及考核意见进行审核，将考核结果、年度优秀奖和进步奖单位等报市委常委会审定。

（九）审定并公布考核结果

市委常委会对领导小组提出的考核结果意见进行审定并通报。

五、考核机构（略）

附件 1：各区、市直部门、重点企业生态文明建设考核内容

　　表 1　各区生态文明建设考核内容

　　表 2　市直部门生态文明建设考核内容

　　表 3　市直部门推进生态文明建设重点工作内容

　　表 4　重点企业生态文明建设考核内容

　　表 5　重点企业推进生态文明建设重点工作内容

附件 2：2016 年度生态文明建设考核指标计分方法

附件 3：2016 年度现场检查操作细则

附件 4：2016 年度资料审查操作细则

附件 5：2016 年度生态文明建设工作实绩报告评审操作细则

　　附表 1　各区生态文明建设工作实绩报告评分标准

　　附表 2　市直部门生态文明建设工作实绩报告评分标准

　　附表 3　重点企业生态文明建设工作实绩报告评分标准

附件 1

表 1　各区生态文明建设考核内容

一级指标	二级指标	序号	三级指标	福田	罗湖	南山	盐田	宝安	龙岗	光明	坪山	龙华	大鹏	指标来源
改善生态环境质量（25~27 分）	空气质量（6 分）	1	空气质量达标状况	3	3	3	3	3	3	3	3	3	3	市环境监测中心站
		2	$PM_{2.5}$污染改善	3	3	3	3	3	3	3	3	3	3	市环境监测中心站
	水环境质量（13~15 分）	3	河流及近岸海域达标及改善*	10（4+6）	10（4+6）	10（4+6）	10（4+6）	12（4+8）	10（4+6）	12（4+8）	10（4+6）	10（4+6）	10（4+6）	市环境监测中心站
		4	饮用水源保护及改善	3	3	3	3	3	3	3	3	3	3	市环境监测中心站
	声环境质量（2 分）	5	功能区噪声达标及改善	2	2	2	2	2	2	2	2	2	2	市环境监测中心站
	生态资源（4~6 分）	6	生态资源指数、生态林及裸土地的变化	4	4	4	4	4	6	4	6	4	4	第三方机构
提升环境治理水平（16~20 分）	治污保洁工程（10 分）	7	治污保洁工程完成情况	10	10	10	10	10	10	10	10	10	10	市治污保洁工程领导小组办公室
	治水提质（6~10 分）	8	黑臭水体改善	4	4	4	—	4	4	4	4	4	4	市环境监测中心站
		9	城市内涝治理	2	2	2	2	2	2	2	2	2	2	市水务局
		10	实行最严格水资源管理制度工作完成情况	2	2	2	2	2	2	2	2	2	2	市水务局
		11	城市生态水土保持成效	2	2	2	2	2	2	2	2	2	2	市水务局
促进资源节约利用（20~24 分）	节能降耗（8 分）	12	节能目标责任考核情况	8	8	8	8	8	8	8	8	8	8	市发展和改革委员会
	污染减排（5 分）	13	污染减排任务完成情况	5	5	5	5	5	5	5	5	5	5	市污染减排考核组

一级指标	二级指标	序号	三级指标	福田	罗湖	南山	盐田	宝安	龙岗	光明	坪山	龙华	大鹏	指标来源
促进资源节约利用（20～24分）	资源综合回收利用（4～6分）	14	建筑废物减排与综合利用	2	2	2	2	2	2	2	2	2	2	市住房和建设局
		15	生活垃圾分类与减量	4	4	4	4	2①	2②	2③	2④	2⑤	2⑥	市城市管理局
	绿色建筑发展（3～5分）	16	绿色建筑建设	3	3	3	5	3	3	3	3	3	5	市住房和建设局
优化生态空间格局（12～15分）	生态控制线保护（9～12分）	17	管控生态控制线内违法开发	5	5	5	5	5	5	5	5	7	5	市规划和国土资源委员会
		18	生态控制线内违法开发整改	4	4	4	4	4	4	4	4	4	4	市规划和国土资源委员会
	生态破坏修复（3分）	19	地质灾害防治	3	3	3	3	3	3	3	3	3	3	市规划和国土资源委员会
完善公众参与机制（21～23分）	宜居社区创建（3～5分）	20	宜居社区建设	3	3	3	5	3	3	3	3	3	3	市创建宜居城市工作领导小组办公室
	公众满意率（4分）	21	公众对城市生态环境提升满意率	4	4	4	4	4	4	4	4	4	4	市统计局
	生态文化培育（4分）	22	公众生态文明意识	4	4	4	4	4	4	4	4	4	4	市统计局
	工作实绩（10分）	23	生态文明建设工作实绩	10	10	10	10	10	10	10	10	10	10	市生态文明建设考核评审团

注*：各区（新区）"河流及近岸海域达标及改善"指标权重为10～12分，4＋6或4＋8表示该区域河流环境质量现状和改善权重分别为4和6或4和8。

①②③④⑤⑥ 不在4～6范畴，原文件如此。

表2 市直部门生态文明建设考核内容

序号	市直部门	考核指标	分值	指标来源
1	市发展和改革委员会	推进生态文明建设情况	35	市生态文明建设考核组
		治污保洁工程完成情况	55	市治污保洁工程领导小组办公室
		生态文明建设工作实绩	10	市生态文明建设考核评审团
2	市经济贸易和信息化委员会	推进生态文明建设情况	35	市生态文明建设考核组
		治污保洁工程完成情况	30	市治污保洁工程领导小组办公室
		污染减排任务完成情况	25	市污染减排考核组
		生态文明建设工作实绩	10	市生态文明建设考核评审团
3	市科技创新委员会	推进生态文明建设情况	35	市生态文明建设考核组
		治污保洁工程完成情况	55	市治污保洁工程领导小组办公室
		生态文明建设工作实绩	10	市生态文明建设考核评审团
4	市财政委员会	推进生态文明建设情况	35	市生态文明建设考核组
		治污保洁工程完成情况	55	市治污保洁工程领导小组办公室
		生态文明建设工作实绩	10	市生态文明建设考核评审团
5	市规划和国土资源委员会	推进生态文明建设情况	35	市生态文明建设考核组
		治污保洁工程完成情况	55	市治污保洁工程领导小组办公室
		生态文明建设工作实绩	10	市生态文明建设考核评审团
6	市人居环境委员会	推进生态文明建设情况	35	市生态文明建设考核组
		治污保洁工程完成情况	30	市治污保洁工程领导小组办公室
		污染减排任务完成情况	25	市污染减排考核组
		生态文明建设工作实绩	10	市生态文明建设考核评审团
7	市交通运输委员会	推进生态文明建设情况	35	市生态文明建设考核组
		治污保洁工程完成情况	30	市治污保洁工程领导小组办公室
		污染减排任务完成情况	25	市污染减排考核组
		生态文明建设工作实绩	10	市生态文明建设考核评审团
8	市卫生和计划生育委员会	推进生态文明建设情况	35	市生态文明建设考核组
		治污保洁工程完成情况	55	市治污保洁工程领导小组办公室
		生态文明建设工作实绩	10	市生态文明建设考核评审团
9	市市场和质量监督管理委员会	推进生态文明建设情况	35	市生态文明建设考核组
		治污保洁工程完成情况	55	市治污保洁工程领导小组办公室
		生态文明建设工作实绩	10	市生态文明建设考核评审团

序号	市直部门	考核指标	分值	指标来源
10	市国有资产监督管理委员会	推进生态文明建设情况	35	市生态文明建设考核组
		治污保洁工程完成情况	55	市治污保洁工程领导小组办公室
		生态文明建设工作实绩	10	市生态文明建设考核评审团
11	市住房和建设局	推进生态文明建设情况	30	市生态文明建设考核组
		治污保洁工程完成情况	60	市治污保洁工程领导小组办公室
		生态文明建设工作实绩	10	市生态文明建设考核评审团
12	市水务局	推进生态文明建设情况	30	市生态文明建设考核组
		治污保洁工程完成情况	35	市治污保洁工程领导小组办公室
		污染减排任务完成情况	25	市污染减排考核组
		生态文明建设工作实绩	10	市生态文明建设考核评审团
13	市城市管理局	推进生态文明建设情况	30	市生态文明建设考核组
		治污保洁工程完成情况	60	市治污保洁工程领导小组办公室
		生态文明建设工作实绩	10	市生态文明建设考核评审团
14	市公安局交通警察局	推进生态文明建设情况	30	市生态文明建设考核组
		治污保洁工程完成情况	35	市治污保洁工程领导小组办公室
		污染减排任务完成情况	25	市污染减排考核组
		生态文明建设工作实绩	10	市生态文明建设考核评审团
15	市建筑工务署	推进生态文明建设情况	30	市生态文明建设考核组
		治污保洁工程完成情况	60	市治污保洁工程领导小组办公室
		生态文明建设工作实绩	10	市生态文明建设考核评审团
16	市前海管理局	推进生态文明建设情况	30	市生态文明建设考核组
		治污保洁工程完成情况	60	市治污保洁工程领导小组办公室
		生态文明建设工作实绩	10	市生态文明建设考核评审团
17	市公立医院管理中心	推进生态文明建设情况	30	市生态文明建设考核组
		治污保洁工程完成情况	60	市治污保洁工程领导小组办公室
		生态文明建设工作实绩	10	市生态文明建设考核评审团

注：各部门推进生态文明建设情况的重点工作内容见表3。

表3　市直部门推进生态文明建设重点工作内容

序号	部门	推进生态文明建设重点工作内容
1	市发展和改革委员会	加快生态文明建设项目审批工作，持续增加生态文明建设领域投入
		采取多元化方式支持节能环保产业项目建设，新建一批节能环保市级工程实验室
		办好第四届深圳国际低碳城论坛，编制上报深圳国际低碳城国家低碳城（镇）试点实施方案（2016—2018）
		治水提质专项工作小组职责履行情况：开展治水提质建设项目立项审批工作
2	市经济贸易和信息化委员会	推动电力、建材、电气机械及器材制造业等行业节能，督促企业加快节能技术改造，调整产品结构，持续降低重点耗能行业、重点用能单位及主要高耗能产品的能耗水平
		开展零售业等商贸服务业节能减排活动，加快设施节能改造，严格用能管理
		深入推进产业转型升级，持续推动清理淘汰落后低端企业
		深入推动云南水电直送深圳，前期工程启动，完成投资额2亿元
3	市科技创新委员会	加大支持重点行业废水深度处理、大气污染防控、土壤污染修复技术研发
		加大城市雨水收集利用、再生水安全回用、物理性污染防治、生态环境建设与保护等技术研发
		提升或新建一批重点实验室、工程技术研究中心和公共技术服务平台等创新载体
		发挥企业的技术创新主体作用，积极推动企业、科研院校国际交流与合作
4	市财政委员会	根据深圳市创建生态文明建设示范市的规划、实施方案和年度计划，统筹安排生态文明政府投资，根据各职能部门资金需求安排生态文明建设项目资金
		加大在生态环保领域方面的资金投入和政策扶持，根据需要实施重点项目绩效评价，在资金投入机制上体现生态优先
		着重选择符合国家绿色认证标准、有利于健康及循环经济发展的产品和服务，全面执行绿色采购制度
		治水提质专项工作小组职责履行情况：负责治水提质建设项目资金安排及资金拨付等事项

序号	部门	推进生态文明建设重点工作内容
5	市规划和国土资源委员会	实施生态控制线分级分类管理，监测基本生态控制线内建设活动，对发现的基本生态控制线内违法建设行为组织各区查处，简化基本生态控制线有关审批事项流程，加强政策指导；大力支持各区政府（新区管委会）对主要水源地一级保护区实施的征地补偿、退果还林工作
		开展深圳湾污染现状调研，提出深圳湾海域污染综合治理的初步行动计划；加快海洋生态红线划定和海洋环境保护规划的编制工作，将滨海陆域及海域重要的海洋生态功能区、敏感区和脆弱区纳入海洋生态红线区范围，以加强对海洋生态环境的保护
		开展一批土地节约集约达标创优活动，推广应用节地技术和模式，推动建设国家开发区节约集约用地示范区
		对建设用地分步分类确权登记，逐步推进自然生态空间统一确权登记，构建归属清晰、权责明确、监管有效的自然资源资产产权制度
		治水提质专项工作小组职责履行情况：负责协调推进治水提质建设中涉及的规划许可、用地安排、征地拆迁等事项
6	市人居环境委员会	统筹协调全市生态环境质量改善，得分与各区"改善生态环境质量"指标平均得分直接挂钩
		开展水污染源解析研究，编制主要河流水体达标方案；根据国家《土十条》① 要求，结合我市实际，编制我市土壤污染防治工作方案
		严厉打击偷排直排、超标超总量排放等违法排污行为；严格实施排污申报和许可证制度，对重点排污单位依法核发排污许可证，禁止未依法取得排污许可证或者违反排污许可证的要求排放污染物；深化重点污染源环保信用评价制度落实"两法衔接"机制，推动公益诉讼
		制定并推动出台生态文明建设示范市创建规划和创建工作方案；开展陆域生态状况调查研究，推动深圳市生态保护红线划定方案出台；研究制定生态文明体制改革总体方案，试点开展自然资产核算、审计等工作
		推进环保大数据建设，推进空气质量立体监测系统建设；建立完善环境基础设施污染物排放监管体系和运行管理水平考核评价体系，继续推动环境基础设施提升改造
		治水提质专项工作小组职责履行情况：负责协调推进治水提质建设中涉及的环评公调、环境影响评价等事项

---

① 《土壤污染防治行动计划》。

序号	部门	推进生态文明建设重点工作内容
7	市交通运输委员会	加强公交都市建设，全年新增、优化公交线路 65 条以上，新增、优化公交专用道 80km，加强地铁公交接驳
		加快智能交通科技应用，创新交通管理思路和方式，提升交通综合管理水平
		加强船舶港口污染控制，提高靠港船舶低硫油使用比例
		推广应用纯电动公交车、出租车，不断提高新能源汽车在公交、出租车行业的投放比例
		治水提质专项工作小组职责履行情况：负责做好治水提质建设中涉及的占道施工审批、协调等事项
8	市卫生和计划生育委员会	加强对医疗废物、废水的环境管理，强化日常监督检查
		积极倡导"低碳、生态、健康"生活理念；继续推动控烟工作，加大宣传力度，开展无烟环境监测
		持续加强放射防护监督监测工作
9	市市场和质量监督管理委员会	完善全市车用燃油经营单位的电子监管系统建设，并实行企业分类监管；有重点、有针对性地开展若干批次车用燃油及配套项目的专项检查
		加强对建筑装饰装修涂料销售市场的监管，严厉查处生产销售不符合标准的建筑装饰装修涂料的违法行为
		大力推进我市碳排放核查工作，保障我市碳排放权交易顺利进行
10	市国有资产监督管理委员会	保障水、电、气等公用事业和海空港等基础设施绿色运营，持续做好我市碳排放权交易服务，为全体市民提供环保优质的公共产品和服务
		改革体制机制，投入整合资源，鼓励和扶持市属企业在节能环保领域发展壮大
		加大投入推进公交全面电动化，为打造全球首个公交全面电动化城市作出积极贡献
		推动市属规划设计等企业加大节能环保技术的研究开发和推广应用力度

序号	部门	推进生态文明建设重点工作内容
11	市住房和建设局	积极引导建设绿色园区，推进绿色建筑规模化发展，新增绿色建筑面积 800 万 m^2；积极推进公共建筑节能改造工作
		推广使用绿色再生建材产品，推进建筑废弃物综合利用，提高建筑废弃物利用水平
		持续推进绿色物业管理和智慧社区建设，完善绿色物业管理和智慧社区建设相关规范，在全市范围内开展 1 到 2 次星级绿色物业管理项目评价
		对全市余泥渣土受纳场等重点领域进行安全隐患排查与专项整治，保障受纳场安全有序运营
12	市水务局	统筹协调全市统筹协调全市河流污染防控治理，得分与水环境质量改善指标得分直接挂钩
		完成深圳湾沿湾排污口整治，深圳河湾水质感观明显改善
		以"海绵城市"理念引导城市低冲击开发建设，在确保城市排水防涝安全的前提下，逐步实现雨水在城市区域的积存、渗透和净化
		落实《水污染防治行动计划》，加快提升污水厂出水水质；推动污泥厂内干化减量，强化臭气治理，实现市政污泥的无害化处置
13	市城市管理局	统筹协调全市生态资源建设，得分与各区生态林变化状况和裸土地变化状况指标得分直接挂钩
		全面推行垃圾分类和减量工作；高标准建设餐厨垃圾处理设施，实行餐厨垃圾收集运输处理一体化运营，对垃圾处理设施进行污染治理水平提升改造，确保污染物全面达标排放，缓解居民投诉
		彻查安全隐患，强化对垃圾填埋场等重点地域领域安全防范和专项整治
		推进三级公园体系建设，新建改建公园 50 个；加大自然保护区保护力度，开展珍稀濒危资源的就地和迁地保护；加强公园生态保护和森林质量提升工作
14	市公安局交通警察局	加大黄标车限行查处力度，严格执行车辆强制报废制度，加快黄标车淘汰进度
		完善我市智能交通管理，加强交通管理与疏导
		会同有关部门，加强对泥头车监管；严厉打击机动车噪声扰民行为
		多层次探索和推进"绿色出行"
		治水提质专项工作小组职责履行情况：负责做好治水提质建设中涉及的占道施工及交通疏解审批、协调等事项

序号	部门	推进生态文明建设重点工作内容
15	市建筑工务署	落实《深圳市绿色建筑促进办法》，进一步推进绿色建筑示范项目建设，打造一定比例高星级绿色公共建筑
		推动建筑废物减排与综合利用；加大"四新"技术在政府工程中的应用比例
		严格控制在建工地扬尘、噪声扰民
16	市前海管理局	大力推进前海合作区黑臭水体治理，推动前海（大铲湾）水环境治理优化方案的落实，加快推进前海—南山排水深隧系统工程前期工作和完善前海片区污水处理系统，高标准建设前海国际水城
		落实《前海深港现代服务业合作区绿色建筑专项规划》，推进国际化高星级绿色建筑规模化示范区建设，严格要求新建建筑全部按照绿色建筑标准进行设计建设
		加强扬尘污染治理，严格落实施工建设全过程污染防控措施
		推进重大基础设施搬迁和调整，加快片区基础设施建设
17	市公立医院管理中心	严格监管并确保市属公立医院废水达标排放，医疗废物安全收集、暂存、处置等
		利用合同能源管理等多种形式，推进公立医院建筑节能改造工作
		持续推进绿色医院系列创建活动

表4　重点企业生态文明建设考核内容

序号	市直部门	考核指标	分值	指标来源
1	市地铁集团有限公司	推进生态文明建设情况	30	市生态文明建设考核组
		治污保洁工程完成情况	60	市治污保洁工程领导小组办公室
		生态文明建设工作实绩	10	市生态文明建设考核评审团
2	市机场（集团）有限公司	推进生态文明建设情况	30	市生态文明建设考核组
		治污保洁工程完成情况	60	市治污保洁工程领导小组办公室
		生态文明建设工作实绩	10	市生态文明建设考核评审团
3	市盐田港集团有限公司	推进生态文明建设情况	30	市生态文明建设考核组
		治污保洁工程完成情况	60	市治污保洁工程领导小组办公室
		生态文明建设工作实绩	10	市生态文明建设考核评审团

序号	市直部门	考核指标	分值	指标来源
4	深圳能源集团股份有限公司	推进生态文明建设情况	30	市生态文明建设考核组
		治污保洁工程完成情况	35	市治污保洁工程领导小组办公室
		污染减排任务完成情况	25	市污染减排考核组
		生态文明建设工作实绩	10	市生态文明建设考核评审团
5	市水务（集团）有限公司	推进生态文明建设情况	30	市生态文明建设考核组
		治污保洁工程完成情况	35	市治污保洁工程领导小组办公室
		污染减排任务完成情况	25	市污染减排考核组
		生态文明建设工作实绩	10	市生态文明建设考核评审团
6	市燃气集团股份有限公司	推进生态文明建设情况	30	市生态文明建设考核组
		治污保洁工程完成情况	60	市治污保洁工程领导小组办公室
		生态文明建设工作实绩	10	市生态文明建设考核评审团
7	深圳巴士集团股份有限公司	推进生态文明建设情况	30	市生态文明建设考核组
		污染减排任务完成情况	60	市污染减排考核组
		生态文明建设工作实绩	10	市生态文明建设考核评审团
8	招商港务（深圳）有限公司	推进生态文明建设情况	30	市生态文明建设考核组
		治污保洁工程完成情况	60	市治污保洁工程领导小组办公室
		生态文明建设工作实绩	10	市生态文明建设考核评审团
9	深圳赤湾港航股份有限公司	推进生态文明建设情况	30	市生态文明建设考核组
		治污保洁工程完成情况	60	市治污保洁工程领导小组办公室
		生态文明建设工作实绩	10	市生态文明建设考核评审团
10	蛇口集装箱码头有限公司	推进生态文明建设情况	30	市生态文明建设考核组
		治污保洁工程完成情况	60	市治污保洁工程领导小组办公室
		生态文明建设工作实绩	10	市生态文明建设考核评审团
11	深圳北控创新投资有限公司	推进生态文明建设情况	30	市生态文明建设考核组
		污染减排任务完成情况	60	市污染减排考核组
		生态文明建设工作实绩	10	市生态文明建设考核评审团
12	深圳市南方水务有限公司	推进生态文明建设情况	30	市生态文明建设考核组
		污染减排任务完成情况	60	市污染减排考核组
		生态文明建设工作实绩	10	市生态文明建设考核评审团

注：各单位推进生态文明建设情况的重点工作内容见表5。

表 5　重点企业推进生态文明建设重点工作内容

序号	企业名称	推进生态文明建设重点工作
1	市地铁集团有限公司	在本单位"十三五"规划中突出绿色发展或生态文明建设章节等内容,明确工作任务、具体举措
		强化对施工现场扬尘、污水排放、危险废物处理等工作
		地铁运营过程中开展节能降耗工作
		精心打造生态文明宣传平台,积极传播低碳环保出行理念
2	市机场(集团)有限公司	在本单位"十三五"规划中突出绿色发展或生态文明建设章节等内容,明确工作任务、具体举措
		加强噪声污染控制规划,沟通协调政府部门在机场周边划定限制噪声敏感建筑物的区域,严格要求进离场航空器执行降噪飞行程序,降低噪声扰民影响
		采取多种措施,严格控制大气污染物排放;修订环境事件应急预案,完善环境污染事故应急管理体系
		推动节能减排项目改造,强化绿色运营管理
3	市盐田港集团有限公司	在本单位"十三五"规划中突出绿色发展或生态文明建设章节等内容,明确工作任务、具体举措
		推动船舶停靠期间使用岸电、低硫燃油等清洁能源
		继续推进港口码头节能改造项目,推动 LED 改造等项目
		配合有关部门开展进出港口的黄标车管理工作
4	深圳能源集团股份有限公司	在本单位"十三五"规划中突出绿色发展或生态文明建设章节等内容,明确工作任务、具体举措
		加强控股电厂深度除尘、脱硫、脱氮等设施的运营维护管理,确保设施稳定安全高效运转
		加强所属电厂、垃圾焚烧发电厂生态文明宣传报道,组织市民、人大代表参观
		做好垃圾焚烧电厂的垃圾渗滤液处理处置以及飞灰稳定化处理工作
5	市水务(集团)有限公司	在本单位"十三五"规划中突出绿色发展或生态文明建设章节等内容,明确工作任务、具体举措
		完成深圳河湾流域排污口整治,确保旱季污水不外溢;消除道路主要内涝点

序号	企业名称	推进生态文明建设重点工作
5	市水务（集团）有限公司	完成管辖范围内小区出户管、截污设施核查及排放口建档；完成小区出户管梳理改造和截污设施整改
		鼓励厂内原地减容减量技术的研究和应用，推动厂内干化减容减量，强化臭气治理，完成特许经营范围内污泥处理处置设施的建设
6	市燃气集团股份有限公司	在本单位"十三五"规划中突出绿色发展或生态文明建设章节等内容，明确工作任务、具体举措
		大力推广清洁能源使用，开展燃油、煤、柴、生物质锅炉改天然气工作
		做好燃气场站风险应急预案，保证安全无泄漏
		发展分布式能源，推进 LNG 冷能利用，创新能源利用
7	深圳巴士集团股份有限公司	在本单位"十三五"规划中突出绿色发展或生态文明建设章节等内容，明确工作任务、具体举措
		开展巴士运营的节能、减排、降耗工作，降低公交车尾气污染
		精心打造生态文明宣传平台，积极传播低碳环保出行理念
		在更新、新增公交运营车辆时优先考虑新能源汽车，新能源汽车平均单车年度运营考核里程达到 6 万 km
8	招商港务（深圳）有限公司	在本单位"十三五"规划中突出绿色发展或生态文明建设章节等内容，明确工作任务、具体举措
		船舶停岸期间使用岸电等清洁能源
		配合有关部门开展进出港口的黄标车管理工作；研制散粮防尘装卸设备，加大散粮装卸过程中粉尘治理
		进一步推进节能改造
9	深圳赤湾港航股份有限公司	在本单位"十三五"规划中突出绿色发展或生态文明建设章节等内容，明确工作任务、具体举措
		推动船舶停靠期间使用岸电、低硫燃油等清洁能源
		配合有关部门开展进出港口的黄标车管理工作
10	蛇口集装箱码头有限公司	在本单位"十三五"规划中突出绿色发展或生态文明建设章节等内容，明确工作任务、具体举措
		加快推进水运应用天然气工作；继续采用新能源车替代方案，推动 LNG 拖车改造和 LED 改造等项目
		配合有关部门开展进出港口的黄标车管理工作

序号	企业名称	推进生态文明建设重点工作
11	深圳北控创新投资有限公司	在本单位"十三五"规划中突出绿色发展或生态文明建设章节等内容，明确工作任务、具体举措
		推进所营运的污水处理厂的节能、减排及降耗工作，确保污泥妥善处理处置，确保全年出水稳定达标
		加大对污水处理厂风险管控，执行环境应急预案，进行演习
		积极开拓再生水业务
12	深圳市南方水务有限公司	在本单位"十三五"规划中突出绿色发展或生态文明建设章节等内容，明确工作任务、具体举措
		推进所营运的污水处理厂的节能、减排及降耗工作，确保污泥妥善处理处置，确保全年出水稳定达标
		加大对污水处理厂风险管控，执行环境应急预案，进行演习
		加强与在线监测系统维护单位的沟通协调，做好日常巡查，协助维护单位确保在线监测系统正常运行

附件2　2016年度生态文明建设考核指标计分方法

第一部分　各区指标

一、改善生态环境质量

（一）空气质量（6分）

空气质量考核内容包括空气质量达标状况和$PM_{2.5}$污染改善，根据《环境空气质量标准》（GB 3095—2012）中的二级标准评价。

各区空气质量考核的监测点位见表1-1。

表1-1　各区空气质量考核点位

行政区	监测点位
福田区	荔园
罗湖区	洪湖
	南湖
盐田区	盐田
	梅沙

行政区	监测点位
南山区	南油
	华侨城
宝安区	西乡
	福永
龙岗区	龙岗
	横岗
光明新区	光明
	公明
坪山新区	坪山
龙华新区	观澜
	民治
大鹏新区	葵涌
	南澳

注：新增公明监测子站，民治子站由市环境监测中心站认可并接管前不纳入考核，接管后方纳入考核；新增子站2016年度暂不考核$PM_{2.5}$污染改善指标。

计分方法：

1. 空气质量达标状况（3 分）

考核的原始数据均来源于在线监测设备日常监测数据。监测项目为二氧化硫（SO_2）、二氧化氮（NO_2）、可吸入颗粒物（PM_{10}）、细颗粒物（$PM_{2.5}$）、一氧化碳（CO）、臭氧（O_3）。污染物有效日均值、空气质量指数（AQI）的计算方法按照《环境空气质量标准》（GB 3095—2012）、《环境空气质量指数（AQI）技术规定（试行）》（HJ 633—2012）和《环境空气质量评价技术规范（试行）》（HJ 663—2013）执行。

各区辖区内单个监测点位起评分 C_i 计算：

$$C_i = \frac{3}{n}$$

式中，n 为辖区内监测点位总个数。

单个监测点位空气质量达标状况得分 U_i 计算：

$$U_i = C_i \times \frac{X}{\text{全年监测有效天数}}$$

式中，X 为空气质量指数（AQI）小于或等于 100 的天数。

各区得分 U 为辖区内所有考核点位得分的加和：

$$U = \sum_{i=1}^{n} U_i$$

数据来源：市环境监测中心站。

2. PM$_{2.5}$污染改善（3 分）

各区辖区内单个监测点位起评分 C_i 计算：

$$C_i = \frac{3}{n}$$

式中，n 为辖区内监测点位总个数。

（1）单个监测点位 PM$_{2.5}$年平均浓度较 2013 年下降幅度达到或超过各区《大气污染防治目标责任书》中 2015 年和 2017 年平均下降目标值的，该监测点位得分 V_i 为

$$V_i = C_i \times 100\%$$

（2）单个监测点位 PM$_{2.5}$年平均浓度较 2013 年下降幅度未达到各区《大气污染防治目标责任书》中 2015 年和 2017 年平均下降目标值的，以改善情况计分：

$$V_i = C_i \times \frac{\text{PM}_{2.5}\,\text{改善程度}}{\text{PM}_{2.5}\,\text{下降目标}} \times 100\%$$

式中，

$$\text{PM}_{2.5}\text{改善程度} = \frac{2013\ \text{年度 PM}_{2.5}\text{年平均浓度} - \text{本年度 PM}_{2.5}\text{年平均浓度}}{2013\ \text{年度 PM}_{2.5}\text{年平均浓度}}$$

PM$_{2.5}$改善程度≤0 时以 0 分记。

各区得分 V 为辖区内所有考核点位得分的加和：

$$V = \sum_{i=1}^{n} V_i$$

注：各区 2015 年和 2017 年 PM$_{2.5}$年平均浓度较 2013 年平均下降目标分别为：福田区、龙岗区、南山区、盐田区、大鹏新区 21.5%；宝安区、罗湖区、龙华新区、坪山新区 25%；光明新区 33.5%。

数据来源：市环境监测中心站。

（二）水环境质量（13～15 分）

水环境质量状况包括河流及近岸海域达标及改善、黑臭水体改善、饮用水水源保护及改善 3 个部分，根据水体功能区划对应的水质标准或省考核目标，评价水质达标情况和变化趋势。

3. 河流及近岸海域达标及改善（10～12 分）

各区河流考核断面及近岸海域监测点位见表 1-2。

表 1-2　各区河流考核断面及近岸海域监测点位

行政区	断面/点位名称	
福田区	新洲河	红荔路西
	福田河	田面村
	深圳河	砖码头[1]
		河口[1]
	凤塘河	河口
罗湖区	布吉河	人民桥
	深圳河	径肚[1]
		鹿丹村[1]
	沙湾河	河口
	莲塘河	鹏兴天桥西
盐田区	盐田河	盐港中学[1]
		双拥公园
	大鹏湾	沙头角湾口
		小梅沙湾口
南山区	大沙河	大学城
		珠光桥
		大冲桥[1]
	桂庙渠	河口[1]
	铲湾渠	河口[1]
	深圳湾	深圳湾出口

行政区	断面/点位名称	
宝安区	西乡河	新水闸[1]
		南城桥
	新圳河	新圳路桥
	罗田水	广深高铁桥
	茅洲河	燕川
		洋涌大桥
		共和村
	珠江口	固戍近海
龙岗区	布吉河	草埔
	龙岗河	吓陂
	丁山河	汇入龙岗河前桥下
	南约河	龙岗中心小学
	龙西河	河口
光明新区	茅洲河	楼村
		李松蓢
	白花河	白花社区
坪山新区	龙岗河	西湖村
	坪山河	上洋
	赤坳水	河口
	汤坑水	河口
龙华新区	观澜河	企坪
		放马埔
	油松河	油松科技大厦
	龙华河	龙华环保所
	岗头河	河口

行政区	断面/点位名称	
大鹏新区	王母河	河口[1]
	东涌河	河口[1]
	葵涌河	虎地排桥[1]
	大亚湾	白沙湾—长湾
		核电近海
	大鹏湾	东、西冲近海
		望鱼角—盆仔湾口
		下沙近海
		乌泥湾湾口

注：1. 感潮河段以退潮时的采样数据进行考核，深圳河径肚、砖码头、河口断面按照广东省环保责任考核的相关规定执行；

2. 一般河流采用单月监测数据；深圳河径肚、砖码头、河口断面，龙岗河西湖村断面，坪山河上洋断面，观澜河企坪断面及茅洲河燕川、洋涌大桥、共和村断面按广东省要求采用单、双月数据；近岸海域采用丰、平、枯水期监测数据。

（1）水环境质量状况 T_1（4 分）

计分方法：

①各区辖区内单个河流考核/单个近岸海域监测点位起评分 D_i 计算。

$$D_i = \frac{4}{m+n}$$

式中，m 为辖区内河流考核断面总个数，n 为辖区内纳入考核的近岸海域监测点位总个数。

②各区辖区内单个考核断面/单个近岸海域监测点位得分 W_i 计算。

a. 河流水环境质量状况

选取《地表水环境质量标准》（GB 3838—2002）表 1 中除水温、总氮和粪大肠菌群 3 项外的 21 项指标评价河流水质达标情况，计分方式如下：

各项指标年均值达到控制目标得 D_i 分，一项指标超标扣 $0.25 D_i$ 分，扣完 D_i 分止。

注：ⅰ. 龙岗河西湖村断面、坪山河上洋断面、观澜河企坪断面、深圳河径肚断面、深圳河砖码头断面、河口断面、茅洲河燕川断面、洋涌大桥断面、共和村断面考核执行广东省环境保护厅下发的 2016 年度"南粤水更清"行动重点目

标和任务。

ⅱ. 对各断面水质重金属超标实行"零容忍"，不论年均值是否达标，任一断面单次水质监测中出现重金属超标情况，每出现 1 次重金属超标（1 次监测中出现多项重金属超标的以 1 次计），扣减该断面 W_i 得分 0.1 分，扣完 W_i 得分为止。

b. 近岸海域水环境质量状况

按照近岸海域环境功能区划分，以《海水水质标准》（GB 3097—1997）为标准，选取《近岸海域环境监测规范》（HJ 442—2008）"9.1.7.1 评价项目"中推荐的 13 项评价指标评价近岸海域海水水质达标情况，计分方式如下：

各项指标年均值达到控制目标得 D_i 分，一项指标超标扣 $0.5 D_i$ 分，扣完 D_i 分为止。

③各区水环境质量状况得分为辖区内各考核断面和近岸海域监测点位得分的加和：

$$T_1 = \sum_{i=1}^{m+n} W_i$$

式中，m 为辖区内河流考核断面总个数；n 为辖区内近岸海域监测点位总个数。

数据来源：市环境监测中心站。

（2）水环境质量改善 T_2（6～8 分）

计分方法：

①各区辖区内单个考核断面/单个近岸海域监测点位起评分 D_i 计算。

$$D_i = \frac{I}{m+n}$$

式中，I 为辖区水环境质量改善满分值；m 为辖区内河流考核断面总个数；n 为辖区内近岸海域监测点位总个数。

②各区辖区内单个考核断面/单个近岸海域监测点位得分 V_i 计算。

a. 河流水环境质量改善

选取化学需氧量（COD）、氨氮（NH$_3$ - N）和总磷（TP）三项指标进行计算：

$$V_i = D_i \times \left(\frac{1}{3} V_{\text{COD}} + \frac{1}{3} V_{\text{NH}_3 - \text{N}} + \frac{1}{3} V_{\text{TP}} \right)$$

式中，V_{COD}、$V_{\text{NH}_3 - \text{N}}$、$V_{\text{TP}}$分别为该河流内某个考核断面化学需氧量、氨氮、总磷的得分，计算方法如下：

单个断面某一污染物当年监测年均值达到相应的环境标准或省考核目标，则该污染物得1分，即V_{COD}（或$V_{\text{NH}_3 - \text{N}}$或$V_{\text{TP}}$）$=1$；

单个断面某一污染物当年监测年均值未达到相应的环境标准或省考核目标，则按照如下方法计分：

$$\Delta = \frac{V_{\text{上年}} - V_{\text{当年}}}{V_{\text{上年}}}$$

式中，$V_{\text{上年}}$为该污染物上年监测年均值，$V_{\text{当年}}$为该污染物当年监测年均值。

当$\Delta_{\text{NH}_3 - \text{N}} \geqslant 25\%$且$\Delta_{\text{TP}} \geqslant 25\%$时，$V_{\text{NH}_3 - \text{N}} = 1$且$V_{\text{TP}} = 1$；

当$\Delta_{\text{NH}_3 - \text{N}} > 0$且$\Delta_{\text{TP}} < 25\%$时，$V_{\text{NH}_3 - \text{N}} = \Delta / 25\%$且$V_{\text{TP}} = \Delta / 25\%$；

当$\Delta_{\text{COD}} \geqslant 10\%$时，$V_{\text{COD}} = 1$；

当$0 < \Delta_{\text{COD}} < 10\%$时，$V_{\text{COD}} = \Delta / 10\%$；

当$\Delta < 0$时，$V_{\text{COD}} = 0$、$V_{\text{NH}_3 - \text{N}} = 0$、$V_{\text{TP}} = 0$。

b. 近岸海域水环境质量改善

选取化学需氧量（COD）和无机氮（DIN）两项指标进行计算。

$$V_i = D_i \times \left(\frac{1}{2} V_{\text{COD}} + \frac{1}{2} V_{\text{DIN}} \right)$$

式中，V_{COD}、V_{DIN}分别为化学需氧量、无机氮的得分，计算方法如下：

单个监测点某一污染物当年监测年均值达到相应的环境标准，则该污染物得1分，即$V_{\text{COD}} = 1$且$V_{\text{DIN}} = 1$；

单个监测点某一污染物当年监测年均值达不到相应的环境标准，则按照如下方法计分：

$$\Delta = \frac{V_{\text{上年}} - V_{\text{当年}}}{V_{\text{上年}}}$$

式中，$V_{\text{上年}}$为该污染物上年监测年均值，$V_{\text{当年}}$为该污染物当年监测年均值。

当$\Delta_{\text{DIN}} \geqslant 15\%$时，$V_{\text{DIN}} = 1$；

当$0 \leqslant \Delta_{\text{DIN}} < 15\%$时，$V_{\text{DIN}} = \Delta / 15\%$；

当 $\Delta_{COD} \geqslant 10\%$ 时，$V_{COD} = 1$；

当 $0 \leqslant \Delta_{COD} < 10\%$ 时，$V_{COD} = \Delta / 10\%$；

当 $\Delta < 0$ 时，$V_{COD} = 0$ 且 $V_{DIN} = 0$。

③各区水环境质量改善得分为辖区内各考核断面和近岸海域监测点位得分的加和：

$$T_2 = \sum_{i=1}^{m+n} V_i$$

式中，m 为辖区内纳入考核河流的总断面数；n 为辖区内近岸海域监测点位总个数。

④为了消除上游来水对下游水质改善情况的影响，针对纳入考核的跨区河流下游所在区，包括福田区（深圳河）、罗湖区（布吉河）和宝安区（茅洲河），增设一个调节指标 ∂，选取化学需氧量（COD）、氨氮（$NH_3 - N$）和总磷（TP）三项指标进行计算。对于某区对应河流的某项污染物，则有

$$\partial = 上下游浓度差_{当年} - 上下游浓度差_{上年}$$

$$上下游浓度差 = V_{下游断面} - V_{上游交界断面}$$

式中，$V_{上游交界断面}$ 为该河流在该区与上游区交界断面的污染物监测年均值，$V_{下游断面}$ 为该河流在该区的最下游考核断面污染物监测年均值。各跨区河流上游交界断面及下游断面为深圳河鹿丹村—河口断面、布吉河草埔—民桥断面、茅洲河李松蓢—川断面。

当下游断面某一污染物当年及上年监测年均值 $V_{下游断面}$ 均达到相应的环境标准时，不进行调节；否则，按照以下方式进行调节：

当某一污染物 $\partial > |上下游浓度差_{上年}| \times 5\%$ 时，则对该辖区水环境质量改善得分扣 0.1 分；

当某一污染物 $\partial < |上下游浓度差_{上年}| \times (-5\%)$ 时，则对该辖区水环境质量改善得分加 0.1 分；

当某一污染物 $|上下游浓度差_{上年}| \times (-5\%) \leqslant \partial \leqslant |上下游浓度差_{上年}| \times 5\%$ 时，则不扣分也不加分；

三项污染物指标分别统计，分别加分或扣分，但水环境质量改善最高分不超过该辖区改善满分值，最低分为 0 分。

数据来源：市环境监测中心站。

4. 饮用水水源保护及改善（3分）

根据《深圳经济特区饮用水源保护条例》以及《深圳市人民政府关于调整深圳市饮用水水源保护区的通知》（深府〔2015〕74号）将全市31个饮用水水源水库纳入本次考核，各区参与考核的饮用水水源地见表1-3。

表1-3　各区参与考核的饮用水水源地

行政区	参与考核的饮用水水源地	纳入 2016 年度考核的入库支流
福田区	梅林水库	C 区域外污水进水口、西库尾入库支流
罗湖区	深圳水库	落马石河、梧桐山河
盐田区	三洲田水库	—
南山区	西丽水库	白芒河、大磡河、麻磡河
	长岭皮水库	—
	铁岗水库[1]	—
宝安区	铁岗水库	九围河、应人石河
	石岩水库	石岩河
	罗田水库	—
	长流陂水库	—
	鹅颈水库[1]	—
龙岗区	清林径水库	—
	铜锣径水库	—
	苗坑水库	—
	甘坑水库	甘坑水
	岗头水库	—
	白石塘水库	—
	黄竹坑水库	—
	龙口水库	—
	炳坑水库	—
	雁田水库[1]	木古河
	深圳水库[1]	—

行政区	参与考核的饮用水水源地	纳入 2016 年度考核的入库支流
光明新区	鹅颈水库	—
	石岩水库[1]	—
	长流陂水库[1]	玉律河
	公明水库[2]	—
坪山新区	赤坳水库	金龟溪
	松子坑水库	—
	红花岭水库	—
	大山陂水库	—
	矿山水库	—
	三洲田水库[1]	—
	炳坑水库[1]	—
龙华新区	茜坑水库	—
	长岭皮水库[1]	—
	公明水库[1,2]	—
大鹏新区	径心水库	径心水
	枫木浪水库	—
	罗屋田水库	—
	打马坜水库	—
	东涌水库[2]	—
	洞梓水库[2]	—
	香车水库[2]	—

注：1 为流域范围跨行政区的水库，仅考核饮用水水源保护区内违章养殖清理、违法排污口关闭以及入库支流水质改善，不参与辖区内集中式饮用水水源地水质达标率统计。

2 为 2015 年省政府批复新增的饮用水水源保护区，2016 年度仅考核饮用水水源保护区内违章养殖清理、违法排污口关闭，暂不纳入辖区内集中式饮用水水源地水质达标率统计。

（1）集中式饮用水水源地水质达标状况（1 分）

计分方法：

$$\text{集中式饮用水水源地水质达标状况得分} = 1 \times \text{辖区内集中式饮用水水源地水质达标率}$$

式中，水质达标率为监测次数达标率平均值。

（2）饮用水水源保护区内污染治理和入库支流水质改善（2分）

计分方法：

①饮用水水源保护区内违章种养清理和违法排污口关闭

一级和二级水源保护区内存在违章种养，经发现仍未及时清理的，每处扣所在区0.1分。

一级水源保护区内存在违法排污口的，每发现一处扣所在区0.5分。

数据来源：

a. 考核办组织监测部门进行抽检；

b. 考核办根据群众举报、媒体曝光或其他途径得知相关情况，组织有关部门现场核实；

c. 有关部门执法检查发现扣分情况。

②入库支流水质改善

考核办每半年组织相关单位对于表1-4中各主要饮用水水源的入库支流进行检查（采样点位于入库支流入库处），选取化学需氧量（COD）、氨氮（NH_3-N）和总磷（TP）三项指标对于支流水质进行评价，凡有任何一项指标未达到《地表水环境质量标准》（GB 3838—2002）中Ⅴ类标准，则该条支流水质不合格。每条不合格支流每次扣采样点所在区0.1分。

此项指标不设负分，扣完为止。

（三）声环境质量（2分）

5. 功能区噪声达标及改善（2分）

各区功能区噪声监测点位见表1-4。

表1-4　功能区噪声监测点位

行政区	测点点位	功能区
福田	香密湖高尔夫会所	1
	梅林一村	2
	八卦岭	3
罗湖	银湖中心	1
	鹏兴花园一期	2

行政区	测点点位	功能区
盐田	鹏湾二村	2
	太谷物流仓	3
南山	麒麟山疗养院	1
	世界之窗	2
宝安	幸福海岸	2
	创业二村	3
龙岗	龙岗区监测站	2
	坳二村	3
光明	公明城管办	2
	同富裕工业区	3
坪山	坑梓街道办	2
龙华	世纪春城	2
大鹏	大鹏新区管委会	2

计分方法：

各区辖区内单个监测点位起评分 C_i 计算：

$$C_i = \frac{1}{n}$$

（1）功能区噪声达标状况（1分）

①单个监测点位昼间功能区噪声达标状况得分 U_i 计算：

$$U_i = \frac{1}{2}C_i \times X$$

②单个监测点位夜间功能区噪声达标状况得分 U_i 计算：

$$U_i = \frac{1}{2}C_i \times X$$

式中，X 为功能区昼夜噪声平均达标率，昼间、夜间噪声达标率为监测次数达标率平均值。

（2）功能区噪声改善状况（1分）

当该监测点位 2016 年功能区噪声达标率为 100% 时，该监测点位得分 $U_i = C_i \times 1$ 分。

当年监测达标率不到100%时，则按照如下方法计分：

$$\Omega = \frac{V_{当年} - V_{上年}}{V_{上年}}$$

式中，$V_{上年}$为上年功能区昼夜噪声达标率年均值，$V_{当年}$为功能区昼夜噪声当年达标率年均值，昼间与昼间、夜间与夜间分别比较计算，噪声达标率为监测次数达标率平均值。

当$\Omega \geqslant 10\%$时，该项得分$U_i = C_i \times 1$分；

当$0 \leqslant \Omega < 10\%$时，该项得分$U_i = C_i \times \Omega$；

当$\Omega < 0$时，该项得分$U_i = 0$分。

各区得分U为辖区内所有考核点位得分的加和：

$$U = \sum_{i=1}^{n} U_i$$

数据来源：市环境监测中心站。

（四）生态资源（4～6分）

生态资源是反映辖区生态资源保护与节约的指标，具体考核生态资源指数、生态林及裸土地的变化。

6. 生态资源指数、生态林及裸土地的变化（4～6分）

（1）生态资源状况指数变化

计算方法：

$$生态资源状况指数变化 = \frac{当年生态资源状况指数}{上年生态资源状况指数}$$

注：生态资源状况指数的核算方法按照现行的《深圳市生态资源测算技术规范》执行。

计分方法：

生态资源状况指数变化$\geqslant 1$，本项指标得$0.4I$分；

生态资源状况指数变化< 1，本项指标得分$= 0.4I \times$生态资源状况指数变化。

I为辖区"生态资源指数、生态林及裸土地的变化"指标满分值，下同。

（2）生态林变化状况

生态林变化状况是指根据《深圳市生态资源测算技术规范》核算出的风景

名胜区、水源保护区、郊野公园、森林公园、自然保护区、风水林等区域内的生态林面积变化。

计算方法：

$$生态林变化状况 = \frac{当年生态林面积 - 上年生态林面积}{上年生态林面积}$$

计分方法：

生态林变化状况 ≥0，即生态资源测算中生态林面积增加或不变时，本项指标得 $0.3I$ 分；

生态林变化状况 <0，即生态资源测算中生态林面积减小时，本项指标得分在 $0.3I$ 分基础上按生态林面积每减少 1% 扣 0.2 分的比例进行扣分，扣完为止。具体计算公式为：生态林变化状况分值 $= 0.3I + 0.2X/1\%$。式中，X 为各区生态林变化状况值。

（3）裸土地变化状况

裸土地变化状况是指根据《深圳市生态资源测算技术规范》核算出的裸土地面积变化状况，其中，裸土地指地表为土壤覆盖、植被覆盖度在 5% 以下的土地。

计算方法：

$$裸土地变化状况 = \frac{上年裸土地面积 - 当年裸土地面积}{上年裸土地面积}$$

计分方法：

裸土地变化状况 ≤0，即生态资源测算中裸土地面积增加时，本项指标得 0 分；

裸土地变化状况 >0，即生态资源测算中裸土地面积减少时，本项指标得分可以通过以下公式计算：裸土地变化状况分值 $= 0.3I \times X/X_{最大}$。式中，X 为各区裸土地变化状况值，$X_{最大}$ 为全市各区中裸土地变化状况最大值。

考核办组织第三方机构定期对各区裸土地治理情况实施现场检查，以促进各区对此项工作的开展。

生态资源指数、林地及裸土地的变化指标考核得分为以上 3 项得分的加和。

数据来源：第三方机构。

二、提升环境治理水平

（一）治污保洁工程（10分）

7. 治污保洁工程完成情况（10分）

治污保洁工程完成情况是市治污保洁工程领导小组办公室每年下达到各责任单位的治污保洁工程任务的专项考核情况。

计分方法：

根据治污保洁工程专项考核结果进行评分。

公式如下：

$$治污保洁工程完成情况得分 = 指标满分 \times X/100$$

式中，X 为治污保洁工程专项考核得分。

数据来源：市治污保洁工程领导小组办公室。

（二）治水提质（6～10分）

8. 黑臭水体改善（0～4分）

根据市政府与各责任单位签订的《治水提质工作目标责任书》及《深圳市治水提质指挥部关于下达建成区黑臭水体治理工作任务的通知》，确定黑臭水体考核对象。各区黑臭水体考核名单见表1-5。

表1-5　各区黑臭水体治理任务

行政区	黑臭水体名称	完成时间	考核点位
福田区	福田河	2016年	河口
罗湖区	深圳河	2016年	鹿丹村
南山	后海河	2016年	河口
宝安区	西乡河	2016年	新水闸
龙岗区	南约河	2016年	龙岗中心小学
光明新区	茅洲河	2016年	李松蓢
坪山新区	汤坑水	2016年	河口
龙华新区	油松河	2016年	油松科技大厦
大鹏新区	南澳河	2016年	双拥码头

选取《住房和城乡建设部　环境保护部关于印发城市黑臭水体整治工作指南的通知》（建城〔2015〕130号）表2城市黑臭水体污染程度分级标准中透明度、溶解氧、氧化还原电位、氨氮4项特征指标评价黑臭水体改善情况。

计分公式：

$$V_i = V_{透明度} + V_{溶解氧} + V_{氧化还原点位} + V_{氨氮}$$

式中，$V_{透明度}$、$V_{溶解氧}$、$V_{氧化还原点位}$、$V_{氨氮}$分别为该河流内某个考核断面透明度、溶解氧、氧化还原电位、氨氮的得分，计算方法如下：

单个断面某一特征指标当年年底监测值达到相应的环境标准，则该特征指标为：

$$V_{透明度} = 4/I, \quad V_{溶解氧} = 4/I, \quad V_{氧化还原点位} = 4/I, \quad V_{氨氮} = 4/I$$

式中，I为辖区黑臭水体改善满分值。

单个断面某一特征指标当年年底监测值未达到相应的环境标准，则该特征指标得0分，即$V_{透明度} = 0$，$V_{溶解氧} = 0$，$V_{氧化还原点位} = 0$，$V_{氨氮} = 0$。

盐田区无黑臭水体治理任务，不进行考核。

数据来源：市环境监测中心站。

9. 城市内涝治理（2分）

根据《中共深圳市委深　圳市人民政府关于加快我市水务改革发展的若干意见》（深发〔2012〕1号）设置该指标，综合反映各区政府、新区管委会解决辖区内涝问题，切实保障群众的生命和财产安全的情况。此次考核指标主要针对2016年度易涝点治理工作开展情况以及2015年度完成的易涝点整治工程的治理成效设置。

计分方法：

（1）开展辖区内易涝点情况摸底调查，按规划标准制订治理计划，抓紧实施，优先解决市民反映强烈、影响范围较广的内涝问题（1分）。

（2）开展辖区内易涝点的整治（1分）

$$易涝点整治得分 = 1 \times \frac{完成年度考核任务数目}{该区年度考核任务数目}$$

表 1-6　各区 2016 年度内涝治理任务

行政区	任务数量	目标进度/%
福田区	5	100
罗湖区	2	100
盐田区	2	100
南山区	3	100
宝安区	9	100
龙岗区	9	100
光明新区	2	100
坪山新区	7	100
龙华新区	8	100
大鹏新区	3	100

注：具体任务以市水务局三防办下达的年度整治要求为准。

（3）对 2015 年度整治完工的易涝点整治工程未能正常发挥效益的，按照下述原则扣分：

$$易涝点整治扣分 = 2 \times \frac{未正常发挥效益易涝点整治工程}{2015 年度该区完成易涝点整治工程}$$

表 1-7　2015 年各区易涝点整治工程名录

行政区	任务数量	易涝点位置
福田区	2	泰然、天安工业区排水管网畅通工程
		北环路山坑排水涵疏通工程
罗湖区	1	罗湖区市政路段排水管网畅通工程
南山区	1	新围村后山雨水分流工程
盐田区	2	大梅沙河道清淤工程
		黄必围后山排洪渠改造工程
宝安区	10	西乡河出海口清淤工程
		西乡街道铁岗社区铁岗路排水管网畅通工程
		西乡街道固戌社区排水管网完善工程
		西乡街道南昌社区旧村排水管网完善工程
		石岩街道石龙大道排水管网清淤工程

行政区	任务数量	易涝点位置
宝安区	10	石岩街道上屋大道排水管网清淤工程
		沙井街道帝堂路西环路以东段排水管网完善工程
		沙井街道新沙路佳华段排水管网完善工程
		兴围社区兴围路与宝安大道交汇处路口排洪渠清淤工程
		福永街道孖庙涌新和社区段清淤工程
龙岗	10	坂田街道万科城至象角塘路口片区内涝整治工程
		坂田街道五和大道靠近岗头河以北路段内涝整治工程
		坂田街道雪岗南路上雪市场内涝整治工程
		坂田街道雪岗南路新亚洲百货内涝整治工程
		南湾街道丹竹头社区高新科技园区内涝整治工程
		南湾街道布沙路南新路口内涝整治工程
		南湾街道简竹路丹平立交桥下内涝整治工程
		横岗街道四联社区排榜蛇地岭小区排水管网整治工程
		龙岗街道龙东片区大埔二路内涝整治工程
		龙岗街道龙东片区金井路排水整治工程
光明	7	公明办事处马田排洪渠上游段清疏工程
		光明办事处新陂头河（公常路—华美居家具段）清淤工程
		公明办事处将石社区排水改造工程
		公明办事处上下村排水渠清淤工程
		公明办事处长圳社区排水渠清疏工程
		光明办事处木墩旧村市场排水渠清疏工程
		公明办事处大围旧村排水改造工程
坪山	7	坑梓办事处龙田社区排水渠清疏改造工程
		坑梓办事处三角楼水龙田段清疏工程
		坑梓办事处坑梓社区河渠清疏修复工程
		坑梓办事处道路管网畅通工程
		坑梓办事处龙田社区汉明厂排洪整治工程
		坑梓办事处秀新社区排水河渠清疏改造工程
		大工业区道路管网畅通工程

行政区	任务数量	易涝点位置
龙华	7	观澜办事处市政道路排水畅通工程
		观澜办事处桂花惠民二路内涝整治工程
		观澜办事处桂花新石桥老村内涝整治工程
		龙华办事处人民路与建设路交汇处内涝整治工程
		民治办事处上塘东路南二巷雨污排水管道重建工程
		福龙路简上段北行辅道积水整治工程
		观澜办事处松元向西村片区内涝整治工程
大鹏	3	大鹏办事处岭澳社区岭南路段排水畅通工程
		葵涌办事处溪涌河支流溪涌居民小组段整治工程
		葵涌办事处洞背村排洪渠整治工程（二期）

数据来源：市水务局。

内涝治理相关佐证材料应在 2017 年 2 月底前提交给市考核办备案。

10. 实行最严格水资源管理制度工作完成情况（2 分）

根据《深圳市实行最严格水资源管理制度的意见》（深府办函〔2013〕22 号）设置该指标，是市水务局对各区"实行最严格水资源管理"的专项考核情况。

计分方法：

根据市水务局对各区"实行最严格水资源管理"专项考核结果进行评分。

公式如下：

实行最严格水资源管理制度工作完成情况得分 $= 2 \times X/X_{满}$

式中，X 为"实施最严格水资源管理"指标考核得分；

$X_{满}$ 为"实施最严格水资源管理"指标的满分值。

数据来源：市水务局。

11. 城市生态水土保持成效（2 分）

根据《深圳经济特区水土保持条例》设置该指标，考核各区对辖区内开发建设项目水土保持方案落实情况的监督检查情况和水土保持措施落实治理效果等。

计分方法：

根据市水务局对各区 2016 年度水务建设与管理—水土保持管理考核结果进行评分。

公式如下：

$$城市生态水土保持成效得分 = 2 \times X/100$$

式中，X 为水务建设与管理—水土保持管理考核得分。

数据来源：市水务局。

三、促进资源节约利用

（一）节能降耗（8 分）

12. 节能目标责任考核情况（8 分）

根据《关于印发〈深圳市"十二五"单位 GDP 能耗考核体系实施方案〉的通知》（深节能减排办〔2012〕5 号）设置该指标，反映各区年度节能工作落实情况。

计分方法：

根据市发展和改革委员会对各区 2015 年度节能考核结果进行评分。

公式如下：

$$节能目标责任考核情况得分 = 8 \times X/100$$

式中，X 为节能考核得分。

数据来源：市发展和改革委员会。

（二）污染减排（5 分）

13. 污染减排任务完成情况（5 分）

污染减排任务完成情况是市污染减排考核组依据年初下达的工作目标和工作任务，对各责任单位污染减排工作进行专项考核的情况。

计分方法：

根据污染减排专项考核结果进行评分。

公式如下：

$$污染减排任务完成情况得分 = 指标满分 \times X/100$$

式中，X 为污染减排专项考核得分。

数据来源：市污染减排考核组。

（三）资源综合回收利用（4～6分）

资源综合利用考核内容包括实行最严格水资源管理制度工作完成情况和建筑废弃物减排与综合利用。

14. 建筑废弃物减排与综合利用（2分）

根据《深圳市建筑废弃物减排与利用条例》《深圳市绿色建筑促进办法》《深圳市人民政府关于进一步加强建筑废弃物减排与利用工作的通知》（深府办函〔2012〕130号）、《深圳市再生骨料混凝土制品技术规范》（SJG 25—2013）和市政府相关工作部署设置该指标，反映各区建筑废弃物减排与综合利用相关政策措施等的建立和实施情况。

计分方法：

（1）提交开展建筑废弃物综合利用年度工作专项报告（0.2分）

按时提交专项报告，且报告数据翔实、内容充实、推广工作成效良好的得0.2分；不按时提交或不提交专项报告的不得分。

（2）宣传和推广建筑废弃物综合利用工作（0.1分）

2016年度内组织开展建筑废弃物相关主题宣传活动并提交活动小结的得0.1分；否则不得分。

（3）提交企业和项目运营、处理情况数据（0.2分）

严格按照要求提交辖区内建筑废弃物综合利用企业和项目每月统计数据的得0.2分；否则不得分。

（4）落实推进建筑废弃物综合利用企业（项目）（0.7分）

提交2016年度建筑废弃物综合利用企业（项目）情况表，分以下两种情形得分，总分累计不超过0.7分：

①固定厂处理：辖区内具有固定生产基地的建筑废弃物综合处理利用企业，全年建筑废弃物实际处理总量达到50万t及以上的得0.7分，全年建筑废弃物年实际处理总量不到50万t的，得分计算公式如下：

$$得分 = \frac{企业年实际处理量（单位：万 t）}{50} \times 0.7$$

②项目移动式现场处理：辖区内有1个城市更新项目采用移动式现场处理的得0.4分，辖区内有2个及以上城市更新项目采用移动式现场处理的得0.7分

（采用移动式现场处理的城市更新项目数量计入项目所在地管辖区，不计入企业注册地管辖区）。项目采用移动式现场处理是指在项目现场经过前期预处理、破碎、除铁、风选、筛分、整形等工艺流程处理建筑废弃物，形成再生骨料。

（5）年度竣工备案的工程使用绿色再生建材产品情况（0.8 分）

提交 2016 年区管项目清单、项目使用绿色再生建材产品情况表（以发票为附件），计分公式如下：

$$得分 = （使用再生建材的项目数/项目总数）\times 0.8$$

式中，使用再生建材的项目数为在 2012 年 9 月 9 日以后开工建设并在 2016 年竣工备案，且使用绿色再生建材产品的区管项目数量（含政府投资工程和社会投资工程）；项目总数为在 2012 年 9 月 9 日以后开工建设并在 2016 年竣工备案的区管项目数量（含政府投资工程和社会投资工程）。

如有一项政府投资工程未使用绿色再生建材产品的，每一项扣 0.2 分，不设负分，扣完为止。

数据来源：市住房和建设局。

15. 生活垃圾分类与减量考核（2～4 分）

根据《深圳市生活垃圾分类和减量工作考核试行办法》和《深圳市生活垃圾分类与减量考核实施方案（2016 年度）》设置该指标，反映各区年度生活垃圾分类与减量工作落实的情况。

计分方法：

根据市城市管理局对各区 2016 年度生活垃圾分类与减量工作考核结果进行评分。

公式如下：

$$生活垃圾分类与减量工作考核情况得分 = I \times X/100$$

式中，I 为辖区该指标满分值，X 为生活垃圾分类与减量工作考核得分。

数据来源：市城市管理局。

（四）绿色建筑发展（3～5 分）

16. 绿色建筑建设（3～5 分）

根据《深圳市绿色建筑促进办法》（市府令 253 号）设置该指标。

绿色建筑是指在建筑的全寿命周期内，最大限度节能、节地、节水、节材、保护环境和减少污染的建筑。本方案考核的绿色建筑为至少达到绿色建筑国家一星级或深圳市铜级要求的建筑小区或建筑物。

计分方法：

（1）绿色建筑发展年度计划、激励政策和综合推进情况

有制订实施绿色建筑发展年度计划、激励政策等有关规范性文件，得 I/15 分；

有推进建筑节能和绿色建筑年度工作实绩报告，得 I/30 分。

（2）绿色建筑发展专项能力建设、宣传推广和监督执法情况

通过健全机构设置和人员队伍或者通过购买服务的方式提高绿色建筑工作能力；组织开展建筑节能和绿色建筑相关主题培训工作，以及开展宣传推广工作，得 I/15 分；

组织开展辖区建筑节能和绿色建筑专项执法监督检查工作，得 I/6 分。

（3）建设项目全面执行绿色建筑标准情况

①上级监督检查或抽查

所在区考核年度在市主管部门等上级主管部门组织开展的建筑节能和绿色建筑专项监督检查或抽查中未发现辖区建设项目违反建筑节能强制性标准和绿色建筑相关标准要求的情况，得 I/3 分，每发现 1 个辖区建设项目违反建筑节能和绿色建筑标准控制项扣 I/15 分，违反其他标准扣 I/30 分，不设负分、扣完为止。

②绿色建筑评价标识项目以及采用工业化方式建造的绿色建筑情况

区管项目中，获设计阶段国家三星级或深圳市铂金级绿色建筑评价标识每个项目得 I/6 分（同时获国家三星级、深圳市铂金级不重复计分）、获设计阶段国家二星级或深圳市金级绿色建筑评价标识每个项目得 I/10 分（同时获国家二星级、深圳市金级不重复计分）、获运营阶段绿色建筑评价标识不论星级每个项目得 I/6 分（属于国家二、三星级或深圳市金级、铂金级的，同时叠加相应高星级得分）。上述项目要同时满足"在 2016 年进行绿色建筑评价标识公告"的条件。

实施装配式建筑（项目的预制率≥15%、装配率≥30%）的绿色建筑每个项目得 I/6 分；实施装配式建筑（项目的预制率达到 40%、装配率达到 60%）的

绿色建筑每个项目得 $\dfrac{7}{30}I$ 分。上述项目要同时满足"在 2016 年取得市区建设主管部门出具的技术认定意见书"的条件。

此项累计得分最高不超过 $I/3$ 分。

数据来源：市住房和建设局。

四、优化生态空间格局

（一）生态控制线保护（9～12 分）

生态控制线保护主要考查生态控制线内违法开发的管控和整改情况。

管控生态控制线内违法开发情况是指深圳市在卫片执法检查中发现的违法用地和违法建筑图斑占生态控制线面积，整改情况参照查违共同责任考核情况判定。

17. 管控生态控制线内违法开发（5～7 分）

计分方法：

管控生态控制线内违法开发得分 = I – 各区生态控制线内面积修正系数 ×

辖区内所有违法开发点位的扣分之和

I 为辖区该指标满分值，下同。

注：不设负值，扣完为止。

违法开发面积 ≤ 1 000m²，每处扣 $I/100$ 分；

1 000m² ＜ 违法开发面积 ≤ 3 000m²，每处扣 $I/50$ 分；

3 000m² ＜ 违法开发面积 ≤ 5 000m²，每处扣 $3I/100$ 分；

5 000m² ＜ 违法开发面积 ≤ 7 000m²，每处扣 $I/25$ 分；

7 000m² ＜ 违法开发面积 ≤ 10 000m²，每处扣 $I/20$ 分；

违法开发面积 ＞ 10 000m²，每处扣 $3I/50$ 分。

各区生态控制线内面积修正系数见表 1-8，计算公式为：

各区生态控制线内面积修正系数 = S_{min}/S_i

式中，S_{min} 为各区生态控制线内面积的最小值；S_i 为被考核区的生态控制线内面积。

表 1-8　各区基本生态控制线内面积及面积修正系数

行政区	生态控制线内面积/km²	面积修正系数
福田区	22.48	1.000 0
罗湖区	48.12	0.467 2
盐田区	51.03	0.440 5
南山区	70.02	0.321 1
宝安区	142.01	0.158 3
龙岗区	180.76	0.124 4
光明新区	83.72	0.268 5
坪山新区	89.22	0.252 0
龙华新区	63.72	0.352 8
大鹏新区	222.16	0.101 2

18. 生态控制线内违法开发整改（4 分）

计分方法：

生态控制线内违法开发整改情况得分 = 4 × （1 - 辖区生态控制线内面积修正
系数 × 辖区内未纠正点数/违法开发
的点位数量）

注：不设负分，扣完为止。

数据来源：市规划和国土资源委员会。

（二）生态破坏修复（3 分）

19. 地质灾害防治（3 分）

根据《深圳市地质灾害防治管理办法》和《关于印发深圳市余泥渣土受纳
场等安全隐患排查和专项整治行动工作方案的通知》（深府办函〔2015〕200 号）
设置该指标，对辖区地质灾害防治工作情况和工作成效进行考核。

计分方法：

（1）编制防治方案（0.2 分）

配合市规划国土部门编制全市年度地质灾害防治方案，得 0.2 分；未配合编
制，得 0 分。

（2）签订责任书（0.2 分）

在汛前与下属街道办事处签订年度地质灾害防治工作责任书，得 0.2 分；未

签订责任书，得 0 分。

（3）汛前排查（0.2 分）

组织街道办、区相关部门完成辖区地质灾害隐患汛前排查，得 0.2 分；未开展，得 0 分。

（4）汛中巡查（0.2 分）

组织街道办、区相关部门开展辖区重要地质灾害隐患汛中巡查，得 0.2 分；未开展巡查，得 0 分。

（5）宣传培训（0.2 分）

组织开展辖区地质灾害防治知识宣传和业务培训不少于 3 场次，不少于 3 场次的得 0.2 分；低于 3 场次的得 0 分。

（6）完成治理情况（2 分）

①2016 年 12 月 31 日前完成 2015 年度地质灾害和危险边坡防治方案治理加固计划中本辖区政府负责的地质灾害治理项目主体施工，经核查属实的，得 1 分，如部分完成的，得分按照完成主体施工的项目数除以本辖区政府负责的地质灾害治理项目总数的商值计分。

②2016 年 4 月 30 日前完成辖区列入全市地质灾害专项整治行动计划的危险性中等的地质灾害隐患点治理项目主体施工，经核查属实的，得 1 分，4 月 30 日后、12 月 31 日前完成主体施工，经核查属实的，得 0.5 分。如部分完成的，得分按照完成主体施工的项目数除以本辖区危险性中等的地质灾害隐患点治理项目总数的商值计分。计分公式如下：

$$得分 = \frac{4 \text{ 月 } 30 \text{ 日前完成个数}}{项目总数} \times 1 + \frac{4 \text{ 月 } 30 \text{ 日后、} 12 \text{ 月 } 31 \text{ 日前完成个数}}{项目总数} \times 0.5$$

辖区无危险性中等的地质灾害隐患点的，此项不扣分。

该项总分为①、②两项分值之和。

数据来源：市规划和国土资源委员会。

五、完善公众参与机制

（一）宜居社区创建（3～5 分）

20. 宜居社区建设（3～5 分）

根据《深圳市宜居社区建设工作方案》（深府办函〔2012〕49 号）设置该

指标。宜居社区是指按照广东省地方标准《宜居社区建设评价》（DB44/T 1577—2015）创建并经省宜居社区评审认定工作小组认定达标的社区。宜居社区建设是评价各区（新区）创建宜居社区工作情况的指标。

计分方法：

（1）开展宜居社区创建行动。本项指标总分为 $I/6$ 分（I 为辖区该指标满分值，下同），其中：

编制年度宜居社区工作计划，得 $I/30$ 分；

安排宜居社区创建工作经费，得 $I/30$ 分；

安排宜居社区创建专项经费，得 $I/30$ 分；

按时申报宜居社区创建资料，得 $I/30$ 分；

开展宜居社区宣传活动，得 $I/30$ 分。

注：工作经费是指各区（新区）、各街道、各社区用于宜居社区创建的日常办公经费；专项经费是指各区（新区）、各街道通过开展宜居社区创建行动，专项用于各项目建设的相关经费。

（2）四星级宜居社区创建目标完成情况。本项指标总分为 $I/6$ 分，计分方法如下：

完成阶段目标值，$X = I/6$；

未完成阶段目标为

$$X = \frac{各区宜居社区累计获评比例}{阶段目标} \times \frac{I}{6}$$

注：2016 年原特区内、原特区外四星级宜居社区创建阶段目标值分别为 75%、65%。

（3）当年宜居社区创建获评情况。本项指标总分为 $I/3$ 分，计分方法如下：

$$Y = Y_1 \times \frac{I}{6} + Y_2 \times \frac{I}{10} + Y_3$$

式中，Y_1 为当年四星级宜居社区创建比例，计算方式为

$$Y_1 = \frac{当年四星级宜居社区获评数量}{上年末各区未获评社区总数量}$$

Y_2 为当年申报的四星级宜居社区通过比例，计算方式为

$$Y_2 = \frac{\text{当年四星级宜居社区获评数量}}{\text{当年四星级宜居社区创建申报数量}}$$

Y_3 为当年五星级宜居社区创建申报情况，参与创建申报即得 $I/15$ 分，否则不得分。

注：区内全部社区均已获评四星级宜居社区，Y_1、Y_2 取值均为 1。四星级、五星级宜居社区认定标准参见广东省地方标准《宜居社区建设评价》（DB44/T 1577—2015）。

（4）宜居社区回访复查。本项指标总分为 $I/3$ 分，计分方法如下：

$$Z = \frac{I}{3} - \frac{\text{回访未达标的宜居社区数量}}{\text{回访宜居社区总数量}}$$

注：回访社区是对已获评省宜居社区的社区按照一定比例抽取确定。通过专家暗访考察及居民问卷进行综合评分，达到回访评分项总分 90% 以上视为达标，90% 以下视为未达标。

数据来源：市创建宜居城市工作领导小组办公室。

（二）公众满意率（4 分）

21. 公众对城市生态环境提升满意率（4 分）

指人们对城市生态环境提升的满意程度，整体满意率为所有调查问卷满意率的平均值。

计分方法：

$$\text{公众对城市生态环境提升满意率得分} = 4 \times M$$

式中，M 为公众对城市生态环境提升满意率问卷调查结果。

数据来源：市统计局。

（三）生态文化培育（4 分）

22. 公众生态文明意识（4 分）

指人们对于生态文明的认知和认识水平，以及人们参与生态文明建设的自觉程度，是衡量一个城市的文明程度的重要标志之一，对落实科学发展观、改善人居环境有重要作用。

计分方法：

$$\text{公众生态文明意识得分} = 4 \times M$$

式中，M 为公众生态文明意识问卷调查结果。

数据来源：市统计局。

（四）工作实绩（10 分）

23. 生态文明建设工作实绩（10 分）

指各区向评审团提交的本辖区本年度的生态文明建设工作实绩报告得分，计分方法为评审团评议打分，评分标准详见《2016 年度生态文明建设工作实绩报告评审操作细则》附表1。

计分方法：

各被考核单位评审得分与指标在考核中所占比重的积即为此项得分，公式如下：

$$生态文明建设工作实绩得分 = 指标满分 \times H/100$$

式中，H 为被考核单位评审得分。

被考核单位评审得分计算方法如下：评审团成员每人一票，按百分制打分。去掉2 个最高分和2 个最低分，其余有效分数的算术平均值为被考核单位评审得分，计分公式如下：

$$H = \frac{H_t}{n - 4}$$

$$H_t = \sum_{i=1}^{n-4} t_i$$

式中，H 为被考核单位评审得分；H_t 为评审团成员给定的有效分数之和；t_i 为评审团成员给定的有效分数；n 为评审团人数。

数据来源：市生态文明建设考核评审团。

第二部分　市直部门指标

一、推进生态文明建设情况（30~35 分）

根据深圳市委、市政府《关于推进生态文明、建设美丽深圳的决定》（深发〔2014〕4 号）、《关于推进生态文明、建设美丽深圳的实施方案》（深办发〔2014〕9 号）要求，同时紧密结合深圳创建国家生态文明建设示范市各项工作，落实《深圳市贯彻国务院水污染防治行动计划实施治水提质行动方案》《深圳市环境基础设施提升改造工作方案（2015—2017 年)》等重要工作任务设置该指标，用于考核各部门按照生态文明建设各项工作要求，推动重点工作内容落实的情况与成效。

计分方法：

对于每项重点工作内容，工作成效明显，给满分值的 80%～100% ；工作成效一般，给满分值的 40%～80% ；工作成效很差或未见成效的，给满分值的 0～40% 。各项重点工作内容的满分值见表 2-1 。

表2-1　各市直部门推进生态文明建设重点工作内容分值

序号	部门	推进生态文明建设重点工作内容	满分值
1	市发展和改革委员会	加快生态文明建设项目审批工作，持续增加生态文明建设领域投入	10
		采取多元化方式支持节能环保产业项目建设，新建一批节能环保市级工程实验室	10
		办好第四届深圳国际低碳城论坛，编制上报《深圳国际低碳城国家低碳城（镇）试点实施方案（2016—2018）》	10
		治水提质专项工作小组职责履行情况：开展治水提质建设项目立项审批工作	5
2	市经济贸易和信息化委员会	推动电力、建材、电气机械及器材制造业等行业节能，督促企业加快节能技术改造，调整产品结构，持续降低重点耗能行业、重点用能单位及主要高耗能产品的能耗水平	10
		开展零售业等商贸服务业节能减排活动，加快设施节能改造，严格用能管理	10
		深入推进产业转型升级，持续推动清理淘汰落后低端企业	10
		深入推动云南水电直送深圳，前期工程启动，完成投资额 2 亿元	5
3	市科技创新委员会	加大支持重点行业废水深度处理、大气污染防控、土壤污染修复技术研发	10
		加大城市雨水收集利用、再生水安全回用、物理性污染防治、生态环境建设与保护等技术研发	10
		提升或新建一批重点实验室、工程技术研究中心和公共技术服务平台等创新载体	10
		发挥企业的技术创新主体作用，积极推动企业、科研院校（所）国际交流与合作	5

序号	部门	推进生态文明建设重点工作内容	满分值
4	市财政委员会	根据深圳市创建生态文明建设示范市的规划、实施方案和年度计划统筹安排生态文明政府投资，根据各职能部门资金需求安排生态文明建设项目资金	10
		加大生态环保领域方面的资金投入和政策扶持，根据需要实施重点项目绩效评价，在资金投入机制上体现生态优先	10
		着重选择符合国家绿色认证标准、有利于健康及循环经济发展的产品和服务，全面执行绿色采购制度	10
		治水提质专项工作小组职责履行情况：负责治水提质建设项目资金安排及资金拨付等事项	5
5	市规划和国土资源委员会	实施生态线分级分类管理，监测基本生态控制线内建设活动，对发现的基本生态控制线内的违法建设行为组织各区查处，简化基本生态控制线有关审批事项流程，加强政策指导；大力支持各区政府（新区管委会）对主要水源地一级保护区实施的征地补偿、退果还林工作	10
		开展深圳湾污染现状调研，提出深圳湾海域污染综合治理的初步行动计划；加快海洋生态红线划定和海洋环境保护规划的编制工作，将滨海陆域及海域重要的海洋生态功能区、敏感区和脆弱区纳入海洋生态红线区范围内，以加强对海洋生态环境的保护	10
		开展一批土地节约集约达标创优活动，推广应用节地技术和模式，推动建设国家开发区节约集约用地示范区	5
		对建设用地分步分类确权登记，逐步推进自然生态空间统一确权登记，构建归属清晰、权责明确、监管有效的自然资源资产产权制度	5
		治水提质专项工作小组职责履行情况：负责协调推进治水提质建设中涉及的规划许可、用地安排、征地拆迁等事项	5
6	市人居环境委员会	各区"改善生态环境质量"指标平均得分比例为该项指标得分系数	8
		开展水污染源解析研究，编制主要河流水体达标方案；根据国家《土十条》要求，结合深圳市实际，编制深圳市土壤污染防治工作方案	7

序号	部门	推进生态文明建设重点工作内容	满分值
6	市人居环境委员会	严厉打击偷排直排、超标超总量排放等违法排污行为；严格实施排污申报和许可证制度，对重点排污单位依法核发排污许可证，禁止未依法取得排污许可证或者违反排污许可证的要求排放污染物；深化重点污染源环保信用评价制度，落实"两法衔接"机制，推动公益诉讼	5
		制定并推动出台生态文明建设示范市创建规划和创建工作方案；开展陆域生态状况调查研究，推动深圳市生态保护红线划定方案出台；研究制定生态文明体制改革总体方案，试点开展自然资产核算、审计等工作	5
		推进环保大数据建设，推进空气质量立体监测系统建设；建立完善环境基础设施污染物排放监管体系和运行管理水平考核评价体系，继续推动环境基础设施提升改造	5
		治水提质专项工作小组职责履行情况：负责协调推进治水提质建设中涉及的环评公众调查、环境影响评价等事项	5
7	市交通运输委员会	加强公交都市建设，全年新增、优化公交线路 65 条以上，新增、优化公交专用道 80 km，加强地铁公交接驳	10
		加快智能交通科技应用，创新交通管理思路和方式，提升交通综合管理水平	5
		加强船舶港口污染控制，提高靠港船舶低硫油使用比例	8
		推广应用纯电动公交车、出租车，不断提高新能源汽车在公交、出租车行业的投放比例	7
		治水提质专项工作小组职责履行情况：负责做好治水提质建设中涉及的占道施工审批、协调等事项	5
8	市卫生和计划生育委员会	加强对医疗废物、废水的环境管理，强化日常监督检查	15
		积极倡导"低碳、生态、健康"生活理念；继续推动控烟工作，加大宣传力度，开展无烟环境监测	10
		持续加强放射防护监督监测工作	10
9	市市场和质量监督管理委员会	完善全市车用燃油经营单位的电子监管系统建设，并实行企业分类监管；有重点、有针对性地开展若干批次车用燃油及配套项目的专项检查	15
		加强对建筑装饰装修涂料销售市场的监管，严厉查处生产销售不符合标准的建筑装饰装修涂料的违法行为	10
		大力推进深圳市碳排放核查工作，保障深圳市碳排放权交易顺利进行	10

序号	部门	推进生态文明建设重点工作内容	满分值
10	市国有资产监督管理委员会	保障水、电、气等公用事业和海空港等基础设施绿色运营，持续做好深圳市碳排放权交易服务，为全体市民提供环保优质的公共产品和服务	10
		改革体制机制，投入整合资源，鼓励和扶持市属企业在节能环保领域发展壮大	10
		加大投入推进公交全面电动化，为打造全球首个公交全面电动化城市作出积极贡献	10
		推动市属规划设计等企业加大节能环保技术的研究开发和推广应用力度	5
11	市住房和建设局	积极引导建设绿色园区，推进绿色建筑规模化发展，新增绿色建筑面积 800 万 m^2；积极推进公共建筑节能改造工作	10
		推广使用绿色再生建材产品，推进建筑废物综合利用，提高建筑废物利用水平	5
		持续推进绿色物业管理和智慧社区建设，完善绿色物业管理和智慧社区建设相关规范，在全市范围内开展 1 到 2 次星级绿色物业管理项目评价	10
		对全市余泥渣土受纳场等重点领域进行安全隐患排查与专项整治，保障受纳场安全有序运营	5
12	市水务局	各区"水环境质量改善指标"平均得分比例为该项指标得分系数	5
		完成深圳湾沿湾排污口整治，深圳河湾水质感观明显改善	10
		以"海绵城市"理念引导城市低冲击开发建设，在确保城市排水防涝安全的前提下，逐步实现雨水在城市区域的积存、渗透和净化	8
		落实《水污染防治行动计划》，加快提升污水厂出水水质；推动污泥厂内干化减量，强化臭气治理，实现市政污泥的无害化处置	7

序号	部门	推进生态文明建设重点工作内容	满分值
13	市城市管理局	各区生态林变化状况和裸土地变化状况指标平均得分比例为该项指标得分系数	5
		全面推行垃圾分类和减量工作；高标准建设餐厨垃圾处理设施，实行餐厨垃圾收集运输处理一体化运营，对垃圾处理设施进行污染治理水平提升改造，确保污染物全面达标排放，缓解居民投诉	10
		彻查安全隐患，强化对垃圾填埋场等重点地域领域安全防范和专项整治	5
		推进三级公园体系建设，新建改建公园 50 个；加大自然保护区保护力度，开展珍稀濒危资源的就地和迁地保护；加强公园生态保护和森林质量提升工作	10
14	市公安局交通警察局	加大黄标车限行查处力度，严格执行车辆强制报废制度，加快黄标车淘汰进度	8
		完善深圳市智能交通管理，加强交通管理与疏导	5
		会同有关部门，加强对泥头车监管；严厉打击机动车噪声扰民行为	7
		多层次探索和推进"绿色出行"	5
		治水提质专项工作小组职责履行情况：负责做好治水提质建设中涉及的占道施工及交通疏解审批、协调等事项	5
15	市建筑工务署	落实《深圳市绿色建筑促进办法》，进一步推进绿色建筑示范项目建设，打造一定比例的高星级绿色公共建筑	10
		推动建筑废物减排与综合利用；加大"四新（新技术、新工艺、新材料、新设备）"技术在政府工程中的应用比例	10
		严格控制在建工地扬尘、噪声扰民	10
16	市前海管理局	大力推动前海合作区黑臭水体治理，推动前海（大铲湾）水环境治理优化方案的落实，加快推进前海—南山排水深隧系统工程前期工作和完善前海片区污水系统，高标准建设前海国际水城	10
		落实《前海深港现代服务业合作区绿色建筑专项规划》，推进国际化高星级绿色建筑规模化示范区建设，严格要求新建建筑全部按照绿色建筑标准进行设计建设	7
		加强扬尘污染治理，严格落实施工建设全过程污染防控措施	8
		推进重大基础设施搬迁和调整，加快片区基础设施建设	5

序号	部门	推进生态文明建设重点工作内容	满分值
17	市公立医院管理中心	严格监管并确保市属公立医院废水达标排放，医疗废物安全收集、暂存、处置等	10
		利用合同能源管理等多种形式，推进公立医院建筑节能改造工作	10
		持续推进绿色医院系列创建活动	10

注：由各市直部门向考核办提供相应的佐证资料，考核办组织专家对资料进行审查和评分

二、其他指标

各市直部门"治污保洁工程完成情况""污染减排任务完成情况"及"生态文明建设工作实绩"的计分方法与各区相同，仅指标满分值有所不同，详见表2《市直部门生态文明建设考核内容》。市直部门"生态文明建设工作实绩"的具体评分标准详见《2016年度生态文明建设工作实绩报告评审操作细则》附表2。

第三部分　重点企业指标

一、推进生态文明建设情况（30分）

考核各企业按照生态文明建设的要求，推进生态文明建设重点工作的情况与成效。

计分方法：

对于每项重点工作内容，工作开展情况较好，成效明显，得满分值的80%～100%；工作开展情况及成效一般，得满分值的40%～80%；工作开展情况及成效很差或未见成效的，得满分值的0～40%。各项重点工作内容的满分值见表3-1。

表3-1　各重点企业推进生态文明建设重点工作内容分值

序号	企业名称	推进生态文明建设重点工作	满分值
1	市地铁集团有限公司	在本单位"十三五"规划中突出绿色发展或生态文明建设等内容，明确工作任务、具体举措	10
		强化对施工现场扬尘、污水排放、危险废物处理等工作	10
		地铁运营过程中开展节能降耗工作	5
		精心打造生态文明宣传平台，积极传播低碳环保出行理念	5

序号	企业名称	推进生态文明建设重点工作	满分值
2	市机场（集团）有限公司	在本单位"十三五"规划中突出绿色发展或生态文明建设等内容，明确工作任务、具体举措	10
		加强噪声污染控制规划，沟通协调政府部门在机场周边划定限制噪声敏感建筑物的区域，严格要求进离场航空器执行降噪飞行程序，降低噪声扰民影响	10
		采取多种措施，严格控制大气污染物排放；修订环境事件应急预案，完善环境污染事故应急管理体系	5
		推动节能减排项目改造，强化绿色运营管理	5
3	市盐田港集团有限公司	在本单位"十三五"规划中突出绿色发展或生态文明建设等内容，明确工作任务、具体举措	10
		推动船舶停靠期间使用岸电、低硫燃油等清洁能源	10
		继续推进港口码头节能改造项目，推动 LED 改造等项目	5
		配合有关部门开展进出港口的黄标车管理工作	5
4	深圳能源集团股份有限公司	在本单位"十三五"规划中突出绿色发展或生态文明建设等内容，明确工作任务、具体举措	10
		加强控股电厂深度除尘、脱硫、脱氮等设施的运营维护管理，确保设施稳定安全高效运转	10
		加强所属电厂、垃圾焚烧发电厂生态文明宣传报道，组织市民、人大代表参观	5
		做好垃圾焚烧电厂的垃圾渗滤液处理处置以及飞灰稳定化处理工作	5
5	市水务（集团）有限公司	在本单位"十三五"规划中突出绿色发展或生态文明建设等内容，明确工作任务、具体举措	10
		完成深圳河湾流域排污口整治，确保旱季污水不外溢；消除道路主要内涝点	10
		完成管辖范围内小区出户管、截污设施核查及排放口建档；完成小区出户管梳理改造和截污设施整改	5
		鼓励厂内原地减容减量技术的研究和应用，推动厂内干化减容减量，强化臭气治理，完成特许经营范围内污泥处理处置设施的建设	5

序号	企业名称	推进生态文明建设重点工作	满分值
6	市燃气集团股份有限公司	在本单位"十三五"规划中突出绿色发展或生态文明建设等内容，明确工作任务、具体举措	10
		大力推广清洁能源使用，开展燃油、煤、柴、生物质锅炉改天然气工作	10
		做好燃气场站风险应急预案，保证安全无泄漏	5
		发展分布式能源，推进液化天然气（LNG）冷能利用，创新能源利用	5
7	深圳巴士集团股份有限公司	在本单位"十三五"规划中突出绿色发展或生态文明建设等内容，明确工作任务、具体举措	10
		开展巴士运营的节能、减排、降耗工作，降低公交车尾气污染	10
		精心打造生态文明宣传平台，积极传播低碳环保出行理念	5
		在更新、新增公交运营车辆时优先考虑新能源汽车，新能源汽车平均单车年度运营考核里程达到 6 万 km	5
8	招商港务（深圳）有限公司	在本单位"十三五"规划中突出绿色发展或生态文明建设等内容，明确工作任务、具体举措	10
		船舶停岸期间使用岸电等清洁能源	5
		配合有关部门开展进出港口的黄标车管理工作；研制散粮防尘装卸设备，加大散粮装卸过程中的粉尘治理	10
		进一步推进节能改造	5
9	深圳赤湾港航股份有限公司	在本单位"十三五"规划中突出绿色发展或生态文明建设等内容，明确工作任务、具体举措	10
		推动船舶停靠期间使用岸电、低硫燃油等清洁能源	10
		配合有关部门开展进出港口的黄标车管理工作	10
10	蛇口集装箱码头有限公司	在本单位"十三五"规划中突出绿色发展或生态文明建设等内容，明确工作任务、具体举措	10
		加快推进水运应用天然气工作；继续采用新能源车替代方案，推动 LNG 拖车改造和发光二极管（LED）节能改造等项目	10
		配合有关部门开展进出港口的黄标车管理工作	10

序号	企业名称	推进生态文明建设重点工作	满分值
11	深圳北控创新投资有限公司	在本单位"十三五"规划中突出绿色发展或生态文明建设等内容，明确工作任务、具体举措	10
		推进所营运的污水处理厂的节能、减排及降耗工作，确保污泥妥善处理处置，确保全年出水稳定达标	10
		加大对污水处理厂的风险管控，执行环境应急预案，进行演习	5
		积极开拓再生水业务	5
12	深圳市南方水务有限公司	在本单位"十三五"规划中突出绿色发展或生态文明建设等内容，明确工作任务、具体举措	10
		推进所营运的污水处理厂的节能、减排及降耗工作，确保污泥妥善处理处置，确保全年出水稳定达标	10
		加大对污水处理厂的风险管控，执行环境应急预案，进行演习	5
		加强与在线监测系统维护单位的沟通协调，做好日常巡查，协助维护单位确保在线监测系统正常运行	5

注：由各重点企业向考核办提供相应的佐证资料，考核办组织专家对资料进行审查和评分。

二、其他指标

各重点企业的"治污保洁工程完成情况""污染减排任务完成情况"及"生态文明建设工作实绩"的计分方法与各区相同，仅指标满分值有所不同，详见表 4《重点企业生态文明建设考核内容》。重点企业"生态文明建设工作实绩"的具体评分标准详见《2016 年度生态文明建设工作实绩报告评审操作细则》附表 3。

附件 3

2016 年度现场检查操作细则

根据市生态文明建设考核领导小组关于加强现场检查工作的要求，特制定 2016 年度生态文明建设考核现场检查操作细则如下：

一、现场检查时间

重点工程项目的日常现场检查与治污保洁工程现场检查工作同步进行；其他考核指标涉及的日常检查按照各指标考核内容要求进行；各项工作的年终现场检

查安排在 2016 年年末或 2017 年年初进行。

二、组织形式

1. 开展现场检查。根据各被考核单位的 2015 年度生态文明建设考核意见及 2016 年度主要生态文明建设工作任务及要求，考核办组织专家进行检查。

2. 编制现场检查工作报告。参加现场检查的人员真实记录现场检查情况，认真编写工作建议。

三、现场检查内容

重点工程项目现场检查内容，结合治污保洁工程任务进展的要求进行检查，其他涉及生态文明考核内容的按考核的要求进行现场检查和资料审查。

四、结果应用

参加日常检查及年终检查的人员对现场检查结果进行客观评价，日常检查的结果将作为定期通报的依据；年终检查结果将作为指标评分和生态文明建设工作实绩报告评审的重要参考依据之一。

附件 4

2016 年度资料审查操作细则

为进一步加强资料审查工作的规范性和公平公正性，特制定 2016 年度生态文明建设考核资料审查操作细则如下：

一、资料审查时间

被考核单位在 2017 年 1 月底前提交生态文明建设考核有关佐证材料。资料审查在 2017 年 3 月上旬前完成。

二、组织形式

1. 组织专家评分。对于市直部门和重点企业"推进生态文明建设情况"指标，由考核办组织相关领域的专家进行资料审查和评分，专家组选取及具体评分细则将另行制定，考核秩序采用抽签方式决定。

2. 实施第三方资料审查。由考核办组织第三方机构对考核对象所提供的"生态文明建设工作实绩"相关佐证材料进行资料审查汇总，形成汇总清单。如相关佐证材料已在"推进生态文明建设情况"提交过，则只需提交材料名称，不需提供具体材料。

三、资料审查内容

1. 考核指标的资料审查

对于市直部门和重点企业"推进生态文明建设情况"指标，主要审查文件的发布情况、政策得到有效执行的佐证材料、重点工作内容得到有效落实的佐证材料等。考核办工作人员可以针对资料审查发现的问题要求被考核单位在规定时间内补充相关佐证材料。专家根据评分细则对各考核单位分别打分，考核办进行汇总。

2. 生态文明建设工作实绩的资料审查

主要审查本年度计划任务完成情况、本年度重点亮点工作、下年度生态文明建设工作任务推进计划等。被考核单位应在考核办规定的时间内补充相应的佐证材料。

四、结果应用

对市直部门和重点企业"推进生态文明建设情况"指标资料审查及评分的结果，作为该项指标的考核得分；生态文明建设工作实绩的资料审查形成的汇总清单作为生态文明建设工作实绩报告评审的重要参考依据之一。

附件5
2016 年度生态文明建设工作实绩报告评审操作细则

一、考核形式

各被考核单位需提交生态文明建设工作实绩报告，并由负责人进行现场陈述，考核办组织评审团进行现场评审和打分。

二、评审团的组成

评审团共由 50 人组成，其中党代表 3 人，人大代表 4 人，政协委员 4 人，生态环保领域专家 9 人，优秀环保义工 3 人，获得生态文明建设系列奖项单位代表和个人 7 人，各辖区居民 20 人（每个区 2 人，含新区）。

三、评审程序

1. 组织成立生态文明建设考核评审团。

2. 完成评审团培训。组织评审团统一培训，介绍被考核对象生态文明建设考核基本情况，同时与评审团成员签订承诺书，对评审团成员的评审行为和评审时间进行约定。

3. 组织评审团对生态文明建设工作实绩报告进行现场评审，聘请专业数据处理公司现场统计并公布分数。

四、评审内容

为提高生态文明建设工作实绩报告的针对性，各被考核单位应结合考核办公布的 2016 年度考核指标和考核任务得分情况，分别按照各区、市直部门及重点企业生态文明建设工作实绩报告评分标准（附表1～3）中的内容要求进行阐述。

评审团结合各被考核单位的现场检查和资料审查记录对生态文明建设工作实绩报告进行评审。

附表1　各区生态文明建设工作实绩报告评分标准

序号	报告内容	工作要求	评分要点
1	本年度计划任务完成情况（20分）	按照国家、省、市关于生态文明建设要求，针对本区域环境质量和生态文明建设方面的主要问题，明确本年度的工作方向和目标（10分）	落实市委、市政府《关于推进生态文明、建设美丽深圳的决定》和《推进生态文明、建设美丽深圳的实施方案》，同时紧密结合深圳创建国家生态文明建设示范市各项工作、国家水十条①、深圳水四十条②、环境基础设施等工作任务，制定并实施生态文明建设工作计划（基本内容应包括生态环境保护、资源节约、优化国土空间开发格局和生态文明制度建设的各项工作措施），将生态文明建设工作任务和目标分解到各部门和各街道，建立并运作生态文明建设领导机构和协调机制，明确各项工作措施的资金投入。完成情况较好，8～10 分；一般，4～7 分；较差，0～3 分
		以考核指标体系为指引，推进和落实相关配套工作措施（10分）	概述本区为推进和改善第1～23 项考核指标所采取的工作措施和行动。积极推进且成效显著，8～10 分；推进但成效一般，4～7 分；推进工作较差且无明显成效，0～3 分

① 指《水污染防治行动计划》。
② 根据国家水十条，深圳细化的水四十条。

序号	报告内容	工作要求	评分要点
2	本年度重点、亮点工作（70 分）	2015 年度生态文明建设考核意见落实情况及成效（40 分）	详细描述为落实各条专家意见采取的工作措施、行动及工作成效。 每条专家意见得分最高分＝40 分/意见条数。专家意见得到落实且成效明显，每条专家意见得分最高分的 80%～100%；专家意见得到落实但成效一般，每条专家意见得分最高分的 40%～80%；专家意见未落实或未成成效的，每条专家意见得分最高分的 0%～40%。总得分＝每条专家意见得分之和
2	本年度重点、亮点工作（70 分）	依据市委市政府《关于推进生态文明、建设美丽深圳的决定》《推进生态文明、建设美丽深圳的实施方案》要求和各区实际，推进和落实生态文明建设特色亮点工作（30 分）	此部分内容应包括但不局限于以下要点： 推动地下水保护和土壤污染防治工作； 加强重金属污染综合防治，完成茅洲河、坪山河、观澜河、龙岗河流域内 10% 以上重污染企业的淘汰、关停工作； 积极推进生态文明建设示范区创建工作；盐田区和大鹏新区完成国家生态文明先行示范区建设年度任务； 加快推进生态文明制度建设，围绕自然资源、生态红线、主体功能区、资源环境承载力、绿色消费、公众参与、生态文明系统性建设等相关内容，探索研究辖区生态文明建设的创新体制机制或政策标准，建立生态文明建设的常态化工作机制； 多途径深化城区绿化工作，按计划推进社区公园建设； 保护辖区内自然保护区、保护动物和珍稀植物，开展薇甘菊等外来物种入侵防治工作； 开展产业优化升级工作，完成年度重污染企业淘汰目标，提升高技术产业产值占全区 GDP 比重； 加强危险废物管理，确保所管年产危险废物 1t 以上企业的危险废物规范化合格率达到 90% 以上； 推动企业实施清洁生产审核； 提高城市生活污水收集处理率，有效提高区管污水处理厂自动监控数据传输有效率（达到 75%）； 推进垃圾分类试点及餐厨垃圾综合利用工作； 加强土地整备，实施绿色更新； 加强环境监管能力建设，完善突发环境事件应急机制，提升应急能力； 建立和完善社会监督和公众参与机制，及时有效解决群众投诉； 贯彻落实新《环保法》，加强环保执法能力建设，有效预防和严厉打击各类生态环境违法行为； 推行环境污染强制责任保险和在管工业污染源环境监管信息公开； 以生态文明建设理念为指导，开展其他生态文明建设特色亮点工作。 积极开展生态文明建设特色亮点工作且成效显著，21～30 分； 开展生态文明建设特色亮点工作但成效一般，11～20 分； 生态文明建设特色亮点工作开展情况较差且无明显成效，0～10 分

序号	报告内容	工作要求	评分要点
3	主要问题分析及下年度工作计划（10分）	分析辖区内当年指标失分原因和存在的主要问题（5分）	辖区主要问题及指标失分原因分析到位，有针对性。 分析到位有针对性的，4～5分；分析了问题但不具有针对性的，2～3分；未分析问题，或者避重就轻，0～1分
		根据辖区存在的主要问题，提出下年度生态文明建设工作目标、工作思路、主要措施和实施保障（5分）	工作思路清晰、目标明确、分析透彻、措施可行、部署到位。 工作目标明确、思路清晰、措施可行、保障到位的，4～5分；目标明确、思路较清晰、措施较可行、有保障的，2～3分；目标不清晰、思路不明确、措施不可行的、保障不到位的，0～1分

注：以上分值为按总分100分计算时的权重，最终得分将按照10%的权重计入考核总分。

附表2　市直部门生态文明建设工作实绩报告评分标准

序号	报告内容	工作要求	评分要点
1	本年度计划任务完成情况（10分）	按照国家、省、市关于生态文明建设要求，结合本部门在全市生态文明建设中的工作职责，制订相应的工作计划（10分）	提出2016年度工作计划，明确目标进度、任务分工和具体措施，并落实责任。 制订相应的工作计划或在本部门工作计划中列入相应的工作要求及任务或落实责任和经费，6～10分；工作计划内容不完整或无明确工作计划或未落实责任和经费，0～5分
2	本年度重点、亮点工作（80分）	按照2015年度生态文明建设考核意见，逐条开展落实的情况及成效（50分）	每条专家意见得分最高分＝50分/意见条数。 专家意见得到落实且成效明显，每条专家意见得分最高分的80%～100%；专家意见都得到落实但成效一般的，每条专家意见得分最高分的40%～80%；专家意见未落实或未见成效的，每条专家意见得分最高分的0%～40%。 总得分＝每条专家意见得分之和

序号	报告内容	工作要求	评分要点
2	本年度重点、亮点工作（80分）	依据市委、市政府《关于推进生态文明、建设美丽深圳的决定》《推进生态文明、建设美丽深圳的实施方案》要求和各部门实际，推进和落实生态文明建设特色亮点工作（30分）	以市委、市政府《关于推进生态文明、建设美丽深圳的决定》《推进生态文明、建设美丽深圳的实施方案》和深圳创建国家生态文明建设示范市各项工作为指导，区别于"推进生态文明建设重点工作内容"及"专家考核意见"，开展的其他生态文明建设特色、亮点、创新性工作。积极开展其他特色亮点工作且成效显著，21～30分；开展其他特色亮点工作但成效一般，14～20分；未开展其他特色亮点工作或未见成效，0～13分
3	主要问题分析及下年度生态文明建设工作计划（10分）	分析本部门推进生态文明建设过程中存在的主要问题及当年指标失分原因（5分）	主要问题及失分原因分析到位，有针对性。分析到位有针对性的，4～5分；分析了问题但不具有针对性的，2～3分；未分析问题，或者避重就轻，0～1分
		根据存在的问题及部门主要职能，提出下年度生态文明建设工作目标、主要措施和实施保障（5分）	工作目标明确，措施可行，部署到位。工作目标明确、思路清晰、措施可行、保障到位的，4～5分；目标明确、思路较清晰、措施较可行、有保障的，2～3分；目标不清晰、思路不明确、措施不可行的、保障不到位的，0～1分

注：以上分值为按总分100分计算时的权重，最终得分将按照10%的权重计入考核总分。

附表3　重点企业生态文明建设工作实绩报告评分标准

序号	报告内容	工作内容	评分要点
1	本年度计划任务完成情况（10分）	明确本单位在全市生态文明建设中的工作职责，制订相应的工作计划；以考核指标体系为指引，推进和落实相关配套工作措施（10分）	提出2016年度工作计划，明确目标进度、任务分工和具体措施，并落实责任。制订相应的工作计划或在本单位工作计划中列入相应的工作要求及任务或落实责任和经费，6～10分；工作计划内容不完整或无明确工作计划或未落实责任和经费，0～5分
2	本年度重点、亮点工作（80分）	按照2015年度生态文明建设考核意见，逐条开展落实的情况及成效（50分）	每条专家意见得分最高分＝50分/意见条数。专家意见得到落实且成效明显，每条专家意见得分最高分的80%～100%；专家意见都得到落实但成效一般的，每条专家意见得分最高分的40%～80%；专家意见未落实或未见成效的，每条专家意见得分最高分的0%～40%。总得分＝每条专家意见得分之和

序号	报告内容	工作内容	评分要点
2	本年度重点、亮点工作（80分）	在生产经营活动中开展体现生态文明理念的特色亮点工作（30分）	以市委、市政府《关于推进生态文明、建设美丽深圳的决定》《推进生态文明、建设美丽深圳的实施方案》和深圳创建国家生态文明建设示范市各项工作为指导，区别于"推进生态文明建设重点工作内容"及"专家考核意见"，开展的其他生态文明建设特色、亮点、创新性工作。 积极开展其他特色亮点工作且成效显著，21～30分；开展其他特色亮点工作但成效一般，14～20分；未开展其他特色亮点工作或未见成效，0～13分
3	主要问题分析及下年度生态文明建设工作计划（10分）	分析本单位推进生态文明建设过程中存在的主要问题及当年指标失分原因（5分）	主要问题及失分原因分析到位，有针对性。 分析到位有针对性的，4～5分；分析了问题但不具有针对性的，2～3分；未分析问题，或者避重就轻，0～1分
		根据存在的问题及本单位主要经营业务，提出下年度生态文明建设工作目标、主要措施和实施保障（5分）	工作目标明确，措施可行，部署到位。 工作目标明确、思路清晰、措施可行、保障到位的，4～5分；目标明确、思路较清晰、措施较可行、有保障的，2～3分；目标不清晰、思路不明确、措施不可行、保障不到位的，0～1分

注：以上分值为按总分100分计算时的权重，最终得分将按照10%的权重计入考核总分。

第12章

重庆市政府环境绩效评估与管理实践

重庆市于 2013 年印发《关于开展考核评价活动专项清理工作的通知》，对政府绩效考核工作进行了清理和精简，从而改进优化考核，减轻基层负担。同年，重庆市在开展落实《重庆市环保"五大行动"实施方案（2013—2017 年)》中，实行了与功能区发展定位相适应的新考核体制。在实践探索中，重庆市的绩效考核工作取得了精简优化使考核结果更真实、重庆市环境质量显著改善以及各功能区分工明确，成效初现。同时重庆市环境绩效评估工作也面临着评估结果运用有待加强以及环境绩效评估内容往往过分关注结果而忽略过程等问题，需要建立由绩效评估向绩效管理转变的管理思路以及通过研究探索环境绩效评估方法、指标和数据采集等技术来不断完善。

12.1 基本情况

12.1.1 政府绩效管理

2013 年 8 月 23 日，重庆市委办公厅、市政府办公厅印发了《关于开展考核评价活动专项清理工作的通知》，要求市级部门和单位对各自牵头承办的考核评价活动进行全面清理并报重庆市考核办公室。随后，市考核办公室对各部门和单位反馈的情况进行了筛选梳理，共梳理出考核评价项目 271 项，涉及牵头承办单位 85 个，平均每个部门 3.1 项，有 24 个部门超 4 项，最多的一个部门有 22 项。经报请市委常委会审议通过，对 271 项考核评价项目，经规范整合，共保留 27

项，其中，以市委、市政府名义考核区县党委、政府的由 86 项精简为 1 项，即区县党政领导班子和领导干部年度综合考核，精简率为 98.8%；以市级部门名义考核区县部门的由 185 项精简为 26 项，精简率为 85.9%。

开展这项行动，主要目的是改进优化考核，减轻基层负担。优化整合考核项目，突出区县党政领导班子和领导干部年度综合考核的权威性，取消名目繁多、导向不明确的考核，切实解决考核过多过滥和重复考核、烦琐考核等问题。不但考核数目减少，还制定了科学化考核指标体系。新的考核体系，切实纠正了考核指标"一刀切"的做法。

12.1.2　环境绩效评估与管理

2013 年 5 月 20 日，重庆市市长黄奇帆主持召开重庆市政府第 10 次常务会议，审议通过了《重庆市环保"五大行动"实施方案（2013—2017 年）》。环保"五大行动"涉及 6 000 余项工程项目和工作措施，蓝天、碧水、宁静行动以主城区为重点，绿地、田园行动以区、县农村为重点，其中蓝天行动主要是"四控一增"，即控制燃煤及工业废气污染、控制城市扬尘污染、控制机动车排气污染、控制餐饮油烟及挥发性有机物污染、增强大气污染监管能力；碧水行动主要是"四治一保"，即治理城乡饮用水水源地水污染、治理工业企业水污染、治理次级河流及湖库水污染、治理城镇污水垃圾污染、保护三峡库区水环境安全；宁静行动主要是"四减一防"，即减少社会生活噪声、减缓交通噪声、减少建筑施工噪声、减少工业噪声，开展噪声源头预防。绿地行动主要是实施"三项工程"，即实施生态红线划定与重点生态功能区建设工程、城乡土壤修复和城乡绿化工程；田园行动主要是开展"三项整治"，即开展农村生活污水整治、农村生活垃圾整治、畜禽养殖污染综合整治。

为了突出五大功能区域不同的环境保护任务，重庆市已出台了《关于实施差异化环境保护政策推动五大功能区建设的意见》（以下简称《意见》），对环境保护实行分区指导、差异管理，引导资源优化配置，保障环境基本公共服务，推进各个区域经济发展与人口资源环境相协调。同时，重庆市委、市政府对各区县实行了与功能区发展定位相适应的新考核体制，其中，渝东北生态涵养发展区和渝东南生态保护发展区不再考核 GDP 总量，重点突出环境保护和生态建设工作。

12.2　主要做法

12.2.1　政府考核

12.2.1.1　考核内容

考核办法把经济社会发展实绩考核指标分为"功能导向""基础保障"两大类，前者重点突出重庆五大功能区域定位，根据区县的不同任务进行差异化考核，后者则按照"负面清单"的办法，实行"一票否决"或倒扣分。

按照"功能导向"指标，对于都市功能核心区、都市功能拓展区和城市发展新区，加大对经济发展贡献度的考核；对渝东北生态涵养发展区和渝东南生态保护发展区，实行特色效益农业和生态保护优先的绩效考核，弱化对经济类指标的考核，不再考核地区生产总值及增长率、工业增加值和增长率，而是适度考核人均地区生产总值，以促进人口向外转移；适当考核工业园区产出强度，引导相关区县点上开发、面上保护。

"基础保障"指标则是针对区县共同的约束性要求设置负面清单，如安全生产、食品药品监管、金融风险防范等，实行倒扣分。尤其加大了对政府债务状况的考核权重，对盲目举债搞"政绩工程"和留下一摊子烂账的，将坚决追究责任，防止急于求成和短期行为。

12.2.1.2　考核指标

1. 区县（自治县）2015 年度经济社会发展实绩考核

见表 12-1～表 12-5。

表 12-1　都市功能核心区考核指标

类别	一级指标	二级指标	权重
功能导向类	（一）经济水平	1. GDP 增量及增长率	8
		2. 辖区内工商税收增量及增长率	8
	（二）产业发展	3. 现代服务业增加值占服务业比重及提高百分点	8
		4. 社会消费品零售总额及增长率	6

类别	一级指标	二级指标	权重
功能导向类	（二）产业发展	5. 文化产业增加值及增长率、旅游消费总额及增长率	6
	（三）开放合作	6. 实际利用内外资总额及增长率	6
		7. 进出口增量及增长率	2
	（四）居民收入	8. 城镇居民人均可支配收入及增长率	4
	（五）科教文卫	9. 研发投入占比、发明专利进步量及提高百分点	5
		10. 义务教育生均办学条件标准达标率	4
		11. 基本公共文化、公共体育服务率	4
		12. 基本公共卫生服务群众受益率	4
	（六）城市建设	13. 重点民生实事完成率	7
		14. 市容环境秩序和市政设施达标率	5
		15. 城市建设管理水平公众满意率	5
		16. 城乡规划编制管理覆盖率及违法建筑整治率	5
	（七）生态环保	17. 城市人均绿地面积保持率	3
		18. 环境保护五大行动达标率	7
		19. 节能和控制能源消费目标完成率、主要污染物削减达标率	3
基础保障类	（一）信访维稳	不设具体分值，遵循"有事法则"，按发生严重程度分别实行"一票否决"或在实绩总分中倒扣分的方式，社会治安综合治理最多扣8分，其余各项工作最高各扣5分	
	（二）生产安全		
	（三）社会治安综合治理		
	（四）食品药品安全和质量工作		
	（五）就业及社会保障、计划生育工作		
	（六）系统性、区域性金融风险防范		
	（七）耕地和水资源保护		
	（八）依法行政和重大决策部署落实工作		

表 12-2　都市功能拓展区考核指标

类别	一级指标	二级指标	权重
功能导向类	（一）经济水平	1. GDP 增量及增长率	9
		2. 辖区内工商税收增量及增长率	9
	（二）产业发展	3. 战略性新兴产业增加值及增长率	11
		4. 服务业增加值增量及增长率	5
		5. 社会消费品零售总额及增长率	2
		6. 文化产业增加值及增长率、旅游消费总额及增长率	3
	（三）开放合作	7. 实际利用内外资总额及增长率	8
		8. 进出口增量及增长率	4
	（四）居民收入	9. 城乡居民人均可支配收入及增长率	4
	（五）科教文卫	10. 研发投入占比、发明专利进步量及提高百分点	5
		11. 义务、中职教育生均办学条件标准达标率	3
		12. 基本公共文化、公共体育服务率	3
		13. 基本公共卫生服务群众受益率	3
	（六）城乡建设	14. 重点民生实事完成率	5
		15. 市容环境秩序和市政设施达标率	3
		16. 城市建设管理水平公众满意率	3
		17. 城乡规划编制管理覆盖率及违法建筑整治率	5
	（七）生态环保	18. 森林资源保护率和城市人均绿地面积保持率	5
		19. 环境保护五大行动达标率	7
		20. 节能和控制能源消费目标完成率、主要污染物削减达标率	3
基础保障类	（一）信访维稳	不设具体分值，遵循"有事法则"，按发生严重程度分别实行"一票否决"或在实绩总分中倒扣分的方式，社会治安综合治理最多扣 8 分，其余各项工作最高各扣 5 分	
	（二）生产安全		
	（三）社会治安综合治理		
	（四）食品药品安全和质量工作		
	（五）就业及社会保障、计划生育工作		
	（六）系统性、区域性金融风险防范		
	（七）耕地和水资源保护		
	（八）依法行政和重大决策部署落实工作		

表 12-3　城市发展新区考核指标

类别	一级指标	二级指标	权重
功能导向类	（一）经济水平	1. GDP 增量及增长率	9
		2. 辖区内工商税收增量及增长率	9
	（二）产业发展	3. 工业增加值及增长率	12
		4. 服务业增加值增量及增长率	3
		5. 农业综合产出率和农民专业组织化程度	3
		6. 文化产业投入总额及增长率、旅游投入总额及增长率、旅游消费总额及增长率	3
	（三）开放合作	7. 实际利用内外资总额及增长率	7
		8. 进出口增量及增长率	4
	（四）居民收入	9. 城乡居民人均可支配收入及增长率	4
	（五）科教文卫	10. 研发投入占比、发明专利进步量及提高百分点	4
		11. 义务、中职教育生均办学条件标准达标率	3
		12. 基本公共文化、公共体育服务率	3
		13. 基本公共卫生服务群众受益率	3
	（六）城乡建设	14. 重点民生实事完成率	7
		15. 城镇化率（常住、户籍）及提高百分点	4
		16. 市容环境卫生和秩序管理达标率	3
		17. 城乡规划编制管理覆盖率	3
	（七）生态环保	18. 城镇生活污水、垃圾无害化处理率	3
		19. 环境保护五大行动达标率	7
		20. 森林资源保护率和城市人均绿地面积保持率	3
		21. 节能和控制能源消费目标完成率、主要污染物削减达标率	3
基础保障类	（一）信访维稳	不设具体分值，遵循"有事法则"，按发生严重程度分别实行"一票否决"或在实绩总分中倒扣分的方式，社会治安综合治理最多扣 8 分，其余各项工作最高各扣 5 分	
	（二）生产安全		
	（三）社会治安综合治理		
	（四）食品药品安全和质量工作		
	（五）就业及社会保障、计划生育工作		
	（六）系统性、区域性金融风险防范		
	（七）耕地和水资源保护		
	（八）依法行政和重大决策部署落实工作		

表 12-4　渝东北生态涵养发展区考核指标

类别		二级指标	权重			
			万州	农产品主产县	生态功能县	梁平垫江
功能导向类	（一）经济水平	1. 人均 GDP 增量及增长率（万州考核 GDP）	6	6	6	6
		2. 辖区内工商税收增量及增长率	7	5	4	5
	（二）产业发展	3. 农业特色效益产业产值及增长率	3	5	5	5
		4. 工业增加值及增长率	6	—	—	3.5
		5. 工业园区产出强度、园区工业集中度	5	4	4	4
		6. 文化产业投入总额及增长率、旅游投入总额及增长率、旅游消费总额及增长率	3	6	6	6
	（三）开放合作	7. 招商引资实际到位资金及增长率	6	5	4	5
	（四）居民收入	8. 城乡居民人均可支配收入及增长率	5	5	5	5
	（五）科教文卫	9. 基本公共文化、公共体育服务率	4	4	4	4
		10. 研发投入占比及提高率	2	2	2	2
		11. 义务教育生均办学条件标准达标率	5	5	5	5
		12. 基本公共卫生服务群众受益率	4	4	4	4
	（六）城乡建设	13. 重点民生实事完成率	8	10	10	10
		14. 市容环境卫生和秩序管理达标率	4	4	4	4
		15. 高山生态扶贫完成率	2	3.5	3.5	3.5
		16. 整村脱贫目标完成率	2	3.5	3.5	
		17. 城乡规划编制管理覆盖率	3	3	3	3
	（七）生态环保	18. 森林资源保护发展完成率和城市人均绿地面积保持率	6	6	8	6
		19. 城镇生活污水、垃圾无害化处理率	4	4	4	4
		20. 环境保护五大行动达标率	7	7	7	7
		21. 地质灾害防治达标率	4	4	4	4
		22. 节能和控制能源消费目标完成率、主要污染物削减达标率	4	4	4	4

类别	二级指标	权重			
		万州	农产品主产县	生态功能县	梁平垫江
基础保障类	（一）信访维稳	不设具体分值，遵循"有事法则"，按发生严重程度分别实行"一票否决"或在实绩总分中倒扣分的方式，社会治安综合治理最多扣8分，其余各项工作最高各扣5分			
	（二）生产安全				
	（三）社会治安综合治理				
	（四）食品药品安全和质量工作				
	（五）就业及社会保障、计划生育工作				
	（六）系统性、区域性金融风险防范				
	（七）耕地和水资源保护				
	（八）依法行政和重大决策部署落实工作				

表 12-5　渝东南生态保护发展区考核指标

类别	一级指标	二级指标	权重	
			黔江	生态功能县
功能导向类	（一）经济水平	1. 人均 GDP 增量及增长率（黔江考核 GDP）	6	6
		2. 辖区内工商税收增量及增长率	7	4
	（二）产业发展	3. 农业特色效益产业产值及增长率	3	5
		4. 工业增加值及增长率	7	—
		5. 工业园区产出强度、园区工业集中度	3	2
		6. 文化产业投入总额及增长率、旅游投入总额及增长率、旅游消费总额及增长率	4	7
	（三）开放合作	7. 招商引资实际到位资金及增长率	6	4
	（四）居民收入	8. 城乡居民人均可支配收入及增长率	5	5
	（五）科教文卫	9. 基本公共文化、公共体育服务率	4	4
		10. 研发投入占比及提高百分点	2	2
		11. 义务教育生均办学条件标准达标率	5	5
		12. 基本公共卫生服务群众受益率	4	4
	（六）城乡建设	13. 重点民生实事完成率	8	11
		14. 市容环境卫生和秩序管理达标率	4	4
		15. 高山生态扶贫和整村脱贫目标完成率	4	7
		16. 城乡规划编制管理覆盖率	3	3

类别	一级指标	二级指标	权重	
			黔江	生态功能县
功能导向类	（七）生态环保	17. 森林资源保护发展完成率和城市人均绿地面积保持率	6	8
		18. 城镇生活污水、垃圾无害化处理率	4	4
		19. 环境保护五大行动达标率	7	7
		20. 地质灾害防治达标率	4	4
		21. 节能和控制能源消费目标完成率、主要污染物削减达标率	4	4
基础保障类	（一）信访维稳		不设具体分值，遵循"有事法则"，按发生严重程度分别实行"一票否决"或在实绩总分中倒扣分的方式，社会治安综合治理最多扣 8 分，其余各项工作最高各扣 5 分	
	（二）生产安全			
	（三）社会治安综合治理			
	（四）食品药品安全和质量工作			
	（五）就业及社会保障、计划生育工作			
	（六）系统性、区域性金融风险防范			
	（七）耕地和水资源保护			
	（八）依法行政和重大决策部署落实工作			

2. 区县（自治县）2015 年度党的建设工作考核指标

见表 12-6。

表 12-6　区县（自治县）2015 年度党的建设工作考核指标

一级指标	二级指标
党风廉政建设和反腐败工作（9 分）	1. 党风廉政建设主体责任落实情况
	2. 贯彻落实中央八项规定精神、纠正"四风"工作的情况
	3. 惩治腐败的情况
	4. 深化纪律检查体制改革的情况
	5. 党风廉政建设和反腐败工作评议
组织工作（8 分）	1. "一报告两评议"测评结果
	2. 执行干部政策规定情况

一级指标	二级指标
组织工作 （8分）	3. 人才工作推进情况
	4. 基层服务型党组织建设情况
宣传思想工作 （4分）	1. 宣传工作
	2. 思想工作
统战工作 （3分）	1. 党外代表人士队伍建设
	2. 发挥统一战线优势作用
机构编制工作 （1分）	1. 机构编制管理工作
	2. 机构编制年度重点工作

12.2.2 环境考核

12.2.2.1 实施范围

由重庆市环保局牵头，环境保护五大行动达标率考核和主要污染物削减达标率考核的范围均为 38 区县（自治县）和万盛经开区。

12.2.2.2 考核内容

《重庆市环保"五大行动"实施方案（2013—2017 年）》明确了"五大行动"到 2017 年的目标，主要包括：主城区空气中细颗粒物（$PM_{2.5}$）年均浓度比 2013 年下降 16%，空气质量满足优良天数比 2013 年增加 40 天以上。长江、嘉陵江、乌江干流水质达到国家考核要求，城乡集中式饮用水水源水质达到要求，主要次级河流水质达标率达到 95%，城区、建制镇生活污水集中处理率分别达到 90%、75%，城区、建制镇垃圾无害化处理率分别达到 98%、85%。城市区域环境噪声平均值低于 54dB。全市森林覆盖率达到 45%，城市建成区绿地率达到 38%，人均公园绿地面积达到 18m^2。农村生活污水处理率达到 65%，行政村生活垃圾收运覆盖率达到 47%。

此外，2014 年 10 月 27 日，重庆市政府办公厅发出《关于印发 2014 年区县（自治县）环境保护五大行动达标率和主要污染物削减达标率考核指标及目标任务分解的通知》。该通知明确环境保护五大行动达标率和主要污染物削减达标率考核分值各为 100 分，在环境保护五大行动达标率考核分值中，都市功能核心区和拓展区空气质量考核分值达 30 分，城市发展新区空气质量考核分值为 20 分，其他功能区空气质量考核分值为 10 分。空气质量考核主要以优良天数为依据，优良天数高出目标天数将加分，达不到目标天数将扣分。同时，蓝天行动工程措施的完成情况也是五大行动达标率考核的重要指标。主要污染物削减达标率考核主要考核减排目标完成情况、减排监测体系建设运行情况、减排项目建设及运行情况、排污权有偿使用和交易制度执行 4 个方面。

12.2.2.3　考核方式

1. 环境保护五大行动达标率考核

环境保护五大行动达标率考核分值为 100 分，实行扣分制，扣完单项分值为止，不计负分；同一问题涉及多项扣分的，以最高扣分为准，不重复扣分。考核过程中发现弄虚作假的，扣完该单项分值（表 12-7）。

1）生态文明建设实施情况（20 分）

（1）意见贯彻落实情况。区县（自治县）未制定实施意见、重点任务分工方案和年度工作计划的，扣 10 分。区县（自治县）生态文明建设年度工作计划目标任务未完成的，每项扣 1 分。市生态文明建设专项督查督办事项未按期完成的，每项扣 1 分。未将生态文明纳入国民教育、成人教育、社区教育体系的，缺 1 项扣 0.5 分；未完成生态文明建设宣传任务的，每项扣 0.5 分。

（2）环保法治。发生重大违反环保法律法规案件被国家、市委、市政府通报或造成重大损失、影响的，每件扣 5 分。未建立辖区内环境行政执法与司法联动机制的，扣 1 分。环保案件有案不立、有案不移、有案不查、以罚代刑的，发现 1 件扣 1 分。

2）环境质量改善（46 分）

（1）大气污染防治。由基础分和奖励分组成，其中，基础分都市功能核心区和拓展区为 25 分，城市发展新区为 15 分，渝东北生态涵养发展区和渝东南生态保护发展区各为 7 分；奖励分均为 3 分。基础分：优良天数未达到 2015 年空气质量目标的，每少 1 天扣 1 分；都市功能核心区和拓展区细颗粒物年均浓度未达到下降目标要求的，扣分公式＝（目标要求下降比例－实际下降比例）÷目标要求下降比例×15，2015 年重污染天数多于上年的，扣 1 分；其他功能区二氧化硫、可吸入颗粒物和氮氧化物（以下简称"3 项主要污染物"）年均浓度较上年上升且超过《环境空气质量标准》（GB 3095—1996）规定的二级标准浓度限值的，每项指标扣1分。奖励分：都市功能核心区和都市功能拓展区优良天数大于240天的，每多1天加0.3分；细颗粒物下降比例大于目标的，计分公式＝实际下降比例÷目标要求下降比例×3－3。其他功能区优良天数大于323天的，每多1天加0.1分；3项主要污染物年均浓度下降比例高于该片区平均下降水平的，每项指标多1个百分点加0.2分（不足1%按1%计）。年度目标任务中大气污染防治工程未完成80%以上工程量的，每个扣1分；措施未达到要求的，每项扣0.5分。

（2）水污染防治。未完成饮用水水源地水质年度控制目标的，每个扣1分。都市功能核心区和拓展区湖库整治工作未完成的，扣10分；次级河流水质出现污染反弹的，每条扣3分。其他功能区2014年未达到水域功能要求的次级河流水质未完成2015年控制目标的，每条河流扣5分；2014年已达到水域功能要求的次级河流，2015年月评价超标的，每超标1个月扣1分。未完成《重金属污染综合防治"十二五"规划》年度重点重金属污染物排放量削减目标的，扣1分。年度目标任务中水污染防治工程未完成80%以上工程量的，每个扣1分；措施未达到要求的，每项扣0.5分。

（3）噪声污染防治。噪声信访投诉总量大于上年的，扣分公式＝区县噪声投诉上升量÷该功能区噪声投诉上升区县（自治县）的上升投诉总量×该功能区分值。年度目标任务中噪声污染防治工程未完成80%以上工程量的，每个扣1分；措施未达到要求的，每项扣0.5分。

（4）生态与农村环境保护。自然保护区内存在生态破坏活动的，发现1件扣1分。建设项目未经环境影响评价文件批准擅自开工建设或运行的，发现1个扣0.5分。未依法处置危险废物的，发现1件扣1分。农村环境连片整治项目未完成的，扣完该项分值。年度目标任务中绿地行动和田园行动工程未完成80%以上工程量的，每个扣1分；措施未达到要求的，每项扣0.5分。

3）环境管理（20分）

（1）环境安全（10分）。辖区发生重大、特大环境事件的，每件扣10分。因违反环境保护法律法规引发较大突发环境事件的，每件扣5分，引发一般突发环境事件的，每件扣2分。因安全生产事故、交通运输事故、自然灾害引发次生环境事件未按要求及时处置的，每件扣 1 分。环境保护大检查中清理任务未完成的，每漏 1 个点位扣 0.5 分；环境保护大检查和"四清四治①"年度整治任务未完成的，每个点位扣 1 分。

（2）基层环保能力建设（10 分）。乡镇（街道）环保能力建设未通过标准化验收和备案的，每个乡镇（街道）扣 1 分。

4）社会评议（10 分）

（1）环境舆情（5 分）。有关环境问题被中央新闻媒体（境外）曝光，造成恶劣影响或严重危害后果且查证属实的，每件扣 5 分；被市级主要新闻媒体曝光（含社会举报）或被市领导、环境保护部领导批示督办，造成恶劣影响或严重危害后果且查证属实的，每件扣 3 分；上述情形，若整改及时到位，减半扣分。群众反映的环境信访和投诉问题因处置不当，引发进京非正常上访、集访或群体性事件的，每件扣 3 分；市委、市政府交办信访积案未按要求处置的，每件扣 1 分。

（2）公众环保满意度（5 分）。公众对环境保护满意度小于等于 50% 的，扣 5 分；大于 50% 小于 80% 的，扣分 = 5×（80% − 公众对环境保护满意度）÷30%。

5）加减分项目

（1）加分项目（4 分）。区县（自治县）人民政府、环保局因生态环保工作成绩突出，被党中央、国务院通报表彰的，每项加 4 分；被市委、市政府通报表彰的，每项加 2 分。当年获得国家生态文明建设示范区县命名的加 4 分，当年获得市级生态文明建设示范区县、生态区县命名的加 2 分。突出环境问题整治、环保特色亮点工作成效突出或乡镇（街道）有独立的环保机构和固定人员，且在全市具有示范带动作用的，最高加 4 分。

（2）减分项目。环保目标任务推进、突出环境问题等被环境保护部或市委、市政府等督办且未按要求完成整改的，每件扣 2 分；被环境保护部西南环境保护督查中心、市环委会督办且未按要求完成整改的，每件扣 0.5 分。

---

① 清理环评"三同时"，治理违法建设；清理排污许可，治理违法排污；清理风险源，治理安全隐患；清理监管点，治理监管缺位。

表 12-7　环境保护五大行动达标率考核指标体系

类别		权重			
		都市功能核心区和拓展区	城市发展新区	渝东北生态涵养发展区	渝东南生态保护发展区
生态文明建设实施情况（20分）	意见贯彻落实情况	10	10	10	10
	环保法治	10	10	10	10
环境质量改善（46分）	大气污染防治	28	18	10	10
	水污染防治	10	20	28	28
	噪声污染防治	4	2	2	2
	生态与农村环境保护	4	6	6	6
环境管理（20分）	环境安全	10	10	10	10
	基层环保能力建设	10	10	10	10
社会评议（10分）	环境舆情	5	5	5	5
	公众环保满意度	5	5	5	5
加减分项目		4	4	4	4

2. 主要污染物削减达标率考核

主要污染物削减达标率考核分值为 100 分，实行扣分制，扣完单项分值为止，不计负分；同一问题涉及多项扣分的，以最高扣分为准，不重复扣分。考核过程中发现弄虚作假的，扣完该单项分值。

1）减排目标完成情况

化学需氧量、氨氮、二氧化硫和氮氧化物总量减排目标有 1 项及以上未完成的，扣 100 分。

2）减排监测体系建设运行情况

污染源自动监控数据传输有效率低于 75%、自行监测结果公布率低于 80%、监督性监测结果公布率低于 95% 等 3 项中出现任意 1 项的，扣 100 分。

3）减排项目建设及运行情况（84 分）

由基础分和奖励分组成。基础分 80 分：未完成市政府下达年度总量减排项目的，扣分＝未完成减排项目数÷年度减排任务项目数×80。已认定减排量或列入年度减排任务的项目，存在污染治理设施运行不正常、不符合国家减排核算要求等问题，被环境保护部通报的，每个项目扣 2 分；被环境保护部西南环境保护督查中心、市级有关部门通报的，每个项目扣 0.5 分；以上情形未按要求及时完成整改的，每个项目再扣 1 分。奖励分 4 分：化学需氧量、氨氮、二氧化硫和氮氧化物削减量贡献奖励分各为 1 分。某项污染物削减量贡献奖励分 = 区县完成的该项污染物削减量 ÷（全市该项污染物削减总量 ÷ 39）× 0.8。

4）排污权有偿使用和交易制度执行（16 分）

未执行排污权有偿使用和交易制度的，发现 1 件扣 1 分。

12.3　主要成效

12.3.1　精简优化使考核结果更有针对性

一方面不考核形式主义的东西，能更精准地"考"出基层的实绩；另一方面，精简优化考核项目后，基层不再需要突击编制数据、搞总结汇报，大大减少了考核中"虚、假、水"的内容。新考核办法出台后，两个包袱甩掉了：一是"跑"，即每到年底跑考核办公室、统计局，争取数字漂亮一点；二个是"陪"，上级部门扎堆下来考核，忙于陪吃陪喝。基层负担轻了，可以把节约出来的时间和资源用在工作上。配合五大功能区建设，重庆对区县的考核围绕上述改革方向务实推进。这不是简单地优化指标、精简考核项目，而是系统地对考核全面改造、升级完善。

12.3.2　促进环境质量显著改善

2014 年，重庆市环保"五大行动"紧紧围绕群众关心、社会关注和上级交办的实事，突出重点，务求实效。一是"蓝天行动"，重点治理雾霾。本着不等风盼雨、主动出击的思路，通过实施 5 家水泥、8 家火电企业脱硫脱硝除尘改造，关闭主城区 16 家落后烧结砖瓦窑，完成 28 个混凝土搅拌站控尘、350 家餐饮企业油烟治理项目，淘汰黄标车 8 000 辆，对内环快速路及部分重点路段实施限制黄标车行驶等措施，力争 2014 年都市功能核心区和拓展区优良天数比上年增加 10 天，达到 216 天，$PM_{2.5}$ 年均浓度比 2013 年下降 4%。二是"碧水行动"，重点整治主城湖库。通过实施 130 项重点工程，根治五一水库、彩云湖等 20 个湖库污染，努力打造市民休闲亲水场所。三是"宁静行动"，突出治理交通噪声。通过推进道路声屏障、绿化带建设和老旧公交车淘汰更新，治理或搬迁 46 家噪声扰民企业，确保全市区域环境噪声和交通干线噪声平均值分别控制在 54dB 和 67dB 以内。四是"田园行动"，扮靓千个新农村。全面实施 600 个行政村的村庄连片整治项目，新启动 500 个行政村的整治项目，切实整治村容村貌，改善村民生活环境。五是"绿地行动"，推进生态保护红线划定。划定禁止开发区、重点生态功能区、生态环境敏感区、生态环境脆弱区等区域生态功能基线，研究制定环境质量底线和环境资源利用上限。

12.3.3 分区考核激励效应明显

12.3.3.1 都市功能核心区工业项目"只出不进"

2015 年 7 月，位于江北寸滩的西南合成寸滩分厂正式关停搬迁。这个工厂曾经主要生产抗生素类药物，生产过程中会产生大量臭气，曾经严重影响了周边区域的空气质量，一度成为"三北①"地区环保投诉的大户。为了保证工厂严格停产、搬迁，在老厂区关停拆除期间，环保执法部门还加强了监督执法，实行全天 24h 的监控巡查，每天检查 3~4 次，保证治理效果。

作为重庆市五大功能区域实行差异化环保政策的一个重要例证，都市功能核心区未来将以提升环境质量和保障舒适人居环境为目标。工业项目"只出不进"，污染物排放总量"只减不增"，着力解决大气、水和噪声污染等突出环境问题，打造"两江四岸"滨水景观，展现美丽山水城市风貌。

12.3.3.2 都市功能拓展区：超排将被惩罚性收费

作为都市功能拓展区的北碚区，把工地扬尘控制作为 2015 年改善大气质量的重点工作之一。通过引入先进的物联网技术，北碚区的工地一旦出现扬尘超标，报警的短信马上就能发到监管部门手中，工地现场的水炮还会自动喷水降尘。区域内将禁止新建、扩建使用煤、重油等燃料的工业项目。禁止建设治

---

① 指江北、渝北和北部新区。

炼、水泥、采石、砖瓦窑及粉磨站等大气污染严重的项目。禁止新建造纸、印染、化工等水污染严重的项目。在两江沿岸禁止建设排放有毒有害物质及环境安全风险大的项目。禁止新建、扩建危险废物处置设施，限制新建、扩建垃圾焚烧项目。

主要污染物排放将实行总量控制，区域内所有新建工业项目的新增主要污染物排放指标主要通过区域内排污交易获得，并鼓励排污指标向城市发展新区流转。加大排污费征收力度，对高能耗、高水耗及超排放浓度、超排放总量的企业实行惩罚性收费。逐步将环境风险高、社会影响大的行业纳入环境污染责任保险范围。

12.3.3.3　城市发展新区："三高"行业收惩罚性水电价

"重庆绿岛"新区是作为城市发展新区的璧山区在五大功能区域发展战略中的新定位。根据这一定位，璧山区将环境容量、自然禀赋作为发展的基本前提和产业布局的重要依据，推进实施节能减排，以城市的高"含绿量"引来大批企业入驻。2013 年，璧山城镇化率达到 59%，完成工业投资 211.9亿元，增长 31.8%，人均 GDP 预计达到 7 500 美元，高于全国和全市平均水平。与此同时，高品质的城市环境，还让"中国人居环境范例奖"、"国家新型工业化示范基地"、"国家城市湿地公园"、"国家农业科技园区"等荣誉花落璧山。

在主城区主导风上风向 20km、其他方向 5km 范围内禁止新建燃煤电厂、水泥、钢铁冶炼等污染严重项目。在区县中心城区及其主导风上风向 20km、其他方向 5km 范围内和乡镇政府所在地及其周边 3km 范围内，禁止新建燃煤电厂等污染严重的项目。

12.3.3.4　渝东北生态涵养发展区、渝东南生态保护发展区建立市级生态补偿基金

五大功能区域发展战略实施以来，渝东北生态涵养发展区、渝东南生态保护发展区不再盲目追求 GDP，而是将生态保护放到了更重要的位置。

作为重庆最边远的一个县，城口一直以优美的环境和丰富的自然资源著称。然而，由于缺乏科学的发展思路，过度的矿产开发曾经给城口的环境带来了一系

列的创伤。五大功能区域规划实施以来，城口县委、县政府积极调整定位，推动生态涵养发展，以建成全市生态文明示范区为目标。通过积极争取中央财政支持，城口县投入 570 万元用于大巴山自然保护区能力建设和科研、监测能力建设，进一步规范了自然保护区管理，一大批珍稀物种和典型生态系统得到有效保护，成为秦巴山地重要的水源涵养区和生物多样性地区。经综合测评，城口县生态环境指数 2010—2012 年连续三年居全市第一。此外，地处渝东南生态保护发展的武隆县，将生态环境确立为全县社会经济发展的核心。通过大力发展旅游业，积极发展生态农业、生态林业等措施，以生态位主导的服务业对全县的经济增长贡献率达到 55.2%。

12.4　主要特点

12.4.1　强化科学发展导向

切实解决"唯 GDP 论英雄"问题。坚持正确考核导向，注重全面考核经济、政治、文化、社会和生态文明建设，以及党的建设情况，真正做到不唯 GDP。明确区县综合考核由经济社会发展实绩、党的建设工作、民主测评、民意调查 4 个方面构成，其中经济社会发展实绩考核，把有质量、有效益、可持续的经济发展和民生改善、社会进步、生态效益等作为重要内容，更加重视科技创新、教育文化、劳动就业、居民收入、社会保障等考核，以引导区县加快转变发展方式，提高发展质量。

12.4.2　强化功能分区考核

切实解决"一张试卷考大家"问题。立足重庆市情，市委作出科学划分功能区域，加快建设"五大功能区"的重大战略部署。为充分发挥考核指挥棒作用，改进后的考核办法按照不同功能区域设置差异化指标。对都市功能核心区、都市功能拓展区和城市发展新区，加大经济发展贡献度的考核；对渝东北生态涵养发展区和渝东南生态保护发展区，实行特色效益农业和生态保护优先的绩效考核，部分区县不再考核地区生产总值及增长率、工业增加值及增长率，而是通过适度考核人均地区生产总值促进人口向外转移，适当考核工业园区产出强度引导相关区县做到点上开发、面上保护。坚持重点考、考重点，"功能导向类"一级指标由过去 26 项精减为 7 项，二级指标由 81 项精减为 20 项，分别精减 70% 以上，保证区县能集中精力抓重点、打主攻，实现差异发展、特色发展、科学发展。

12.4.3　强化负面清单考核

切实解决"一票否决"泛化、约束力不强的问题。改进后的考核体系单设了"基础保障类"指标，对所有区县共同的约束性要求，如政府债务、安全生产、社会治安等，逐一设置负面清单，明晰扣分点，严格实行"倒扣分"。特别是注重考核政府债务状况，强化财政部门对区县债务的统一监管，有效防范和规避政府债务风险。

12.4.4　强化客观公正考核

切实解决考核失真失实问题。建立健全统计渠道，完善统计台账，采用法定的客观数据进行考核，严禁将是否开会发文、是否有单独机构人员等作为衡量指标纳入考核。注重日常考核，健全考核基础工作，强化平时考核，并综合运用群众评议、民意调查等方法，核实和考准实绩。严肃考核工作纪律，坚决杜绝考核中的弄虚作假、虚报浮夸和人情考核、印象考核现象。

12.4.5　强化结果分析运用

切实解决考用脱节问题。把客观考核工作与公正评价干部结合起来，在考核数据出来后，重庆市考核领导小组召开专门会议，对考核结果进行全面、辩证地分析，坚持既看主观努力又看客观条件、既看现任业绩又看前任基础、既看发展成果又看发展成本、既看工作显绩又看发展潜绩、既看上级评价又看群众评价，对班子运行状况、干部履职表现等作出全面分析评估，切实做到不简单"以分量人"。建立考核结果与干部选拔任用、培养教育、管理监督、激励约束的良性对接机制，强化考核结果刚性运用，对坚持科学发展实绩突出、作风过硬、群众公认的优秀干部表彰奖励、提拔重用，对考核较差、群众意见大的指出问题和不足，真正考出动力、传导压力、激发活力。

12.4.6 强化整合各类工作考核

切实解决基层迎考迎评负担沉重问题。由重庆市委办公厅牵头，对市委、市政府和市级部门各类工作考核进行全面清理，实行"三个一律"，即凡中央部委文件没有明确规定的一律取消；凡不符合"五大功能区"建设要求的一律取消；凡纳入综合考核的其单项考核一律取消。考核体系清理后，将上级要求的各类单项考核全部整合其中，不再重复考核；各类评比达标表彰项目精简 50% 以上。在考核实施上注重统筹，做到统一部署、统一开展、一次完成。建立严格控制考核项目的长效机制，从严审批、加强督查、防止反弹，从根本上促进市级部门转变工作作风，减轻基层负担。

12.5 存在的问题

12.5.1 评估结果运用有待加强

将绩效评估结果作为评价机关及工作人员的重要依据，不断完善激励约束机制，使绩效管理工作成为发现问题、解决问题、提高绩效、推进发展的有效载体。把绩效评估结果与领导班子和领导干部考核结合起来，作为干部选拔任用、调整交流的重要参考；与机构编制工作结合起来，作为调整职能、机构、编制的重要依据；与合理配置财政资源结合起来，作为编制安排财政预算的重要依据；与公务员年度考核结合起来，作为提高或降低考核优秀等次比例的依据。严格实行绩效问责制度。

12.5.2 环境绩效评估内容往往过分关注结果而忽略过程

政府绩效管理实施评估结果双向反馈机制体现了结果导向和过程控制的有机统一，但是目前环境保护目标责任书考核更像一种"打分排名"的考核工具，对环境绩效管理在发现问题、解决问题、改进工作方面的功效重视不够。从绩效管理的整个过程看，绩效评估仅仅是绩效管理的一个环节，得到一个分数并不是绩效管理的最终目的，绩效评估必须走出"数字化陷阱"，下一步要更多地关注环境绩效的改进方面，重视评估结果运用、绩效沟通等环节，促使绩效管理中发现的问题及时得到改进。

12.5.3　政府环境绩效管理缺少相关法律法规和政策的保障，使得绩效评估结果的运用不充分、不明晰

在政府环境绩效评估的结果运用中，公务员激励机制和激励措施有限，比较有效的是干部任用和奖励。但干部任用与奖励很大程度上受法律法规和政策的限制。同时，绩效管理的结果运用涉及多个部门，实施难度较大，很多时候结果上报只是流于形式。为保证评估结果的充分和公开运用，需要法律规范和政策明晰。

12.6　政策需求

12.6.1　需要建立由绩效评估向绩效管理转变的管理思路

绩效评估是绩效管理的一个关键环节，而绩效改进才是绩效管理的逻辑起点和终点。需要将现在的环境保护年度考核由一种"打分排名"的考核工具向一种发现问题、解决问题的绩效管理转变。要建立绩效辅导制度、获取和反馈绩效评估信息制度，科学设计环境绩效考评周期，采取周纪实、月跟踪、季调度、半年评估、年终考评等方式，把平时、年度与任期考评有机结合起来，实现环境绩效的全过程管理。

12.6.2　研究探索环境绩效评估方法、指标和数据采集等技术

政府环境绩效评估与管理在我国还处于起步阶段，为了充分发挥绩效管理工具在环境管理中的作用，有必要系统构建中国环境绩效的理论技术方法体系，在环境绩效评估的理论、方法、评估框架、评估指标等关键问题上进行深入探索，明确为什么评估、评估什么、谁来评估、如何评估以及评估结果的应用等基本问题。探索开展环境绩效评估与管理的数据信息的采集、统计、质量

控制、信息共享等基础技术问题研究。同时建立有效的绩效信息系统，既定时间及时上报数据，推行信息资源共享共用，节省信息重复采集的成本，实现绩效的实时比对，动态监控政府绩效，随时发现问题和改进工作，提升政府执行力。

第 13 章

政策建议

13.1 成立专门机构，建立统一协调的环境绩效评估与管理机制

目前，环境绩效评估分散在有关政府职能部门中，环保部门主导开展的就有很多，如城市环境综合整治定量考核、年度污染减排评估考核、环境保护目标责任制考核，同时还有一些如环保模范城市、生态市、生态文明示范区等自愿创建型的评价考核体系以及重点流域水质目标考核，生态成本核算，生态环境质量评价等。各种考核体系之间交叉重叠，考核部门的工作负担增加，投入精力大，但实际能效低。因此，可以考虑在环保部门系统内设置一个专门负责、统一协调环境绩效管理的机构，比如可以考虑设置在具有环境管理综合职能的政法处。建议整合现有分散在各部门各系统的考核办法，实行绩效考核归口管理，在生态环境部系统内建立一个统一的、协调的、规范的、主要针对 31 个省（市、区）的环境绩效评价与环境目标责任考核体系，在生态环境部内明确综合管理部门统一协调负责环境绩效评估，定期发布年度《地方环境绩效评估报告》。建立环境绩效评估与环境目标责任考核双制度。

13.2 推进环境绩效评估与管理的制度化和法制化建设

为保障环境绩效评估与管理工作的顺利推行，国家在试点经验总结和分析存在问题的基础上制定相关法律法规，完善相关政策，使之导向明晰。在全面推行政府环境绩效管理的初期，可由中央制定法律、法规、政策，自上而下为各级政府提供指导意见，随后逐步建立并完善法律法规体系。首先，在制定政府绩效管理相应的法律法规时，应涵盖环境绩效评估和管理的内容；其次，根据特定情形，需提高环境相关指标的比重，突出环境绩效的分量；再次，为政府环境绩效管理制定专门的法规、标准、指南，比如，关于推进环境绩效评估与管理的技术指南、环境绩效管理办法等，为各地区顺利实施政府环境绩效管理奠定制度基础；最后，要将政府环境绩效管理与现有的"问责"制度、目标管理和绩效考核体系结合起来，使政策导向明晰，解除政府环境绩效评估结果在干部任用等方面运用的限制，减小涉及多部门结果运用的实施难度，使政府绩效评估结果的运用有法可依、运用充分、公开透明。

13.3 完善上下左右互联互通的环境绩效评估与管理沟通协调机制

环境绩效管理是一项内容繁杂、牵扯面广、涉及多部门和多领域的系统工程。需要建立上下级政府之间、不同部门之间的工作协调机制，互联互通、信息共享，协同解决政府工作中遇到的难题，提升行政效能，改进政府绩效。建议中央政府一级设立职能明确的环境绩效管理机构，近期可以借助环境保护联席会议制度实施部门之间的协调，建立自上而下的政府绩效管理组织系统，用一种大系统的组织管理系统推动我国环境绩效管理的全面改善。

13.4 深化环境绩效评估的理论与关键技术问题研究

虽然包括广东省在内的一些省市陆续开展了地方环境绩效评估与考核探索，在绩效管理方面进行了各种创新和尝试，但迄今为止我国还没有形成关于地方政府环境绩效管理的整体理论和技术方法体系，对该领域从基本概念、绩效目标、作用程序、实施原则以及综合使用等都没有形成清晰的认识。为了充分发挥绩效管理工具在生态环境保护中的作用，有必要系统构建中国环境绩效的理论技术方法体系，在环境绩效评估的理论、方法、评估框架、评估指标等关键问题上进行深入探索，明确为什么评估、评估什么、谁来评估以及如何评估等基本问题。

13.5　加快推进环境绩效评估与管理试点

福建、深圳等地方的实践表明，一个好的绩效管理体系是在使用中持续改进和完善的，闭门造车、纸上设计是不可能真正推进环境绩效管理的。因此有必要早日开展环境绩效管理试点研究，可以选择深圳、福建等典型省市开展环境绩效评估试点，探索将环境绩效评估有机融入政府绩效管理中，提高环境保护在政府绩效评价体系中的地位与比重。探索建立体现生态文明建设要求的环境绩效评估指标体系，将环境质量、节能减排、科技创新、环保投入等系列指数纳入其中，能够对区域性的环境发展和生态文明状况进行综合评价。探索将现有内部考核评估为主向内外结合考核评估转变，有序引入专业性第三方机构进行评估，努力探索公众参与环境评估的渠道和方式，适度吸纳公众代表进入评估团队，及时向全社会公布评估过程和结果。在试点的过程中结合试点进程和发现的问题，对试点的环境绩效管理体系存在的问题进行认真分析，寻找原因，并有针对性地加以改进和完善。通过这种由点到面、多领域逐步推开的进程，逐步探讨和建立适合我国国情的环境绩效评估体系及绩效管理制度。

13.6　提高生态环保指标在政府绩效评价体系中的比重

进一步发挥绩效管理在环境保护与生态文明建设方面的重要作用，提高环境保护在政府绩效评价体系中的地位与比重。进一步完善领导干部政绩综合评价体系，提高生态环境质量评估指标在政绩评价体系中的权重与分值，指标设定上定性与定量相结合，突出定量指标。各级地方政府要根据本地的主要环境问题，着眼于区域、流域和行业的环境综合整治和大环境的改善。把环境保护的各项任务作为"硬指标"。把环境质量指标、主要污染物排放总量控制指标、环境保护投入指标、污染防治工程、生态环境建设与保护等形象化目标作为政府环保目标责任制的主要内容，实现目标化、定量化、制度化管理。引导地方各级人民政府把环境保护放在全局工作的突出位置，及时研究解决本地区环境保护重大问题。

13.7 探索建立环境绩效评估与管理动态评价系统

绩效管理具有动态性和持续性，这体现在两个方面：从起点来说，需要根据历史阶段、客观条件等因素来进行目标设定和任务确认，不能拍脑袋和拍胸脯，因此，前一阶段的绩效状况必然要产生历史性影响；从终点来说，绩效评价又不是为评价而评价，而要根据评价的结果找出存在的问题及其原因，并制定科学的效能提升方案，对下一阶段的绩效管理产生重要影响。需要探索建立生态文明建设动态评价系统，实现对不同区域的环境质量水平和演变进行动态监控与跟踪。这个系统应包括 3 个方面的核心部件：首先是生态文明建设综合评估指标体系，将环境质量、节能减排、科技创新、环保投入等系列指数纳入其中，能够对区域性的环境发展和生态文明状况进行综合评价；其次是数据收集和分析系统，能动态注入和展示有关指标信息，形成综合评价结果，并及时展示不同区域的环境状态与排序；最后是动态监控系统，对重要指标的演化过程进行追踪，并当情况持续恶化或进入警戒线时进行实时预警。

13.8 推进建立合理配置的多元化评估模式

环境绩效评估可以是生态环境部为主组织开展，也可以是部门联合（如环保和水利部门）、第三方（甚至是国际组织参与的）评估，评价范围对象、评价方法标准、评价报告发布等可以采取更加开放的形式。应该建立内外结合的环境绩效评估考核体系，适时、有序引入专业性第三方机构进行评估，努力探索公众参与环境评估的渠道和方式，适度吸纳公众代表进入评估团队，及时向全社会公布评估过程和结果。

我国政府绩效评估多倾向于政府部门的内部评估和监督，多以政府内部自上而下的绩效评估呈现，评估主体缺乏全面性。我国至今尚未完成政府绩效评估的立法，没有一部法律法规作为政府绩效评估多元主体的依据，评估多元主体缺乏制度保障。应成立专门的、独立的、统一的政府绩效评估管理机构，促进社会公众、第三方、统计局等多元评估主体合作机制的逐步实现。首先，政府应加强对内部评估的制度化管理，并宣传鼓励外部评估形式的发展，摆脱自发性状态，形成统一规范的环保绩效评估体制；其次，政府应积极调动公众参与环保绩效评估的热情，并以相关的法律规定固定下来，以此保障公众参与政治文化的持续性、有效性、合法性。第三方非政府组织作为具有较高专业水平的社会团体，政府应正确地引导此类机构的建立，以法律形式给予保障和制约，保证其发展的独立性和持续性；最后政府信息公开的制度化是保障多元主体参与环保绩效评估的关键。除此之外，政府职能的转变、公务员素质的提高和政府机构的开放态度逐渐成为促进多元主体参与环保绩效评估的重要因素。

13.9　研究探索环境绩效评估方法、指标和数据采集等技术

环境绩效评估与管理在我国还处于起步阶段，为了充分发挥绩效管理工具在环境管理中的作用，有必要系统构建中国环境绩效的理论技术方法体系，在环境绩效评估的理论、方法、评估框架、评估指标等关键问题上进行深入探索，明确为什么评估、评估什么、谁来评估、如何评估以及评估结果的应用等基本问题。探索开展环境绩效评估与管理的数据信息的采集、统计、质量控制、信息共享等基础技术问题研究。同时，建立有效的绩效信息系统，既定时间及时上报数据，推行信息资源共享共用，节省信息重复采集的成本，实现绩效的实时比对，动态监控政府绩效，随时发现问题和改进工作，提升政府执行力。

13.10　增加指标体系的科学性和可操作性

首先，指标建立应基于现有环境信息完整之上，量化指标必须有数可循。其次，分级制定后统筹。生态环境部作为决策层，制定国家目标，确定一级指标；各省市作为半决策半执行层，围绕国家的目标分解为二级指标；各市县作为执行

层围绕二级指标建立三级指标，每个目标的达成方式有差异。生态环境部确定大目标体现差异性，然后由省里制定本省的目标上报，生态环境部安排技术单位进行实地考察，最后制定出科学、可操作的差异化指标。

科学的环保绩效评估工作和公正的环保绩效评估结果离不开标准的评估方法。定量评估在对对象的测量和定性上是较为合理和科学的，定量评估能使目标更加精确化，从而有效地避免评估中的主观随意性和增加客观性判断。因此，一方面，政府在环保绩效评估的过程中应当采取定性分析与定量方法二者相结合的分析方法，并且尽最大可能地将评估指标进行定量化分析，在确定合理的指标体系和指标权重的基础上进行科学的系统评估；两种分析方法相互融合转化，有利于得出一个较为精确合理的评估体系。另一方面，充分考虑环保绩效评估指标体系的可评估性、差异性、相关性，逐步建立起一套科学完善的评估指标体系，从而完善环境绩效评估体系。

13.11　加强环境质量信息公开

目前我国各地方的水、土、气等环境质量信息公开不充分给科学研究和实施第三方评估等工作带来了困扰，建议加强生态环境质量信息公开，明确环境污染程度、位置、治理目标等，并为相关环保专项资金的项目分配提供技术依据，保障绩效考核指标设定的科学性和可操作性。

参考文献

[1] Zhanfeng Dong, Qiong Wu, Jinnan Wang, et al. Environmental indicatordevelopment in China: Debates and challenges ahead [J]. *Environmental development*, 2013 (7): 125-127.

[2] Ruzicka I. Conceptual framework for an environmental performance assessment (EPA) system for GMS countries [J]. *Technical paper* No. 1, 2003.

[3] Esty D C, Levy M A, Srebotnjak T, et al. *Pilot 2006 Environmental performance index* [R]. New York: Yale Center for Environmental Law & Policy, Center for International Earth Science Information Network (CIESIN), 2006.

[4] Emerson J, Esty D C, Levy M A, et al. Environmental performance index [J]. *New Haven: Yale Center for Environmental Law and Policy*, 2010.

[5] Eggleston S, Buendia L, Miwa K, et al. IPCC guidelines for national greenhouse gas inventories [J]. *Hayama, Japan: Institute for Global Environmental Strategies*, 2006.

[6] Corbett C J, Pan J N. Evaluating environmental performance using statistical process control techniques [J]. *European Journal of Operational Research*, 2002, 139 (1): 68-83.

[7] Nan Chai. *Sustainability performance evaluation system in government: A balanced scorecard approach towards sustainability development* [M]. Springer Science + Business Media B V, 2009: 57-74.

[8] Organization for Economic cooperation and Development (OECD). *2007 OECD key environmental indicators* [R]. Paris: OECD, 2007.

[9] United Nations Economic Commission for Europe. *Environmental performance review*

［R/OL］. Geneva：UNECE，2006［2013-10-10］.

［10］ Ramos T B，Alves I，Subtil R，et al. The state of environmental performance e-valuation in the public sector：the case of the Portuguese defence sector［J］. *Journal of Cleaner Production*，2009，17：36-52.

［11］ Lundberg K，Balfors B，Folkeson L. Framework for environmental performance measurement in a Swedish public sector organization［J］. *Journal of Cleaner Production*，2009（17）：1 017-1 024.

［12］ Ragab A M，Meis S. Developing environmental performance measures for tourism using atourism satellite accounts approach：a pilot study of the accommodation industry in Egypt［J］. *Journal of Sustainable Tourism*，2016，24（7）：1-17.

［13］白永秀，李伟. 我国环境管理体制改革的 30 年回顾［J］. 中国城市经济，2009（1）：24-29.

［14］邢振江. 山西政府环境绩效评估改进建议［J］. 环境保护，2010（17）：55-56.

［15］刘琳. 政府环境绩效评价研究［D］. 上海：华东师范大学，2008.

［16］余墅幸，蒋雯，王莉红. 区域环境绩效评估思考［J］. 环境保护，2011（10）：39-40.

［17］李林杰，齐娟，王杨，等. 民生质量评价指标体系研究［J］. 统计与决策，2012，17：009.

［18］戴西超，张庆春. 综合评价中权重系数确定方法的比较研究［J］. 煤炭经济研究，2003，11（3）：17-22.

［19］张明明，李焕承，蒋雯，等. 浙江省生态建设环境绩效评估方法初步研究［J］. 中国环境科学，2009，29（6）：594-599.

［20］卢晓梅. 浙江生态省建设的环境绩效评估研究［D］. 杭州：浙江大学，2008.

［21］蒋雯. 省级环境绩效评估研究［D］. 杭州：浙江大学，2011.

［22］曹颖. 环境绩效评估指标体系研究——以云南省为例［J］. 生态经济，2006（5）：330-332.

［23］曹东，曹颖．中国环境绩效评估指标体系和评估方法研究［J］．环境保护，2008（14）：36-38.

［24］曹颖，张象枢，刘昕．云南省环境绩效评估指标体系构建［J］．环境保护，2006（1B）：61-63.

［25］彭靓宇，徐鹤．基于PSR模型的区域环境绩效评估研究——以天津市为例［J］．生态经济，2013（1）：358-362.

［26］李苏，邱国玉．环境绩效的数据包络分析方法——基于我国钢铁行业的分析研究［J］．生态经济，2013（2）：113-118.

［27］潘腾，黄澄宁．杭州市环境绩效考核指标体系的构建及应用研究［J］．环境与可持续发展，2013（1）：71-74.

［28］陈邵锋．2000—2005年中国的资源环境综合绩效评估研究［J］．管理科学研究，2007，25（6）：51-53，84.

［29］智颖飚，王再岚，韩雪，等．安徽资源环境绩效评估研究［J］．安徽大学学报（自然科学版），2008，32（5）：87-90.

［30］黄和平，伍世安，智颖飚，等．基于生态效率的资源环境绩效动态评估［J］．资源科学，2010，32（5）：924-931.

［31］邱东．多指标综合评价方法的系统分析［J］．财经问题研究，1988（9）：10.

［32］张军莉，严谷芬．我国宏观区域环境绩效评估研究进展［J］．环境保护与循环经济，2015（4）：64-69.

［33］李玲，陈琦．国内外环境绩效评价研究综述［J］．合作经济与科技，2014（5）：29-30.

［34］卢小兰．中国省级区域资源环境绩效实证分析［J］．江汉大学学报（社会科学版），2013（1）：38-44.

［35］李娟，李适宇，林高松．基于投影寻踪的广东省资源环境绩效评估与分析［J］．城市环境与城市生态，2011（1）：14-17，26.

［36］杨丽琼，马杏，张军莉，等．环境绩效评估在地方层面的应用——西双版纳案例［J］．环境与可持续发展，2015（3）：43-47.

［37］曹颖，曹东．以环境绩效评估提升环境管理效果［J］．中国物流与采购，

2008（14）：68-69.

[38] 曹东，宋存义，曹颖，等．国外开展环境绩效评估的情况及对我国的启示 ［J］．价值工程，2008，27（10）：7-12.

[39] 王金凤，刘臣辉，任晓明．基于层次分析法的城市环境绩效评估研究 ［J］．环境科学与管理，2011，36（6）：171-179.

[40] 彭靓宇，徐鹤．基于PSR模型的区域环境绩效评估研究——以天津市为例 ［J］．生态经济，2013（1）：358-362.

[41] 于忠华，刘海滨，谢放尖．基于生态效率的副省级城市资源环境绩效评估——以南京市为例 ［J］．资源与产业，2013，15（2）：1-6.

[42] 蔡云楠，刘琛义．生态城市建设的环境绩效评估探索 ［J］．南方建筑，2015（1）：97-101.

[43] 蔡永红，林崇德．绩效评估研究的现状及其反思 ［J］．北京师范大学学报（社会科学版），2001（4）：119-126.

[44] 徐双敏．政府绩效管理中的"第三方评估"模式及其完善 ［J］．中国行政管理，2011，12（1）：50-52.

[45] 董战峰，郝春旭，王婷，等．中国省级区域环境绩效评价方法研究 ［J］．环境污染与防治，2016，38（2）：86-90.

[46] 李凌汉，娄成武，王刚．生态文明视野下地方政府环境保护绩效评估体系研究——以青岛市为例 ［J］．生态经济（中文版），2016，32（3）：14-19.